湖南省生态环境干部培训系列教材

排污单位环境管理指南

李威　曾向农　主编

中国环境出版集团·北京

图书在版编目（CIP）数据

排污单位环境管理指南/李威，曾向农主编. —北京：中国环境出版集团，2022.6
湖南省生态环境干部培训系列教材
ISBN 978-7-5111-5188-9

Ⅰ. ①排… Ⅱ. ①李…②曾… Ⅲ. ①排污—环境监测—教材 Ⅳ. ①X506

中国版本图书馆 CIP 数据核字（2022）第 111731 号

出 版 人 武德凯
责任编辑 张 倩 孟亚莉
责任校对 薄军霞
封面设计 岳 帅

出版发行 中国环境出版集团
（100062 北京市东城区广渠门内大街 16 号）
网 址：http://www.cesp.com.cn
电子邮箱：bjgl@cesp.com.cn
联系电话：010-67112765（编辑管理部）
发行热线：010-67125803，010-67113405（传真）

印 刷 北京中科印刷有限公司
经 销 各地新华书店
版 次 2022 年 6 月第 1 版
印 次 2022 年 6 月第 1 次印刷
开 本 787×960 1/16
印 张 18
字 数 300 千字
定 价 55.00 元

前　言

1989 年以来，以《中华人民共和国环境保护法》为基础的生态环境法律体系逐步健全，习近平“绿水青山就是金山银山”的理念逐步深入人心，环境保护责任制度逐步完善，全国生态环境质量逐步改善。

但随着我国社会经济的快速发展，生态环境问题日益凸显，大气环境污染、水环境污染、土壤污染、固体废物污染及噪声扰民等突发环境事件时有发生，大大制约了我国国民经济高质量发展；加之生态环境管理要求越来越高，对我们的生态环境管理部门及排污单位监督管理提出了新的挑战。

为应对新的经济发展形势和环境保护政策，中国环境出版集团邀请长沙环境保护职业技术学院等单位组织编写排污单位环境管理人员培训系列教材。《排污单位环境管理指南》为系列教材之一，本书从排污单位环境管理的角度出发，系统梳理了我国生态环境管理理念、生态环境主管部门监督管理制度和排污单位环境管理要求，旨在提高环境管理人员的生态环境保护意识，为环境管理部门及排污单位的环境监督管理提供专业技术指导。

本书由长沙环境保护职业技术学院与湖南联合泰泽环境科技有限公司、长沙市环境科学研究与信息中心共同编写完成，内容较为全面，基本覆盖了排污单位环境管理各项要求。全书共分 4 章，包括排污单位生态环境管理理念、排污单位环境监管制度、排污单位环境管理制度、排污单位典型违法违规案例分析。具体分工如下：长沙环境保护职业技术学院的李婧、佘玉娜老师负责生态环境管理新理念与环境保护税相关内容的编写；湖南联合泰泽环境科技有限公司的粟爱民、付刚、曾丽、邓蓉负责环境保护法律法规、排污单位环境监管制度与排污单位环境管理制度等相关内容的编写，长沙市环境科学研究与信息中心的张晨负责排污单位典型违法违规案例分析相关内容的编写，全书由李威统稿、曾向农审定完成。

本书可作为生态环境部门干部培训及排污单位环境管理技术指导用书，也可作为生态环境类专业或相关专业学生教材，可供生态环境服务机构人员及相关企事业单位环境管理人员学习参考。

由于编者水平有限，书中疏漏之处在所难免，敬请广大读者批评指正，在此表示感谢。

编者

2021 年 12 月

目 录

第1章　排污单位生态环境管理理念

1.1　环境保护法律法规

1.1.1　生态文明建设法律体系的指导思想

良好的生态环境是建设经济文明、政治文明、社会文明的基础要素，是最公平的公共产品和最普惠的民生福祉，是以人民为中心的发展理念的内在要求。推进生态文明建设，必须坚持规律性与科学性的有机结合，做到尊重自然、顺应自然、保护自然，促进人与自然和谐共生，学会在自然规律、社会规律、法治规则的轨道内持续向好发展。

以习近平法治思想为指导的中国特色社会主义法治体系具有鲜明的人民性，“治国有常而利民为本”，法治缘起于人民授权并服务于人的全面发展，人民立场是中国特色社会主义法治从立法、执法到司法、守法各个环节的根本立场，法治中国的标志之一就是充分调动人民运用法治手段参与国家治理的积极性和主动性。生态文明法治建设作为新时代建设美丽中国的必由之路，既要遵从生态发展和法治建设的基本规律，更须恪守以人为本的品格属性。

建设生态文明与全面依法治国具有内在一致性。构建生态文明法治保障体系必须坚守底线思维、法治思维和系统思维，坚持问题导向、目标导向和法治精神，遵循生态规律和经济发展规律及可持续发展理念，在立法、执法过程中严格贯彻“污染者付费、开发者保护、利用者补偿”“预防为主、防治结合、综合治理”等基本原则，贯彻环境民主原则，充分尊重和拓宽公众参与渠道，打造中国特色社会主义生态文明法治保障体系。

1.1.2 我国生态文明法治保障体系的发展历程

我国生态文明法治建设始于 20 世纪 70 年代初，经历了萌芽期、发展期和加速期 3 个阶段。

（1）萌芽期

1972 年 6 月，联合国通过了《人类环境宣言》，我国作为成员国积极响应号召，于 1973 年 8 月召开了国务院第一次全国环境保护会议，并通过了《关于保护和改善环境的若干决定（试行草案）》。1982 年，“环境保护”被写入我国《宪法》；1989 年 12 月，《环境保护法》出台，标志着我国生态环境保护正式步入法治化轨道。

（2）发展期

1992—2002 年，《固体废物污染环境防治法》《噪声污染环境防治法》《排放大气污染物许可证管理办法》等环境保护相关立法出台；1997 年，《刑法》中也相应地设立了“破坏环境资源保护罪”“环境保护监督渎职罪”两个罪名，我国生态环境立法进入了黄金发展期。

2003 年，党的十六届三中全会提出了“科学发展观”，我国生态环境建设迈入实质性发展阶段。2007 年，党的十七大首次提出“生态文明”概念，标志着我国环境保护法治建设正式从单纯的“环境保护”走向“生态文明”新阶段。

（3）加速期

2012 年 11 月，党的十八大将生态文明纳入“五位一体”总体布局，标志着我国对生态环境保护与经济发展规律、人类社会规律的认识达到了新的高度。2015 年，环境保护部部务会议通过的《环境保护公众参与办法》首次树立了公众参与环境立法的理念。2018 年 3 月，《宪法修正案（五）》将“生态文明”“和谐美丽”“新发展理念”等写入了宪法序言，实现了习近平生态文明思想的宪法化。2020 年，“绿色原则”“节约资源、保护生态环境”“生态破坏责任的惩罚性赔偿”“生态环境修复责任”等首次被写入《民法典》。2020 年 12 月 26 日，第十三届全国人民代表大会常务委员会第二十四次会议审议通过了《长江保护法》，生态文明立法已经从单一的环境保护部门法向整个部门法体系横向发展，我国生态文明法治保障体系在立法上取得了重大进展。

1.1.3 我国现行的环境保护法体系

我国环境保护法体系概括为以下 7 个方面。

（1）《宪法》中有关环境保护的法律规范

《宪法》是我国的根本大法。《宪法》中有关环境保护的规定如下：

《宪法》第二十六条第一款规定："国家保护和改善生活环境和生态环境、防治污染和其他公害。"第二十六条第二款规定："国家组织和鼓励植树造林，保护林木。"第九条第一款规定："矿藏、水流、森林、山岭、草原、荒地、滩涂等自然资源，都属于国家所有，即全民所有；由法律规定属于集体所有的森林和山岭、草原、荒地、滩涂除外。"

（2）综合性环境保护基本法

环境保护基本法在环境保护法体系中的地位仅次于《宪法》和国家基本法，是制定环境保护法体系中的自然资源保护和环境污染防治单行法、环境保护行政法规、规章的基本依据。

《环境保护法》作为一部综合性的基本法，对环境保护的重要问题作出了全面的规定。

（3）环境保护单行法律、法规

环境保护单行法律、法规的立法宗旨是为了防治某一类污染物或者保护某一类自然资源而制定的，包括以下内容。

1）环境污染防治单行法律、法规、规章

从内容上看，主要包括《大气污染防治法》《水污染防治法》《海洋污染防治法》《噪声污染防治法》《固体废物污染环境防治法》《放射性污染防治法》《清洁生产促进法》《环境影响评价法》《循环经济促进法》等。为了使上述单行法具体化和便于实施，国务院联合有关部委制定了配套的实施细则、条例，如《大气污染防治法实施细则》《水污染防治法实施细则》《建设项目环境保护管理条例》《废弃电器电子产品回收处理管理条例》《放射环境管理办法》等。

2）自然资源保护单行法律、法规、规章

自然环境保护方面单行性专门环境立法涉及的范围也相当广泛，从内容上看，其主要包括《水法》《土地管理法》《森林法》《渔业法》《矿产资源法》《水土保持法》《防沙治沙法》《野生动物保护法》《野生植物保护条例》等。为了使上述自然资源保护单行法具体化和便于实施，国务院和有关部门也制定了相配套的实施细则、条例和办法等，如《取水许可制度实施办法》《土地管理法实施条例》《土地复垦规定》《基本农田保护条例》《矿产资源法实施细则》等。

（4）环境保护标准中的环境保护规范

环境保护标准是为保护人体健康、社会财物和促进生态良性循环，对环境中的污染物或有害因素水平及其排放源规定的限量阈值或技术规范。它是在综合研究的基础上制定并经有关部门批准，赋予法律效力的技术准则。

我国生态环境标准已初具规模，形成了由国家和地方两级构成的生态环境标准，国家生态环境标准是指由国务院有关部门依法制定和颁布的在全国范围内或者在特定区域、特定行业内适用的生态环境标准。地方生态环境标准是指由省、自治区、直辖市人民政府制定颁布的在其行政区域内适用的生态环境标准。

（5）其他部门法中关于环境保护的规定

在其他部门法中，如民法、刑法、经济法、行政法中包含了与环境保护有关的法律规范，这些法律规范也是环境保护法体系的构成部分。如《民法典》总则中明确规定："民事主体从事民事活动，应当有利于节约资源、保护生态环境。"将绿色原则确立为民事活动应当遵循的基本原则，有利于进一步筑牢节约资源、保护生态环境的基本国策。《民法典》在物权篇中还规定："不得违反国家规定弃置固体废物，排放大气污染物、水污染物、土壤污染物、噪声、光辐射、电磁辐射等有害物质。"强调"设立建设用地使用权，应当符合节约资源、保护生态环境的要求"。

《刑法》第六章中专门设立了"破坏环境资源保护罪"一节，对严重污染环境和破坏自然资源的犯罪行为规定了相应的刑事责任。在"走私罪""渎职罪"中也有关于环境保护的规定。

（6）地方环境保护法规、规章

地方环境保护法规、规章，是指由省、自治区、直辖市和其他依法有制定权的地方人民代表大会及其常委会和地方人民政府制定的有关合理开发、利用和保护、改善环境方面的地方环境法规和地方环境行政规章。

（7）我国参加和批准的国际法中的环境保护规范

由于环境问题是全人类面临的共同问题，它的解决需要世界各国携手共同努力，所以环境保护的国际法规范也越来越为各国所重视。我国参加、批准并对我国生效的一般国际条约中的环境保护规范和专门性国际环境保护条约，都是我国环境保护法体系的重要组成部分。

1.1.4　构建完善的生态文明法治保障体系的可行性路径

1.1.4.1　完善生态文明立法，提高立法质量

①将环境权写入《宪法》，提高生态立法的基础性地位。在生态文明立法过程中必须牢固树立“绿水青山就是金山银山”理念，树立整体利益理念，将“环境权”作为独立的基本权利写入《宪法》，为生态文明入宪、《环境保护法》《民事诉讼法》的进一步修改完善提供全面的宪法依据，与《民法典》所确立的“绿色原则”保持法理上的统一。

②健全生态立法内容，提升立法的整体性与科学性。坚持问题导向、目标导向，及时弥补和完善遗传学研究、生物技术、放射性物质管理、国土空间开发保护、生物多样性保护等领域的立法空白和立法不足，打破条块思维局限，探索制定统一的生态文明执法单行法，及时出台各领域单行法律的实施细则，尤其是针对跨行政区的区域性、流域性资源环境问题，在《宪法》《立法法》的范围内，充分运用地方立法权，制定符合上位法的配套实施细则，提高立法的可操作性，尤其是生态破坏责任的惩罚性赔偿和生态环境修复责任的相关条款的制定。在《环境保护法》《国家赔偿法》中增加环境监管国家赔偿责任的相关规定，完善环境侵权责任保险制度，细化行政工作人员失责追偿标准。

③借鉴他国先进的生态立法经验，加强国际合作，为全球生态治理提供中国方案。如为贯彻绿色原则和发展循环经济，《民法典》第六百二十五条新增了出卖人回收义务，但与其相关的配套行政法规目前并不完善。日本的循环经济举世闻名，《循环型社会促进法》《废弃物管理和公共清洁法》《食品回收法》《绿色采购法》等大量的配套行政法规及其实施细则为其循环经济的发展提供了坚强保障，值得我们学习借鉴。

1.1.4.2 强化生态文明执法监督，提高司法保障能力

①切实加强生态文明执法队伍建设。生态环境执法的好坏直接关系生态文明立法的实施效果，关系美丽中国、法治中国的建设进程，提高执法队伍的专业化、专门化和法治化素养，是改善生态文明执法软实力的重要考量指标。建议在全国范围内推广环境警察制度，尽快建立生态环境执法部门“定责、履责、问责”网格化责任管理体制，健全和完善生态环境执法人员的选拔、任用、考核、培训机制，严格执行问责机制，推进公正文明理性执法。

②强化生态文明执法监督。生态文明执法监督离不开完善的生态环境执法“回头看”制度、不定期巡回执法监督制度、人大定期巡查制度、听证制度和新闻媒体与社会公众的监督等配套机制，通过充分调动多主体、多环节的监督意识，提高监督能力，真正将生态文明法治建设置于民主法治轨道之内，充分发挥广大人民群众尤其是具备生态环境专业技术和法律技能人才的监督积极性，清理阻碍环境执法的潜规则、土政策，提高执法监督质量和水平。

③切实解决影响生态文明公正司法的制约因素，以公正司法助力环境执法。2014 年，最高人民法院环境资源庭成立，标志着我国环境司法专门化迈出了第一步。

2018 年 7 月，中央全面深化改革委员会第三次会议审议通过《关于设立最高人民检察院公益诉讼检察厅的方案》（以下简称《方案》），全国检察系统自上而下专司行政公益诉讼的专门机构开始有序设立。《方案》指出，环境司法制度设计必须考虑环境的整体性和区域性，当前依据行政区划设定的司法管辖制度与环境保护的跨区域性存在不协调之处，建议进一步推进司法体制改革，在最高人民法院环境资源庭设立的前提下，在各省、直辖市、自治区的高级人民法院增设环境法庭；同时立足于东北、华北、华东、中南、西南、西北等地域区块，分别设立地区环境法院，专门负责跨省域的重大疑难生态案件的审判。通过各地环境司法专门机构的设立和运行，不断完善生态环境保护审判模式和生态环境司法鉴定制度，大力提升生态文明司法和执法的硬实力和专业性。

1.1.4.3　完善环境公益诉讼制度，加快公众参与原则的实施

①赋予环境民事公益诉讼权利主体原告资格。应贯彻落实党的十九届五中全会关于到 2035 年，人民平等参与、平等发展权利得到充分保障的远景目标。公众参与是实现环境民主的关键，以《里约宣言》《奥胡斯公约》为代表的国际公约均规定了公民环境公益诉权。建议立法将公民纳入环境民事公益诉讼原告范围，放宽对环保组织关于设立级别、注册年限的限制，并增加相应的公益诉讼奖励机制，激活环境民事公益诉讼动力，与检察机关行政公益诉讼相协调，健全环境公益诉讼的启动机制；建议通过设立生态文明法律援助制度、建立原告人身安全保护制度，既保护公民独立诉权的实现，又解决公民担心被打击报复等隐忧，激活全民的公益精神和法治意识。

②合理分配环境行政公益诉讼的举证责任。检察机关作为行政公益诉讼程序的启动者，应当就因行政机关不依法履行职责致使公共利益受到侵害的事实承担举证责任，检察机关对此享有相应的调查权。作为被告的行政机关应当就自己的行政行为是否合法、是否完全依法履行职责承担举证责任。法院在审理的过程中，应当对被告行政机关的行为违法性、违法行为与侵害结果之间的因果关系、被告对侵害结果的主观过错进行严格审查，包括诉前程序和诉讼过程中行政机关的行为违法性、检察机关提出检察建议的合法性等，均需要进行严格的形式审查和实质审查。

③准确适用各种判决类型。《行政诉讼法》规定了驳回诉讼请求、判决撤销错误法律文书、判决行政机关履行职责、判决履行给付义务、确认判决和变更判决 6 种判决方式，但从诉讼实践来看，确认判决在数量上占大多数，绝大部分是确认行政机关“不依法履行职责”成立并责令继续履行职责，甚至一些确认判决仅仅是判决确认违法。对于检察机关有可能败诉的案件的终结方式，目前基本上选择的是由原告主动撤回诉讼请求，而有意回避“驳回原告诉讼请求”的判决方式。法院在审判时应注意国家机关之间的协作，鼓励在诉前过滤程序中通过行使检察机关监督权督促行政机关纠正自身的违法行为，减少驳回起诉的适用概率。

1.2 生态环境管理新理念

1.2.1 ISO 14000 环境管理体系

ISO 14000 环境管理系列标准是国际标准化组织（ISO）继 ISO 9000 系列标准后推出的一套环境管理系列标准。ISO 14001 环境管理体系标准作为 ISO 14000 系列标准的核心，是企业建立环境管理体系并开展审核认证的根本准则。目前，国内外进行的 ISO 14000 认证即指 ISO 14001 环境管理体系认证。

1.2.1.1 ISO 14000 环境管理体系发展历程

（1）第一阶段：引入和确立阶段

为响应联合国实施可持续发展的号召，国家环境保护局在 1991—1992 年共出席三次国际标准化组织环境战略咨询组（ISO/IECSAGE）会议，1993 年 6 月，国家环境保护局与国家技术监督局派代表参加了 ISO/TC 207 成立大会，负责制定系列环境管理标准——ISO 14000（GB/T 14000）。自此，我国在环境管理体系上与国际标准保持衔接，并将其引入我国。

（2）第二阶段：规范和建立阶段

1995 年 10 月，我国成立了与 ISO/TC 207 相对应的全国环境管理标准化技术委员会，并于 1996 年 1 月 10 日成立国家环境保护局环境管理体系审核中心。先后于 1996 年 8 月 8 日和 9 月 17 日启动第一批 5 家、第二批 22 家企业环境体系认证试点工作。

1996 年 12 月，国家环境保护局批准厦门市为我国第一个实施 ISO 14000 标准试点城市。

1997 年 1 月 22 日，国家环境保护局在北京向 4 家企业颁证，包括厦门 ABB 开关有限公司、上海高桥-巴斯夫分散体有限公司、海尔集团公司的电冰箱系统、北京松下彩色显像管有限公司。

1997 年 4 月 4 日，第三批 28 家企业环境管理体系认证试点工作启动。4 月 21 日，国务院批准成立中国环境管理体系认证指导委员会，具体指导 ISO 14000

系列标准在我国的实施工作。

（3）第三阶段：发展和完善阶段

1997 年 5 月 8 日，国家环境保护局批准北京市、天津市、上海市、重庆市、大连市、苏州市、深圳市、成都市 8 个城市为实施 ISO 14000 标准试点城市。

1997 年 5 月 27 日，中国环境管理体系认证指导委员会在北京召开成立大会，会议原则通过指导委员会章程和 1997 年环境管理体系认证工作计划。

1997 年 6 月 6 日，国家环境保护局批准成立中国环境管理体系认证指导委员会办公室，作为指导委员会的日常办事机构，办公室的具体工作由科技标准司标准管理处承担。

1997 年 6 月 19 日，国家环境保护局批准青岛、本溪 2 个城市为实施 ISO 14000 标准试点城市；1999 年 4 月在全国 46 个环境重点保护城市、经济开发区、风景区进行区域环境体系建立与运行的尝试。

2016 年 10 月 13 日，国家标准化管理委员会与国家质量监督检验检疫总局共同发布了《环境管理体系要求及使用指南》（GB/T 24001—2016/ISO 14001：2015）替代《环境管理体系要求及使用指南》（GB/T 24001—2014），进一步清晰和明确了 ISO 14000 标准的要求。

1.2.1.2　ISO 14000 环境管理体系构成

ISO 14000 系列标准包括环境管理体系（EMS）、环境审核（EA）、环境标志（EL）、环境行为评价（EPS）、生命周期评估（LCA）等国际环境管理领域的多个焦点问题，旨在指导各类组织（公司、企业）取得和表现正确的环境行为。一方面用于指导组织（公司、企业）建立实施环境管理体系，实施环境管理体系认证；另一方面用于指导环境标准的运作，实施产品认证。

ISO 14000 系列标准是顺应国际环境保护的发展，依据国际及国际贸易发展的需要而制定的。目前正式颁布的有 ISO 14001、ISO 14004、ISO 14010、ISO 14011、ISO 14012、ISO 14040 六个标准，其中 ISO 14001 是系列标准的核心标准，通过将先进的环境管理经验加以提炼浓缩，转化为标准化的、可操作的管理工具和手段，也是唯一可用于第三方认证的标准。

1.2.1.3 ISO 14000 在企业中的主要作用

ISO 14000 标准强调污染预防和持续改进，要求建立职责明确、运作规范、文件化的监控管理体系，通过合理有效的管理方案和运行程序来达到环境目标和指标，实现环境方针。这套体系如果实施得当，将会在较短的时间内提高企业环境管理水平和员工素质，并有助于企业扩大市场份额，提高产品附加值，实现经济和环保可持续性协调发展。

①实施 ISO 14000 有助于消除贸易壁垒，提高企业国际上的竞争力。目前国际上有关的环境标准大多是根据各国国情制定的，势必对外国厂商造成歧视，很容易形成贸易壁垒，作为国际性标准的 ISO 14000 可以避免国家由于环境保护造成的技术贸易壁垒（TBT）。通过 ISO 14000 这个桥梁，有利于企业加快进入国际市场，提升企业在国际上的竞争力。

②实施 ISO 14000 能降低产品进入国际市场的各项环保费用，突破绿色贸易壁垒。国际上对产品本身及生产过程乃至产品包装的环保要求越来越高，企业需要达到这些要求，必须付出额外的费用，从而削弱了产品的国际竞争力，甚至有些产品不得不退出国际市场。通过获得 ISO 14000 的认证，拿到国际市场的“绿色通行证”，有助于企业突破绿色贸易壁垒，进入国际市场。

③实施 ISO 14000 能防止国际贸易恶性竞争，降低企业在国际贸易中受恶意竞争的影响程度。降低环保标准可以获得竞争优势，所以很可能发生各国竞相降低环保标准而造成破坏性的竞争局面，从而破坏全球生态环境，威胁全球的可持续发展，也破坏了世界贸易体系。ISO 14000 为各国基于产品品质、价格及一致性的环保要求进行公平竞争奠定了坚实的基础。

④实施 ISO 14000 能促使企业开发有利于环境的技术，推动环境技术贸易的发展。为实施 ISO 14000，企业必须增加有利于污染控制的处理技术和设备上的投资，提高企业环境管理水平，降低环境影响风险。

⑤实施 ISO 14000 可提高产品的社会形象，增强产品的竞争力。随着人们环保意识的不断提高，消费者不仅关心产品的质量和价格，对产品的环保水平的关心程度也越来越高。一个组织（公司、企业）的环保绩效在很大程度上是消费者选择产品的关键因素之一。而一个组织（公司、企业）获得 ISO 14000 的认证，

这就是最好的商业广告，将大幅提高企业形象，从而增强其产品在国际市场上的竞争力。

1.2.1.4　ISO 14000 标准认证的条件

国内外进行的 ISO 14000 认证即指 ISO 14001 环境管理体系认证，认证的基本要求和提交的资料如下。

（1）基本要求

①遵守中国的环境法律法规、标准和总量控制标准；

②体系试运行满 3 个月。

（2）提交的资料

申请方应在预定的认证审核日期的 1 个月前提交下列材料：

①组织简介；

②认证申请书；

③法律地位的证明文件（如营业执照）的复印件；

④监测报告及《申请认证组织应执行的污染物排放标准》；

⑤地理位置示意图；

⑥区域平面示意图；

⑦主要工艺流程及污染物产出示意图；

⑧环评及批复，“三同时”验收报告（表）；

⑨环境管理手册、程序文件（应附重要环境因素清单，法律、法规清单以及目标、指标和环境管理方案）；

⑩环境管理体系概述，包括体系覆盖范围、体系运行时间、运行成效、内审及管理评审时间等。

1.2.1.5　ISO 14000 标准认证的程序

①具备认证条件的组织可向机构认可委认可的认证机构提出环境管理体系认证书面申请；

②认证机构在收到认证申请之日起一个月内作出是否受理申请的决定，并书面通知该组织签订环境管理体系认证合同，对于不受理申请的组织，认证机构应

说明不受理的理由；

③认证机构对组织的环境管理体系进行审核；

④认证机构对组织的环境管理体系文件审核、现场审核和市（地）级以上生态环境主管部门出具的有关证明文件，决定申请认证的组织可否通过环境管理体系认证；

⑤认证机构向通过认证的组织颁发环境管理体系认证证书。

环境管理体系认证证书的有效期为 3 年，如需继续认证的组织，需在认证证书有效日期终止前 3 个月提出书面申请，经复核审核后颁发新证书。

1.2.2　污染预防与清洁生产

1.2.2.1　污染预防

（1）污染预防的含义

污染预防和废物最小量化都是由美国国家环境保护局提出的。废物最小量化是美国污染预防的初期表现，现已用“污染预防”一词替代。以污染预防政策取代长期采用的以末端处理为主的污染控制政策。

污染预防的含义是：最大限度地减少生产过程中产生的废物量，它包括通过源削减（指进行再生利用、处理和处置以前，减少流入或释放到环境中的任何有害物质、污染物或污染成分的数量；减少与这些有害物质、污染物或组分相关的对公共健康与环境的危害）、提高能源效率、在生产中重复使用投入的原料以及降低水的消耗量来合理利用资源。

（2）污染预防的目的

污染预防常用的两种源削减方法是改变产品和改进工艺（包括设备与技术更新、工艺与流程更新、产品的重组与设计更新、原材料的替代以及促进生产的科学管理、维护、培训或仓储控制）。

污染预防是一种强调在废物产生之前就进行减少或消除的环境管理方法。污染预防的目标包括：消除或减少废物的产生、减少废物排入或泄漏到环境中、减少原料的损失、减小有毒物质对工人和公众的影响、合理保护自然资源等。能源和资源的有效利用是污染预防的重要措施，通过资源或者能源替代，实现再利用、回收、再循环、再生和处理，最大限度地实现资源回收利用，降低废物治理的成本，间接增加企业经济效益。

（3）污染预防的效益

末端治理作为以前普遍采用的控制污染的重要手段，对环境保护起到了极为重要的作用。但随着工业化发展速度的加快，末端治理的污染控制模式的弊端也日益凸显。第一，末端治理设施投资大、运行费用高，造成企业运行成本上升，经济效益下降；第二，末端治理存在污染物转移、环保设备运行监管难等问题，不能彻底解决环境污染问题；第三，末端治理未涉及资源的有效利用。

企业开展污染预防工作，可得到以下效益：

①污染预防项目可通过减少生产和包装的原辅材料消耗，减少运营成本，降低废物管理和处置费用，降低能耗。污染预防能够起到节能减排的效果，降低总生产成本。

②污染预防通过减少废物的产生、运输、储存和处置，减少了对自然环境的潜在性污染危害，可以为自然环境的改善带来明显的生态效益。

③企业实施污染预防可以在企业内外大大提升公司形象，通过为员工提供安全和健康的工作环境，使员工对企业有积极的响应。通过对区域的环境质量、安全及可持续发展的关注，可以与周围的民众和单位更好地维持关系。实现污染预防的产品可以获得客户更多的信任。

④实施污染预防后，由于废物总量减少，降低了环境风险，可以大大减少环境违法事件的发生，减少违法引起的法律责任和潜在的民事诉讼案件，同时也减少了高额返款和民事诉讼。

1.2.2.2　清洁生产

（1）清洁生产的含义

清洁生产是在工业化造成的环境和资源危机的背景下，国际社会总结各国工业污染控制经验的基础上提出的一项全新的污染预防的环境战略，以寻求实现经济、社会、环境、资源协调和可持续发展的方案。

我国现行法律对清洁生产的定义为：清洁生产是指不断采取改进设计、使用清洁的能源和原料、采用先进的工艺技术与设备、改善管理、综合利用等措施，从源头削减污染，提高资源利用效率，减少或者避免生产、服务和产品使用过程中污染物的产生和排放，以减轻或者消除对人类健康和环境的危害。

清洁生产有以下 3 个方面的内容：

①清洁能源，包括常规能源的清洁利用、可再生能源的利用、新能源的开发和各种节能技术等；

②清洁的生产过程，包括尽量少使用或不使用有毒有害的原料，产出无毒、无害的中间产品，使用少废、无废的工艺和高效的设备，简便、可靠的操作和控制系统等；

③清洁的产品，包括节约原料和能源，少用或不用昂贵或稀缺资源，利用二次资源作为原料，产品在使用过程中或使用后不含危害人体健康和破坏生态环境的元素，易于回收、重复使用和再生，易于处理和降解等。

清洁生产的各种表述方式虽然有不同，但都体现了以下 4 项原则：

①资源化原则，使“废弃物”最大限度地转化为产品；

②减量化原则，使资源消耗量、污染产生量和排放量最小；

③无害化原则，尽可能减少有毒有害原材料的使用，或使用排放污染物量少的原料；

④再利用原则，对生产和流通中产生的废物，作为再生资源充分回收再利用。

清洁生产体现在以下 2 个“全过程”控制中：

①产品的生命周期全过程控制，即从原材料加工、提炼到产品产出、产品使用直到报废处置的各个环节采取必要的措施，实现产品整个生命周期资源和能源消耗的最小化。

②生产的全过程控制，即从产品开发、规划、设计、建设、生产到运营管理的全过程，采取措施，提高效率，防止生态破坏和污染的发生。

（2）清洁生产评价

1）清洁生产评价指标

我国的清洁生产指标体系是在原有的环境质量和污染削减指标体系的基础上建立的。清洁生产评价指标可分为以下 6 大类：

①生产工艺与装备的要求——选用清洁的生产工艺，淘汰落后的有毒有害原辅材料和落后的设备，这是推行清洁生产的前提。

②资源、能源利用指标——资源、能源利用指标的高低反映了一个生产过程对生态系统的影响程度，包括能耗指标、物耗指标和新鲜水耗指标。

③产品指标——产品的清洁性，以及销售、使用和报废后的处置对环境的影响程度。

④污染物产生指标——主要包括废水、废气和固体废物产生量等指标。

⑤废物回收利用指标——在生产过程中产生的废水、废料、废渣、废气、废热等指标，上述指标虽然是污染环境的废物，但在一定条件下可转化为资源。

⑥环境管理的要求——包括环境法律法规、废物处理处置、生产过程中的环境管理、相关方面的环境管理（考核、要求和制度）等。

2）清洁生产评价的内容

清洁生产评价的内容大致包括以下内容。

①清洁原料的评价，包括原材料的毒性和有害性，安全和无流失性，纯度与减污度，更清洁原料的替代方案等。

②清洁工艺评价，包括工艺与国家产业技术政策的关系，工艺的特殊性，工艺的先进性和合理性，通过工艺流程图剖析循环、回收、减量化的方案。

③设备配置评价，包括设备的来源和先进性，配置方案的弹性和原料的转化关系，从节能、节水等环保的角度评价设备的合理性。

④清洁产品评价，包括产品的性能，包装、运输、储藏、使用的安全和可靠性。

⑤二次污染和累积污染评价，包括废物在处理过程中的形态变化和二次污染影响，废物最终的毒害性，废物的最终处置对环境的累积污染影响。

⑥清洁生产管理评价，包括对生产操作，设备维护，物料、水量、能源的计量进行评述；对生产中的无组织排放进行监控；建立企业岗位环保责任制度和审核制度。

3）清洁生产促进法

《清洁生产促进法》（2012 年修正）自 2012 年 7 月 1 日起施行，旨在促进清洁生产，提高资源利用效率，减少和避免污染物的产生，保护和改善环境，保障人体健康，促进经济与社会可持续发展。在中华人民共和国领域内，从事生产和服务活动的单位以及从事相关管理活动的部门依照该法规定，组织、实施清洁生产。

《清洁生产促进法》明确了促进清洁生产的推行主体和实施主体，明确了清洁生产的推行实施范围，明确了实施日期。第三章中第十八条至第二十六条明确了在清洁生产推行过程中企业采取的相应措施。第二十七条明确需要开展清洁生产的对象，并对需要实施强制性清洁生产审核的情形提出了具体要求：

①污染物排放超过国家或者地方规定的排放标准，或者虽未超过国家或者地方规定的排放标准，但超过重点污染物排放总量控制指标的；

②超过单位产品能源消耗限额标准构成高耗能的；

③使用有毒、有害原料进行生产或者在生产中排放有毒、有害物质的。

《清洁生产促进法》的实施极大地推进了我国的清洁生产工作，有利于改善我国的生态环境质量，提高我国经济增长质量。

4）清洁生产审核

自《清洁生产促进法》颁布以来，清洁生产在我国得到了广泛实施。为促进清洁生产，规范清洁生产审核行为，国家发展和改革委员会和环境保护部共同颁布的《清洁生产审核办法》于 2016 年 7 月 1 日起正式实施。《清洁生产审核办法》明确了以下内容：

①清洁生产审核的定义。

指按照一定程序，对生产和服务过程进行调查和诊断，找出能耗高、物耗高、污染重的原因，提出降低能耗、物耗、废物产生，减少有毒有害物料的使用、产生，废物资源化利用的方案，进而选定并实施技术经济及环境可行的清洁生产方案的过程。

②审核原则。

清洁生产审核应当以企业为主体，遵循企业自愿审核与国家强制审核相结合、企业自主审核与外部协助审核相结合的原则，因地制宜、有序开展、注重实效。

③审核范围。

清洁生产审核分为自愿性审核和强制性审核，国家鼓励企业自愿开展清洁生产审核。纳入《清洁生产促进法》中第二十七条第一款的企业纳入强制清洁审核目录，其余企业可自愿组织实施清洁生产审核。

④清洁生产审核的实施。

清洁生产审核程序原则上包括审核准备、预审核、审核、方案的产生和筛选、方案的确定、方案的实施、持续清洁生产等。列入实施强制性清洁生产审核名单的企业应当在名单公布后 2 个月内开展清洁生产审核，2 次清洁生产审核的间隔时间不得超过 5 年。自愿实施清洁生产审核的企业可参照强制性清洁生产审核的程序开展审核。

⑤清洁生产审核的组织和管理。

清洁生产审核以企业自行组织开展为主。不具备独立开展清洁生产审核能力的企业，可以聘请外部专家或委托具备相应能力的咨询服务机构协助开展清洁生产审核。

清洁生产审核是企业层次推进清洁生产的主要实施手段，在清洁生产审核过程中，企业通过不断发现自身与清洁生产水平的差距和持续改进，不但能提高企业管理水平、生产工艺技术水平，还能实现节能、降耗、减污、增效，高效合理配置资源，提高资源利用率，解决环境与经济之间的矛盾，同时也为树立良好的企业形象奠定坚实基础。

1.2.3　绿色管理与生态工业

1.2.3.1　绿色管理

绿色管理是将环境保护的观念融入企业的经营管理之中，它涉及企业管理的各个层次、各个领域、各个方面和各个过程，要求在企业管理中时时处处考虑环保、体现绿色。

绿色管理遵循“5R”原则：①研究（research），将环保纳入企业的决策要素中，重视研究企业的环境对策；②削减（reduce），采用新技术、新工艺，减少或消除有害废物的排放；③再利用（reuse），变传统产品为环保产品，积极采用“绿色标志”；④循环（recycle），对废旧产品进行回收处理，循环利用；⑤保护（rescue），积极参与社区内的环境整治活动，对员工和公众进行绿色宣传，树立绿色企业形象。据此，绿色管理包括 5 个方面的内容：一是决策，即重视研究本企业的环境对策；二是技术，即在生产中减少有害废物的排放；三是开发绿色产品，使用“绿色标志”；四是对废旧产品的回收和再利用；五是树立企业的绿色形象。

通过在经营管理中树立生态环境保护观念，从经营的各个环节控制污染和节约能源，以实现企业效益、社会效益和环境效益的统一。

企业推行绿色管理是有利于企业和社会可持续发展的长远之计，企业首先应转变经营理念，认识到实施绿色管理的必要性和紧迫性，强化企业的社会意识和环保意识，将实现企业和整个社会的长期利益作为企业发展的最终目标。

实施绿色管理的企业应建立与绿色发展相适应的企业文化，树立全过程控制理念，设置具体的绿色管理职能部门，以绿色管理为指导思想，建立由绿色企业文化系统、绿色管理战略、绿色组织机构、绿色设计、绿色采购、研究绿色技术、推行清洁生产、发展绿色营销系统、开发绿色投资、实行绿色会计、执行绿色审计等组成的绿色管理体系，将生态环境保护纳入企业决策要素中，通过采用清洁能源和清洁材料，开发投入新技术、新工艺，加强末端治理，减少或消除有害废物排放，提高资源回收利用效率，并充分考虑产品使用环节及废旧产品回收、重新利用、处理等环节的环境影响，实现经济、生态、社会的综合发展。企业管理过程应遵循全过程控制原则、双赢原则及保护性原则：

①全过程控制原则是指企业不应只关注产品生产过程中产生的环境问题，还应关注原辅材料获取阶段的环境损害、产品使用过程中及发挥使用功能后对环境造成的污染和破坏。

②双赢原则是指在处理环境效益及经济冲突时，必须追求既能保护环境，又能促进经济发展的方案，实现经济与环境的双赢，这也是可持续发展的要求。有时这一原则表现为彼此在遵守规则的前提下相互作出一定程度的妥协，而不是双方都得到最大限度的利益。

③保护性原则是指企业不但应做到自身减少对环境的破坏，而且应向社会公众积极宣传环境保护的意义，积极参与社会中各种环境整治的活动，在公众中树立绿色企业的良好形象。

1.2.3.2 绿色工厂与绿色园区

（1）绿色工厂及绿色园区创建现状

经过多年的发展，我国工业总体实力显著增强，已成为具有重要影响力的工业大国。但与世界先进水平相比，制造业仍然大而不强，资源环境问题是制约我国向工业强国发展的重要因素之一。在绿色发展的国际大趋势下，制造业需把握好当今时代科技革命和产业变革的大方向，推行绿色制造，推进供给侧结构性改革，加快制造业绿色转型发展，促进工业平稳增长，打造制造业国际竞争新优势。创建绿色工厂作为构建绿色制造体系的关键一环，是实施绿色制造工程的重点任务，也是促进工业各行业结构优化、脱困升级、提质增效的重要途径。

绿色工厂是指实现用地集约化、生产洁净化、废物资源化、能源低碳化的工厂。2016 年 7 月，工业和信息化部为贯彻落实国家“十三五”规划纲要和《中国制造 2025》，发布了《工业绿色发展规划（2016—2020 年）》，计划至 2020 年评价绿色工厂规模为 1 000 家。

工业和信息化部在发布《绿色工厂评价通则》（GB/T 36132—2018）的基础上，陆续发布了《电子信息制造业绿色工厂评价导则》（SJ/T 11744—2019）、《钢铁行业绿色工厂评价导则》（YB/T 4771—2019）、《纺织行业绿色工厂评价导则》（FZ/T 07004—2019）、《冷轧钢带企业绿色工厂评价要求》（T/SSEA 0090—2020）、《焊接钢管企业绿色工厂评价要求》（T/SSEA 0091—2020）等行业标准。

绿色工厂评价指标体系包括对基本要求、基础设施、管理体系、产品、能源与资源投入、环境排放、总体绩效 7 个维度进行评价，开展绿色工厂评价，可为企业创造如下有利之处：

①梳理和识别国家、行业、地方法律法规、标准化要求，保障合规运营；

②分析和优化能源资源结构，促进环境管理，节能降耗；

③树立热衷环保公益、履行社会责任的良好企业形象；

④提升品牌价值，增强市场竞争力；

⑤参与绿色工厂国家标准、行业标准制定，创造竞争优势，为未来奠定基础；

⑥纳入国家“绿色工厂”试点，获得资金资助。

截至 2020 年 10 月，工业和信息化部已先后分五批次公布了共计 2 132 家绿色工厂和 172 家绿色工业园区。其中，第一批绿色工厂和绿色园区分别为 201 家和 24 家；第二批绿色工厂和绿色园区分别为 208 家和 22 家；第三批绿色工厂和绿色园区分别为 402 家和 34 家；第四批绿色工厂和绿色园区分别为 602 家和 39 家；第五批绿色工厂和绿色园区分别为 719 家和 53 家。随着我国工业企业建设及营运的规范性越来越强，绿色工厂及绿色园区的创建规模也越来越大，为加快我国绿色制造体系建设，引领工业高质量发展提供了有利条件，也为我国企业转型升级提供了动力。

（2）各省（区、市）绿色工厂及绿色工业园支持政策

目前，北京市在产业政策方面出台了《北京市高精尖产业发展资金管理办法》（京经信发〔2021〕84 号），提出高精尖资金的使用和管理遵循依法依规、公开透明、公平普惠、达标即享、注重绩效的原则。高精尖资金重点在智能制造、绿色制造、高端制造、产业基础提升、产业技术创新、数字经济、新型基础设施建设、先进技术转化应用、特色园区、生产性服务业等领域支持对本市产业创新发展和质量提升、产业结构深层次调整和转型升级、经济增长和投资促进等方面有重要支撑的项目和机构。

根据《绿色制造体系建设实施方案（2018—2020 年）》，上海市提出到 2020 年建设 100 个绿色工厂，创建一批国家级绿色制造示范单位，部分企业绿色化水平达到国际领先。在金融政策方面给予财政支持，绿色制造示范单位创建过程中实施的节能减排项目优先纳入市级工业节能、清洁生产、循环经济等专项资金的支持。对入选示范名单的单位进行奖励，并优先推荐申请工信部绿色制造系统集成项目等中央财政专项资金。

天津市出台《天津市工业绿色制造体系建设实施方案》（津工信节能〔2017〕12 号），全面统筹推进绿色制造体系建设，通过建设一批绿色工厂完善绿色制造市场化体系。财政政策层面，根据《天津市关于进一步支持发展智能制造的政策措施》（津政办规〔2020〕16 号）、《市工业和信息化局落实天津市关于进一步支持发展智能制造的政策措施实施细则》，支持发展绿色制造，对于入选国家绿色工厂、绿色供应链、绿色数据中心、能（水）效“领跑者”名单的企业，分别给予 60 万元一次性奖励。对于入选国家“能效之星”产品目录的企业，给予每项产品 30 万元奖励，每家企业累计最高 60 万元。对于入选国家绿色设计产品名单的企业，按每项产品给予 2 万元一次性奖励，每家企业累计最高 30 万元。对于入选市级绿色工厂名单的企业，给予 30 万元一次性奖励。支持绿色化改造，对被评定为国家级绿色制造系统解决方案供应商项目且通过国家考核验收的单位，给予国家奖补金额 20%的配套奖励，最高 500 万元。

重庆市出台《重庆市绿色制造体系建设三年行动计划（2018—2020）》，通过

加强政策支持指引，市经济信息委将优先推荐列入绿色制造体系示范名单的企业、园区申请国家级绿色制造系统集成资金、智能制造综合标准化与新模式应用资金、工业强基工程资金和绿色信贷等相关资金支持，同时利用市级工业和信息化专项资金（工业绿色发展专项）重点扶持市内企业、园区开展绿色制造体系建设工作，并对评定为国家级和市级绿色制造体系示范单位给予资金奖励。根据《重庆市绿色园区和绿色工厂认定管理办法（试行）》，将在工业和信息化专项资金中分别给予市级绿色园区、绿色工厂一次性奖励 50 万元、20 万元。

广东省发布的《广东省绿色制造体系建设实施方案》提出，积极争取国家工业转型升级资金、专项建设基金、绿色信贷等相关政策支持广东省绿色制造体系建设工作。积极组织符合条件的行业龙头企业申报国家绿色制造系统集成项目。省节能降耗专项资金将对绿色改造项目给予重点支持。落实绿色产品政府采购和财税支持政策，引导社会资金积极投入绿色制造领域。

山西省发布的《山西省工业和信息化厅关于加强绿色制造示范创建工作的通知》提出，各级各部门对列入工信部绿色制造名单的单位，要在资源配置、发展规划、资金信贷、生产组织等方面给予倾斜支持；对绿色工厂实施的绿色制造项目，在土地、环评、安全、资金、招标采购等方面优先予以支持。鼓励金融机构为绿色制造示范企业、产品、供应链提供绿色信贷支持。

辽宁省发布的《辽宁省污染防治与生态建设和保护攻坚行动计划（2017—2020年）》指出，推进绿色制造和绿色产品供给，鼓励企业发展绿色技术、绿色设计、绿色产品，强化产品全生命周期绿色管理，提升产品绿色环保低碳水平。《辽宁省污染防治攻坚战三年专项行动方案（2018—2020 年）》提出，建立稳定投入机制，加强相关规划统筹衔接和项目储备库建设，积极争取中央资金，统筹利用好现有资金渠道，加大财政投入力度。

吉林省发布的《吉林省绿色制造体系建设实施方案》提出，“十三五”期间，以电子信息、汽车、机械装备、生物医药、新材料、轻工、建材等行业为重点领域，开展绿色制造体系建设。通过积极争取国家财政资金、基金及绿色信贷等相关资金和政策，支持吉林省重点工业企业创建绿色制造体系。支持引导省级绿色制造体系创建示范单位实施技术改造，全省及各市（州）重点产业发展专项资金重点向绿色制造示范单位倾斜。

黑龙江省发布的《黑龙江省制造业转型升级“十三五”规划》提出，构建绿色制造体系。强化产品全生命周期绿色管理，遵循能源资源消耗最低化，生态环境影响最小化，可再生率最大化原则，大力开展绿色设计示范试点，加快开发具有无害化、节能、环保、低耗、高可靠性、长寿命和易回收等特性的绿色产品。按照厂房集约化、原料无害化、生产洁净化、废物资源化、能源低碳化的原则，建设绿色工厂，发展绿色工业园区，打造绿色供应链，推进绿色制造体系建设。《黑龙江省工业强省建设规划（2019—2025年）》提出，支持企业积极承担国家重大科技项目和国家智能制造、工业强基、服务型制造、绿色制造等专项；全面推行绿色制造，着力打造绿色制造体系，鼓励企业利用绿色低碳的新工艺、新技术创建绿色工厂。其中，绿色制造试点示范工程提出，到2025年，绿色制造能力稳步提升，重点产业领域节能减排成效显著，力争创建国家级绿色工厂20家以上。《黑龙江省支持企业承担国家专项政策实施细则》明确提出，对承担国家重大科技项目和国家智能制造、工业强基、服务型制造、绿色制造等专项，并获得国家财政专项资金支持的项目，按获得国家财政资金实际支持额度的10%予以资助，单户企业最高不超过500万元。

江苏省发布的《江苏省绿色制造体系建设实施方案》提出，将绿色制造体系建设纳入省级专项资金重点支持范围，对绿色示范创建园区建设绿色体系平台、示范企业实施绿色改造项目给予支持。各地也要将绿色制造体系建设项目列入现有财政资金支持重点。

浙江省发布的《浙江省绿色制造体系建设实施方案（2018—2020）》提出，各地要将绿色制造体系建设项目列入现有财政资金支持重点，对获得认定的绿色工厂、产品、绿色区、供应链企业给予资金奖励。

安徽省发布的《中国制造2025安徽篇》提出，到2020年，力争培育一批绿色示范工厂和绿色示范园区。到2025年，制造业绿色发展和主要产品单耗达到国内先进水平，全省绿色制造体系基本建立。安徽省印发的《支持制造强省建设若干政策》指出，对获得国家级绿色工厂、绿色产品的企业分别给予一次性奖补100万元、50万元；对获得省级绿色工厂的企业给予一次性奖补50万元。

福建省发布的《福建省绿色制造体系创建实施方案》提出，对列入省级绿色工厂、绿色园区和绿色供应链管理示范名单的企业（园区）给予一定的资金补助，每家企业（园区）最高不超过 20 万元，对列入省级绿色设计产品名单的颁发产品证书；对列入国家绿色工厂示范名单的企业每家给予 100 万元的资金奖励；对列入国家绿色园区和绿色供应链管理示范名单的企业（园区）每家给予 200 万元的资金奖励；对列入国家绿色设计产品示范名单的，每个产品给予 5 万元的资金奖励，单家企业当年度最高不超过 50 万元。

江西省发布的《江西省绿色制造体系建设实施方案》提出，将利用省级节能专项资金、清洁生产专项资金等相关政策推进绿色制造体系建设，同时，积极争取国家工业转型升级资金、专项建设基金、绿色信贷等相关政策支持。

山东省发布的《山东省绿色制造体系建设实施方案（2016—2020 年）》指出，要创新财政资金支持方式，综合运用政府和社会资本合作（PPP）、股权投资引导基金等方式，引导社会资本参与绿色制造科研开发、试点示范和服务平台建设。落实国家税收优惠政策，营造有利于绿色制造体系建设的良好环境。积极推荐符合条件的企业申请国家工业转型升级资金支持。

河南省发布的《河南省绿色制造体系建设实施方案（2018—2020 年）》提出，按照《河南省支持转型发展攻坚战若干财政政策》的规定，对成功创建绿色制造体系的申报主体落实奖励资金。拓宽绿色制造融资渠道，支持绿色园区、企业主体借助上市融资、金融租赁、股权投资基金、新三板挂牌融资等渠道加快发展。鼓励银行业等金融机构对绿色制造示范企业、园区给予多元化的融资支持；完善绿色产品政府采购和财税支持政策，鼓励重点投资项目、重点领域在同等条件下优先采购已认证的绿色产品。《河南省支持转型发展攻坚战若干财政政策的通知》提出，充分利用省先进制造业发展、节能减排等专项资金支持绿色化技术改造，对新增投资额 1 000 万元以上的重大节能、节水、清洁生产和基础工艺绿色化改造的示范项目，按照节能降耗效果和投资规模的一定比例给予后补助，最高不超过 1 000 万元。对创建成为绿色示范工厂、绿色工业园区的企业一次性给予 200 万元奖励。

湖北省发布的《湖北省工业绿色制造体系建设实施方案》指出，加大政策支持，要用好现有财政税收政策，支持绿色制造体系建设，将绿色制造体系建设项目纳入现有财政资金支持重点范围。拓展完善绿色产品政府采购、绿色信贷和财政支持政策，加大政策支持力度。鼓励金融机构为绿色制造示范企业、园区提供便捷、优惠的担保服务和信贷支持。

湖南省发布的《湖南省绿色制造体系建设实施方案》提出，省工业转型升级专项资金对获得省级绿色工厂、绿色产品、绿色园区和绿色供应链管理企业，一次性给予30万元资金奖励；对获得国家级绿色工厂、绿色产品、绿色园区和绿色供应链管理企业，一次性给予50万元资金奖励。

河北省发布的《河北省绿色制造体系建设实施方案》提出，将绿色制造体系建设示范名单企业和园区纳入现有财政资金支持重点范围，并将优先推荐争取国家工业转型升级资金、专项建设基金、绿色信贷等相关政策支持，优先推荐申报国家绿色制造系统集成项目。同时，各地要积极争取协调地方财政资金，对获得认定的绿色工厂、绿色产品、绿色园区、绿色供应链给予资金奖励。

海南省发布的《海南省人民政府关于贯彻落实〈中国制造2025〉的实施意见》提出，到2020年，重点企业和产业园区率先分别达到“国家绿色示范工厂”“绿色示范园区”标准。到2025年，全省基本建立绿色制造体系。通过提出拓宽融资渠道，充分发挥产业专项资金的撬动作用，根据重大技改、产业升级、结构调整需求，采取有扶有控的信贷政策。加大资本市场、保险市场对工业企业的支持，推动工业企业融资机制创新，促进企业兼并重组。

四川省发布的《四川省绿色制造体系建设实施方案》提出，加大支持力度，积极争取国家工业转型升级资金、专项建设基金、绿色信贷等相关政策支持四川省绿色制造体系建设，组织符合条件的行业领军企业申报国家绿色制造系统集成项目资金支持。省级有关专项资金支持绿色制造创建单位实施的重大支撑项目，引导绿色制造咨询服务机构发展，探索制定绿色制造相关地方标准、评价指标体系及前瞻性重大课题研究。

贵州省发布的《贵州省绿色制造三年行动计划（2018—2020年）》提出，积极争取国家有关部委对贵州省绿色制造投资重大工程和重点项目的支持，主动争取工业和信息化部等部委对贵州省智能制造综合标准化与新模式应用专项、绿色制造系统集成专项资金等的支持，力争资金尽快到位。认真落实省委、省政府关于扶持绿色制造的各项政策措施，各级相关产业发展专项资金要积极支持生态产业发展，对绿色化改造行动迅速、主导产业突出、聚集效应明显的园区给予优先扶持。

云南省发布的《云南省降低实体经济企业成本实施细则的通知》指出，对认定的绿色供应链、绿色园区、绿色工厂、绿色产品和工业产品生态（绿色）设计示范企业给予 50 万～200 万元的一次性奖励。其中国家级绿色工厂、省级绿色工厂分别给予奖励 80 万元和 50 万元。

陕西省发布的《〈中国制造〉陕西实施意见》提出，制定绿色产品、绿色工厂、绿色园区标准体系，开展绿色评价。到 2025 年，建成 100 个绿色示范工厂和 20 个绿色示范园区，重化工行业能源资源消耗出现拐点，制造业主要产品能效达到国内领先水平，绿色制造体系基本建立。加大财政资金投入，根据项目情况分别采取股权投资、以奖代补或后补助、贴息、风险补偿、政府购买服务等方式，重点支持制造业关键技术和基础技术突破、企业技术改造等。

甘肃省发布的《关于开展绿色制造体系建设试点工作的通知》提出，经工信部确定为国家级绿色产品、工厂、园区、供应链的示范企业，省工信委将优先推荐申报工信部、财政部绿色制造系统集成项目。同时，通过强化财政资金的引导作用，统筹安排，积极争取节能减排项目财政补贴或财政奖励资金，争取工业转型升级专项资金、工业转型升级基金、中小企业发展基金等方面的财政支持。

青海省发布的《青海省节能专项资金管理办法》提出，重点奖励建立健全绿色标准、开发绿色产品、创建绿色工厂、建设绿色工业园区、打造绿色供应链等试点示范。节能专项资金支持方式主要为后补助、以奖代补、贷款贴息、购买服务等，具体金额按照项目性质、投资总额等综合测算。后补助项目，补助金额不超过项目总投资的 30%，上限不超过 300 万元；以奖代补项目，奖励金额最高不超过 300 万元；贷款贴息项目，须提供银行等金融部门出具的贷款证明，贴息率最高不超过 5%，上限不超过 200 万元；购买服务项目，补助金额按照合同约定确定。

内蒙古自治区发布的《内蒙古自治区绿色制造体系建设实施方案》提出，自治区重点产业发展专项资金（节能技术改造资金）优先支持自治区绿色制造体系建设示范工程项目，积极争取国家工业转型升级资金、专项建设基金、绿色信贷等相关政策支持。各盟市、旗县（市、区）要积极争取协调配套资金，将绿色制造体系建设项目列入现有财政资金支持重点；自治区级以上绿色制造体系建设项目优先列入电力多边交易范围予以支持，积极落实国家及自治区综合利用各项扶持政策，降低企业成本，提高企业绿色制造体系建设的积极性；鼓励金融机构为绿色制造示范企业、园区提供便捷、优惠的信贷支持。

广西壮族自治区发布的《广西绿色制造体系建设工作实施方案》提出，要充分利用节能专项、技术改造专项资金、中小企业专项资金等渠道，重点扶持自治区内企业、园区开展绿色制造体系建设，优先推荐列入绿色制造示范名单的企业、园区申请国家工业转型升级资金、专项建设基金、绿色信贷等相关资金支持；同时各地要积极争取协调地方配套资金，将绿色制造体系建设项目列入现有财政资金支持重点，对获得认定的绿色工厂、绿色产品、绿色园区、绿色供应链企业给予资金奖励，并在政府采购上给予优先待遇。

西藏自治区发布的《西藏自治区经济和信息化厅2020年节能环保工作要点》提出，加快绿色制造体系建设，组织各地（市）经信主管部门、藏青工业园管委会和企业申报国家绿色制造示范产品、工厂、园区、供应链，争取填补自治区空白，创建自治区级绿色产品、绿色工厂、绿色园区及绿色供应链，打造绿色典型，树立标杆企业，以点带面，引导更多企业实现绿色发展。

宁夏回族自治区发布的《宁夏回族自治区工业绿色发展行动方案（2019—2022年）》提出，积极争取国家对我区绿色制造体系建设的资金和政策支持。灵活运用自治区技术改造、节能减排、淘汰落后等各类专项资金，对节能环保改造、工业固体废物综合利用、绿色制造体系建设和淘汰落后的企业及项目予以支持。各市、县（区）政府及工业园区，要安排专项资金支持工业绿色发展。推动落实节能、节水、资源综合利用等税收优惠政策，鼓励工业企业加大绿色发展投入。优先支持绿色制造企业申请自治区工业风险补偿金贷款及小微企业风险补偿金贷款，鼓励金融机构将符合条件的企业纳入绿色信贷范畴，给予绿色金融支持。

新疆维吾尔自治区发布的《新疆维吾尔自治区绿色制造体系建设实施方案（2016—2020年）》提出，自治区经信委将优先推荐列入绿色制造体系示范名单的企业、园区申请国家绿色制造系统集成资金、工业转型升级资金、专项建设基金、绿色信贷等相关资金支持，同时利用自治区技术改造、战略新兴、工业节能等专项资金扶持区内企业、园区开展绿色制造体系建设工作，并鼓励绿色金融参与到绿色制造体系建设中来。各地要积极争取协调地方配套资金，将绿色制造体系建设项目列入现有财政资金支持重点，对获得认定的绿色工厂、绿色产品、绿色园区、绿色供应链给予资金奖励，并在政府采购上给予优先待遇。

1.2.3.3　生态文明示范区

生态文明示范区旨在通过建设形成符合主体功能定位的开发格局，使资源循环利用体系初步建立，节能减排和碳排放强度指标下降，资源产出率、单位建设用地生产总值、万元工业增加值用水量、农业灌溉水有效利用系数、城镇（乡）生活污水处理率、生活垃圾无害化处理率等处于前列，城镇供水水源地全面达标，森林、草原、湖泊、湿地等面积逐步增加、质量逐步提高，水土流失和沙化、荒漠化、石漠化土地面积明显减少，耕地质量稳步提高，物种得到有效保护，覆盖全社会的生态文化体系基本建立，绿色生活方式普遍推行，最严格的耕地保护制度、水资源管理制度、环境保护制度得到有效落实，生态文明制度建设取得重大突破，形成可复制、可推广的生态文明建设典型模式。

为贯彻落实《国务院关于加快发展节能环保产业的意见》（国发〔2013〕30 号），国家发展和改革委员会联合其他部委于 2012 年印发了《国家生态文明先行示范区建设方案（试行）》，明确了以下主要任务：

①科学谋划空间开发格局。将生态文明理念融入城镇化的各方面和全过程，分类引导不同主体功能区的城镇化进程，走以人为本、集约高效、绿色低碳的新型城镇化道路。

②调整优化产业结构。进一步明确产业发展方向和重点，加快发展现代服务业、高技术产业和节能环保等战略性新兴产业，改造提升优势产业，做好化解产能过剩工作，大力淘汰落后产能。

③着力推动绿色循环低碳发展。以节能减排、循环经济、清洁生产、生态环保、应对气候变化等为抓手，设置科学合理的控制指标，大幅降低能耗、碳排放、地耗和水耗强度，控制能源消费总量、碳排放总量和主要污染物排放总量，严守耕地、水资源，以及林草、湿地、河湖等生态红线，大力发展绿色低碳技术，优化改造存量，科学谋划增量，切实推动绿色发展、循环发展、低碳发展，加快转变发展方式，提高发展的质量和效益。

④节约集约利用资源。加强生产、流通、消费全过程资源节约，推动资源利用方式根本转变。大力发展循环经济，推动园区循环化改造，开发利用“城市矿产”，发展再制造，构建覆盖全社会的资源循环利用体系。

⑤加大生态系统和环境保护力度。以解决大气、水、土壤等污染为重点，加强污染综合防治，实现污染物减排由总量控制向环境质量改善转变。

⑥建立生态文化体系。倡导尊重自然、顺应自然、保护自然的生态文明理念，并培育为社会主流价值观。

⑦创新体制机制。把资源消耗、环境损害、生态效益等体现生态文明建设的指标纳入地区经济社会发展综合评价体系，大幅增加考核权重，建立领导干部任期生态文明建设问责制和终身追究制。

⑧加强基础能力建设。强化生态文明建设统筹协调，形成工作合力，加强统计、监测、标准、执法等基础能力建设。

根据《国务院关于加快发展节能环保产业的意见》（国发〔2013〕30 号）文件精神，在全国范围内选择有代表性的地区开展国家生态文明先行示范区建设，探索符合我国国情的生态文明建设模式。2014 年和 2015 年先后分两批次共计 100 个地区作为生态文明先行示范区建设地区，其中，第一批次包括贵州省及其他省、市、县（区）共 55 个地区，第二批次包括北京市怀柔区等 45 个地区。

针对生态文明先行示范区建设的地区，国务院出台了相应的政策支持。如《国务院关于支持福建省深入实施生态省战略　加快生态文明先行示范区建设的若干意见》（国发〔2014〕12 号）中明确要求把福建建设成为国土空间科学开发先导区、绿色循环低碳发展先行区、城乡人居环境建设示范区、生态文明制度创新实验区。国家加大中央投资对福建省生态建设、节能环保、水土保持、循环经济、污水垃圾处理、水利工程、新能源、能力建设等项目的支持力度；支持福建大型灌区续建配套与节水改造、中小河流治理、病险水库除险加固等项目建设；支持闽江、九龙江流域污染治理；加大对空气自动监测站建设的支持力度。

1.2.4　环境信用评价与绿色金融

1.2.4.1　环境信用评价

（1）环境信用评价的概念及意义

企业环境信用评价，是指生态环境部门根据企业环境行为信息，按照规定的指标、方法和程序，对企业遵守生态环境法律法规、履行生态环境社会责任等方面的实际表现，进行环境信用评价，确定其信用等级，并向社会公开，供公众监督和有关部门、金融等机构应用的环境管理手段。

开展企业环境信用评价，是生态环境主管部门提供的一项公共服务，通过企业环境信用等级这一直观的方式，向公众披露企业环境行为的实际表现，方便公众参与环境监督；还可以帮助银行等市场主体了解企业的环境信用和环境风险，作为其审查信贷等商业决策的重要参考。同时，相关部门、工会和协会可以在行政许可、公共采购、评先创优、金融支持、资质等级评定、安排和拨付有关财政补贴专项资金中，充分应用企业环境信用评价结果，共同构建环境保护“守信激励”和“失信惩戒”机制，改善环保领域“违法成本低”的不合理局面。

（2）开展环境信用评价的法律依据及具体要求

2013 年，环境保护部联合国家发展和改革委、人民银行、银监会发布了《企业环境信用评价办法（试行）》（以下简称《办法》），旨在积极推进企业环境信用评价工作，督促企业自觉履行环境保护法定义务和社会责任，并引导公众参与环境监督，促进有关部门协同配合，加快建立环境保护“守信激励、失信惩戒”的机制，推动社会信用体系建设。

《办法》的主要内容包括如下几个方面。

①企业环境信用评价工作的职责分工。省级生态环境主管部门负责组织国家重点监控企业的环境信用评价，其他参评企业的环境信用评价的管理职责，由省级生态环境主管部门规定。生态环境部门也可以委托有能力的社会机构，开展企业环境信用评价工作。

②应当纳入环境信用评价的企业范围包括：生态环境部公布的国家重点监控企业；设区的市级以上地方人民政府生态环境主管部门公布的重点监控企业；重污染行业内企业，重污染行业包括火电、钢铁、水泥、电解铝、煤炭、冶金、化工、石化、建材、造纸、酿造、制药、发酵、纺织、制革和采矿业 16 类行业，以及国家确定的其他污染严重的行业；产能严重过剩行业内企业；从事能源、自然资源开发、交通基础设施建设，以及其他开发建设活动，可能对生态环境造成重大影响的企业；污染物排放超过国家和地方规定的排放标准的企业，或者超过经有关地方人民政府核定的污染物排放总量控制指标的企业；使用有毒、有害原料进行生产的企业，或者在生产中排放有毒、有害物质的企业；上一年度发生较大

及以上突发环境事件的企业；上一年度被处以5万元以上罚款、暂扣或者吊销许可证、责令停产整顿、挂牌督办的企业；省级以上生态环境主管部门确定的应当纳入环境信用评价范围的其他企业。

③企业环境信用评价的等级、指标。企业环境信用等级分为环保诚信企业、环保良好企业、环保警示企业、环保不良企业4个等级，依次以“绿牌”“蓝牌”“黄牌”“红牌”标示。评价指标主要包括污染防治、生态保护、环境监理、社会监督4方面21项。《办法》还规定了实行“一票否决”的14种情形，包括：“因为环境违法构成环境犯罪的；建设项目环境影响评价文件未按规定通过审批，擅自开工建设的；建设项目环保设施未建成、环保措施未落实、未通过竣工环保验收或者验收不合格，主体工程正式投入生产或者使用的；建设项目性质、规模、地点、采用的生产工艺或者防治污染、防止生态破坏的措施发生重大变动，未重新报批环境影响评价文件，擅自投入生产或者使用的；主要污染物排放总量超过控制指标的；私设暗管或者利用渗井、渗坑、裂隙、溶洞等排放、倾倒、处置水污染物，或者通过私设旁路排放大气污染物的；非法排放、倾倒、处置危险废物，或者向无经营许可证或者超出经营许可范围的单位或个人提供或者委托其收集、贮存、利用、处置危险废物的；环境违法行为造成集中式生活饮用水水源取水中断的；环境违法行为对生活饮用水水源保护区、自然保护区、国家重点生态功能区、风景名胜区、居住功能区、基本农田保护区等环境敏感区造成重大不利影响的；违法从事自然资源开发、交通基础设施建设，以及其他开发建设活动，造成严重生态破坏的；发生较大及以上突发环境事件的；被环保部门挂牌督办，整改逾期未完成的；以暴力、威胁等方式拒绝、阻挠环保部门工作人员现场检查的；违反重污染天气应急预案有关规定，对重污染天气响应不力的。企业如存在以上情形，直接评定为‘环保不良企业’（红牌）。”

④企业信用评价程序。企业环境信用评价周期原则上为一年，评价期间原则上为上一年度。评价结果反映企业上一年度1月1日至12月31日的环境信用状况，原则上应当在每年4月底前完成。省级生态环境主管部门可以根据实际情况，对评价周期、评价期间和完成时限作出调整。生态环境主管部门于每年2月底前，根据规定的评价指标及评分方法，对企业环境行为进行信用评价，

就企业的环境信用等级提出初评意见。初评意见应当及时反馈参评企业，并通过政府网站进行公示，公示期不得少于 15 天。有关企业对初评意见有异议的，应当在初评意见公示期满前，向发布公示的生态环境主管部门提出异议，并提供相关资料或证据；逾期未反馈意见的，视为无异议。公众、环保团体或者其他社会组织，对初评意见有异议的，可以在公示期满前，向发布公示的生态环境主管部门提出异议，并提供相关资料或证据。生态环境主管部门应当在收到对初评意见的异议之日起 20 个工作日内进行复核，并将复核意见告知异议人。复核需要现场核查、监测或者鉴定的，所需时间不计入复核期间。企业、公众、环保团体或者其他社会组织对初评意见提出异议，生态环境主管部门对异议人的告知，可以采用信函、传真、电子邮件等方式。

⑤企业环境信用评价，应当以生态环境主管部门通过现场检查、监督性监测、重点污染物总量控制核查，以及履行监管职责的其他活动制作或者获取的企业环境行为信息为基础。可综合考虑企业自行监测数据、排污申报登记数据，经核实后的公众、社会组织及媒体提供的企业环境行为信息也可作为企业环境信用评价的依据。

⑥环境保护“守信激励、失信惩戒”具体措施。针对不同环境信用等级的四类企业，《办法》规定了相应的激励性与约束性措施，旨在促进有关部门协同配合，加快建立环境保护“守信激励、失信惩戒”的机制，推动环保信用体系建设。

《办法》中针对守信激励和失信惩戒均进行了明确，具体如下：

对环保诚信企业，可以采取以下 10 条激励性措施：“对其危险废物经营许可证、可用作原料的固体废物进口许可证以及其他行政许可申请事项，予以积极支持；优先安排环保专项资金或者其他资金补助；优先安排环保科技项目立项；新建项目需要新增重点污染物排放总量控制指标时，纳入调剂顺序并予以优先安排；建议财政等有关部门在确定和调整政府采购名录时，将其产品或者服务优先纳入名录；环保部门在组织有关评优评奖活动中，优先授予其有关荣誉称号；建议银行业金融机构予以积极的信贷支持；建议保险机构予以优惠的环境污染责任保险费率；将环保诚信企业名单推荐给有关国有资产监督管理部门、有关工会组织、有关行业协会以及其他有关机构，并建议授予环保诚信企业及其负责人有关荣誉称号；国家或者地方规定的其他激励性措施。”

对环保不良企业采取如下惩戒性措施：“责令其向社会公布改善环境行为的计划或者承诺，按季度向实施环境信用评价管理和直接对该企业实施日常环境监管的环保部门，书面报告企业环境信用评价中发现问题的整改情况；”“结合其环境失信行为的类别和具体情节，从严审查其危险废物经营许可证、可用作原料的固体废物进口许可证以及其他行政许可申请事项；加大执法监察频次；暂停各类环保专项资金补助；建议财政等有关部门在确定和调整政府采购名录时，取消其产品或者服务；环保部门在组织有关评优评奖活动中，不得授予其有关荣誉称号；建议银行业金融机构对其审慎授信，在其环境信用等级提升之前，不予新增贷款，并视情况逐步压缩贷款，直至退出贷款；建议保险机构提高环境污染责任保险费率；将环保不良企业名单通报有关国有资产监督管理部门、有关工会组织、有关行业协会以及其他有关机构，建议对环保不良企业及其负责人不得授予先进企业或者先进个人等荣誉称号；国家或者地方规定的其他惩戒性措施。”

目前，各省（区、市）均已启动环境信用评价体系的创建和推广，通过建立企业环境信用评价，对诚信市场主体优先推介，实行行政审批“绿色通道”，优先提供公共服务便利；对环境失信联合惩戒，限制或者禁止环境失信主体的市场准入和行政许可，停止执行享受的优惠政策，在经营业绩考核、综合评价、评优表彰、刑事司法、绿色信贷等工作中，对环境失信主体及相关负责人予以限制。真正实现环境守信，处处得益；环境失信，处处受限，提高违法成本。

企业环境信用评价案例

①正面案例

案例一：对守信企业污染治理项目优先安排资金补助。浙江遂昌某公司是一家集研发、生产、销售于一体的医药中间体生产企业，近年来企业加大环保治理设施的投入，进一步推进环境污染治理工作。该企业近 3 年无环境违法行为，且环境信用较好，当地生态环境主管部门 2019 年安排污染治理奖补专项资金用于奖补该企业废气污染治理项目，不断激励该企业的治污积极性。

案例二：守信企业推行非现场执法监管。2020 年 3 月 24 日，浙江某药业有限公司等一批一年内无违法记录且在线监控数据稳定达标的环境信用优秀企业，被纳入生态环境监督执法“正面清单”。按照“正面清单”的相关规定，当地生态环境主管部门将不对这些企业进行现场执法检查，而是利用遥感、无人机巡查、在线监控、视频监控、用电监控、大数据分析等科技手段开展非现场执法检查，最大限度地减少对企业的干扰，助力企业复工复产和绿色发展。

②负面案例。

案例一：环境信用不良，企业贷款受影响。温州某高新材料公司在 2019 年被当地生态环境主管部门评定为“红牌”环保信用不良企业。2019 年 9 月，该企业由于生产需要向银行申请新增资金贷款，银行告知该企业环保信用等级评价为红牌，已贷款的企业不能新增贷款，且贷款金额受限。经了解，该企业虽然完成了环境问题的整改，现已搬迁，并多次向环保部门申请环保信用等级修复，但因红牌企业环保修复需要 1 年的惩罚期限，所以该企业虽然已提交网上信用等级指标修复申请，但因 1 年惩戒期原因仍无法审核通过。企业也进一步认识到环境信用的重要性，表示要切实担负起企业的环保主体责任，认真做好各项环保污染治理工作。

案例二：环境违法失信评奖受限。衢州某化工企业在 2019 年年初因某工序未经过环境影响评价、审批及“三同时”验收先行投产，被当地生态环境主管部门处以罚款的行政处罚。因此条违法记录，根据《衢州市大科创专项资金管理办法》，该公司未通过规范性审查，取消了 2020 年市政府特别奖评选资格。

案例三：安徽省生态环境厅根据《安徽省企业环境信用评价实施方案》要求，对 2019 年度环境信用评价中纳入警示（黄牌）和不良企业（红牌）的企业采取相应的处罚措施：对环保警示企业加大执法监察频次，从严审批各类环保专项资金补助申请，责令每季度向生态环境主管部门书面报告环境管理及相关环境问题的整改情况；对不良企业，列入重点督查对象，暂停各类环保专项资金补助，责令企业向环保部门报送环境管理及相关环境问题整改计划，按月报送整改进度。发展改革委、工商等多部门将信息共享，对不良企业实施联合惩戒。

1.2.4.2 绿色金融

（1）绿色金融与绿色金融体系

1）绿色金融

绿色金融是指为支持环境改善、应对气候变化和资源节约高效利用的经济活动，即对环保、节能、清洁能源、绿色交通、绿色建筑等领域的项目投融资、项目运营、风险管理等所提供的金融服务。绿色金融包括以下几层含义：

①绿色金融的目的是支持有环境效益的项目，而环境效益包括支持环境改善、应对气候变化和资源高效利用；

②给出了绿色项目的主要类别，这对未来各种绿色金融产品（包括绿色信贷、绿色债券、绿色股票指数等）的界定和分类具有重要的指导意义；

③明确了绿色金融包括支持绿色项目投融资、项目运营和风险管理的金融服务，说明绿色金融不仅包括贷款和证券发行等融资活动，也包括绿色保险等风险管理活动，还包括有多种功能的碳金融业务。

2）绿色金融体系

绿色金融体系是指通过绿色信贷、绿色债券、绿色股票指数和相关产品、绿色发展基金、绿色保险、碳金融等金融工具和相关政策支持经济向绿色化转型的制度安排。

绿色金融可以促进环境治理，引导资源从高污染、高能耗产业流向理念、技术先进的部门。当前，我国绿色金融政策正在稳步推进，在信贷、债券、基金领域都有长足发展。构建绿色金融体系的主要目的是动员和激励更多社会资本投入绿色产业，同时更有效地抑制污染性投资。构建绿色金融体系，不仅有助于加快我国经济向绿色化转型，支持生态文明建设，也有利于促进环保、新能源、节能等领域的技术进步，加快培育新的经济增长点，提升经济增长潜力。

建立健全绿色金融体系，需要金融、财政、环保等政策和相关法律法规的配套支持，通过建立适当的激励和约束机制解决项目环境外部性问题。同时，也需要金融机构和金融市场加大创新力度，通过发展新的金融工具和服务手段，解决绿色投融资所面临的期限错配、信息不对称、产品和分析工具缺失等问题。

（2）绿色金融的发展现状

现阶段，绿色金融的关注点仍集中在银行业，尤其是银行的信贷业务方面，即“绿色信贷”。绿色金融的发展可追溯到 20 世纪 70 年代联邦德国成立的世界第一家政策性环保银行——生态银行，该银行专门负责为环境项目提供优惠贷款。2002 年，由世界银行下属的国际金融公司和荷兰银行提出了一项企业贷款准则，即有名的“赤道原则”。该准则要求金融机构在向一个项目投资时，要对该项目可能对环境和社会造成的影响进行综合评估，并且利用金融杠杆促进该项目在环境保护以及周围社会和谐发展方面发挥积极作用。“赤道原则”已被国际金融机构普遍采用，其融资额约占全球融资总额的 85%。

我国绿色金融各项标准的不断出台与落地将有效促进和规范我国绿色金融健康、快速发展，我国绿色金融将迎来标准的逐步统一。人民银行、银保监会等七部委出台的《关于构建绿色金融体系的指导意见》（银发〔2016〕228 号）（以下简称《意见》）明确了“绿色金融”在我国的官方定义，在这一顶层架构设计的指引下，绿色金融激励约束政策与制度创新不断发展，出台的绿色金融激励约束政策从“导向性”越来越走向“实质化”。根据我国治理环境污染的目标和在 2030 年或之前碳排放达峰的国际承诺，在财政资金覆盖绿色投资严重不足的情况下，需大力鼓励和撬动社会资本投入绿色产业。通过出台该《意见》，可有效解决绿色产业融资贵、融资难的问题，这也是我国支持绿色投资强有力的政策信号。

中国人民银行于 2019 年 5 月 13 日发布《关于支持绿色金融改革创新试验区发行绿色债务融资工具的通知》（以下简称《通知》）。《通知》是中国人民银行在推动我国绿色金融发展方面的又一重大举措，通过支持绿色金融改革创新试验区发行绿色债务融资工具，进一步发展我国绿色金融市场，加强绿色金融改革创新试验区建设。未来可以考虑更多的绿色金融激励政策，以激发市场主体的积极性，采取监管创新（如针对绿色融资期限错配痛点实施定向降准、降低绿色融资的风险权重以及考虑让绿色债权优先受偿）和产品制度创新，从而激发市场主体的内生动力。

我国绿色金融的发展路径总体是“自上而下”有效推动与“自下而上”改革创新相结合，协同推进发展。“自下而上”的地方绿色金融探索和改革是中国绿色金融发展的重要维度。“一带一路”沿线绿色金融发展潜力巨大。从需求端来看，目前“一带一路”沿线大部分国家或地区的经济发展方式仍然较为粗放，平均能耗强度和碳排放强度都远远高于世界平均水平。因此，“一带一路”作为全球发展战略，必须考虑生态环境保护问题，提倡绿色发展。“一带一路”沿线大量的绿色基础设施建设、清洁能源领域投资需求，都将成为绿色金融发展的重要契机。近年来，在绿色金融领域的快速发展，为我国参与“一带一路”沿线的绿色投资创造了条件。目前，我国绿色金融顶层设计已逐步建立，绿色金融市场不断繁荣，开始进入蓬勃发展阶段，中国的绿色金融投融资余额已接近 10 万亿元。

（3）我国绿色金融发展趋势

中国已经成为全球绿色金融发展的风向标。一方面，通过 G20 峰会和“一带一路”建设，中国为全世界绿色金融的发展提供经验借鉴，引领全球经济和金融朝着绿色、可持续方向前进，推动绿色金融的广度发展；另一方面，通过在国内开展绿色金融改革创新试验区建设，中国在探索不同地区发展绿色金融的可复制、可推广的经验做法，更好地发挥绿色金融助推中国经济绿色转型的积极作用，推动绿色可持续发展。同时，绿色金融工具积极引导社会资本投资将成为趋势。

截至 2020 年年末，国内 21 家主要银行绿色信贷余额超过 11 万亿元，到 2025 年绿色信贷余额将达 23 万亿元。绿色信贷资产质量整体良好，不良率远低于同期各项贷款整体不良水平。绿色信贷环境效益逐步显现，按照信贷资金占绿色项目总投资的比例计算，21 家主要银行绿色信贷每年可支持节约标准煤超过 3 亿 t，减排二氧化碳当量超过 6 亿 t。

2020 年 9 月 22 日，国家主席习近平在第 75 届联合国大会一般性辩论上，向全世界庄严宣布，中国将力争于 2030 年前实现碳达峰，在 2060 年前实现碳中和。中国的此项承诺是全球应对气候变化历程中的里程碑事件，它不但会加速中国的绿色低碳转型，也正在激励其他主要国家作出碳中和的承诺，有望成为确保《巴黎协定》在全球实质性落地的重要推动力。

在碳达峰、碳中和的国际背景下，在实体经济层面必须加速推动电力、交通、建筑和工业的大规模去碳化，争取在大多数产业实现自身的零排放，较小比例难以消除或降低的碳排放将由碳汇林业来吸收（固碳）。金融业在实体经济大规模向低碳、零碳转型的过程中也必须转型。金融业的转型一方面需要满足实体经济转型带来巨大的绿色低碳投融资需求，另一方面也要防范转型风险所带来的各种金融风险，包括高碳产业的违约风险和减值风险以及某些高碳地区所面临的系统性金融风险，主要包括如下内容：

1）实现碳中和需要数百亿元的绿色投资

实现碳中和需要大量的绿色、低碳投资，其中绝大部分需要通过金融体系动员社会资本来实现。《中国长期低碳发展战略与转型路径研究》报告提出了四种情景构想，其中实现控制升温 1.5℃目标导向转型，需累计新增投资约 138 万亿元人民币，超过每年国内生产总值（GDP）的 2.5%。中国投资协会和落基山研究所估计，在碳中和愿景下，中国在可再生能源、能效、零碳技术和储能技术等七个领域需投资 70 万亿元人民币。

2）碳中和为金融业带来的机遇

为实现碳中和目标所产生的如此大规模的绿色投资需求，将为有准备的金融机构提供绿色金融业务快速成长的机遇。绿色产业可从以下几个渠道获得绿色投资支持：银行、绿色债券、绿色股票市场、环境权益市场和融资、绿色保险、绿色基金、私募股权投资、碳市场。不同的绿色项目可根据需要选取合理的绿色投资途径。

3）金融业需要防范和管理气候风险

实体经济向绿色低碳转型的过程，由于政策、技术和市场认知的变化，会对某些企业和产业带来风险以及由此转化带来财务与金融风险。在转型过程中，煤炭、石油以及仍使用高碳技术的石化、钢铁、水泥、铝等制造业，涉及毁林和其他破坏生物多样性的产业和项目可能出现严重的成本上升、利润下降、严重亏损，乃至倒闭。对于金融机构和投资者来说，这些风险会体现为贷款/债券违约和投资损失等。特别是我国高碳产业密集的地区（如山西、陕西、内蒙古、唐山等），此类区域高碳产业或行业在绿色投资过程中易演化出区域性、系统性的金融风险，甚至出现大规模企业倒闭并带来一系列社会风险。

（4）我国绿色金融投资支持

据统计，我国境内 2018 年、2019 年和 2020 年绿色债券发行数量分别为 129 只、197 只和 217 只，发行规模分别为 2 236.9 亿元、2 855.9 亿元和 2 242.7 亿元。受新冠肺炎疫情影响，2020 年发行规模较 2019 年有所下降，但发行数量呈递增趋势。2018—2020 年，我国绿色债券交易量逐年增长，2020 年我国绿色债券交易量达到 7 250.9 亿元，同比增长 19.86%。我国在实现碳中和过程中需要大量资金投入，绿色债券可以凭借低碳转型发展带来的机遇，发挥其独特优势，为推动碳中和提供助力。在我国提出“碳中和”承诺的国际背景下，国家开发银行于 2021 年 3 月 18 日发行了首单 3 年期 200 亿元“碳中和”专题“债券通”绿色金融债券。

（5）绿色债券发行条件

1）绿色债券支持范围

《国家发展改革委关于印发〈绿色债券发行指引〉的通知》（发改办财金〔2015〕3504 号）明确，绿色债券是指募集资金主要用于支持节能减排技术改造、绿色城镇化、能源清洁高效利用、新能源开发利用、循环经济发展、水资源节约和非常规水资源开发利用、污染防治、生态农林业、节能环保产业、低碳产业、生态文明先行示范实验、低碳试点示范等绿色循环低碳发展项目的企业债券。现阶段支持重点为：

①节能减排技术改造项目，包括燃煤电厂超低排放和节能改造，以及余热暖民等余热余压利用、燃煤锅炉节能环保提升改造、电机系统能效提升、企业能效综合提升、绿色照明等。

②绿色城镇化项目，包括绿色建筑发展、建筑工业化、既有建筑节能改造、海绵城市建设、智慧城市建设、智能电网建设、新能源汽车充电设施建设等。

③能源清洁高效利用项目，包括煤炭、石油等能源的高效清洁化利用。

④新能源开发利用项目，包括水能、风能、核能、太阳能、生物质能、地热、浅层地温能、海洋能、空气能等开发利用。

⑤循环经济发展项目，包括产业园区循环化改造、废物资源化利用、农业循环经济、再制造产业等。

⑥水资源节约和非常规水资源开发利用项目，包括节水改造、海水（苦咸水）淡化、中水利用等。

⑦污染防治项目，包括污水垃圾等环境基础设施建设，大气、水、土壤等突出环境问题治理，危险废物、医疗废物、工业尾矿等处理处置。

⑧生态农林业项目，包括发展有机农业、生态农业，以及特色经济林、林下经济、森林旅游等林产业。

⑨节能环保产业项目，包括节能环保重大装备、技术产业化，合同能源管理，节能环保产业基地（园区）建设等。

⑩低碳产业项目，包括国家重点推广的低碳技术及相关装备的产业化，低碳产品生产项目，低碳服务相关建设项目等。

⑪生态文明先行示范试验项目，包括生态文明先行示范区的资源节约、循环经济发展、环境保护、生态建设等项目。

⑫低碳发展试点示范项目，包括低碳省市试点、低碳城（镇）试点、低碳社区试点、低碳园区试点的低碳能源、低碳工业、低碳交通、低碳建筑等低碳基础设施建设及碳管理平台建设项目。

2）审核要求

①相关手续齐备、偿债保障措施完善。

②企业申请发行绿色债券，可适当调整企业债券现行审核政策及《关于全面加强企业债券风险防范的若干意见》中规定的部分准入条件：

a. 债券募集资金占项目总投资比例放宽至 80%（相关规定对资本金最低限制另有要求的除外）；

b. 发行绿色债券的企业不受发债指标限制；

c. 在资产负债率低于 75%的前提下，核定发债规模时不考察企业其他公司信用类产品的规模；

d. 鼓励上市公司及其子公司发行绿色债券。

③支持绿色债券发行主体利用债券资金优化债务结构。在偿债保障措施完善的情况下，允许企业使用不超过 50%的债券募集资金用于偿还银行贷款和补充营运资金。主体信用评级 AA+且运营情况较好的发行主体，可使用募集资金置换由在建绿色项目产生的高成本债务。

④发债企业可根据项目资金回流的具体情况科学设计绿色债券发行方案，支持合理灵活设置债券期限、选择权及还本付息方式。

⑤对于环境污染第三方治理企业开展流域性、区域性或同类污染治理项目，以及节能、节水服务公司以提供相应的服务获得目标客户节能、节水收益的合同管理模式进行节能、节水改造的项目，鼓励项目实施主体以集合形式发行绿色债券。

⑥允许绿色债券面向机构投资者非公开发行。非公开发行时认购的机构投资者不超过 200 人，单笔认购不少于 500 万元人民币，且不得采用广告、公开劝诱和变相公开方式。

第 2 章　排污单位环境监管制度

2.1　排污单位主体责任制度

在加快推进生态文明建设的形势下，2014 年我国修订了《环境保护法》，加大排污单位环境保护惩治力度，规定了按日计罚制度、限产停产制度、环境行政拘留制度，规范并加强了排污单位环境行政法律责任，从法律层面划出了排污单位生存发展的底线。企业是当今社会重要的经济主体，也是环境治理的积极参与者和自治者，在经济活动中追求经济利益的同时，需要履行保护生态环境、节约自然资源、维护环境公共利益的社会责任。对于企业来说，承担环境保护的主体责任不仅是法律要求、社会责任，更是生存的现实需要。在我国经济转向高质量发展的新阶段，企业只有主动承担环境治理责任，才能谋求发展和出路。

排污单位应建立环境保护责任制度，自觉遵守环境管理制度要求，采取措施防止环境污染和生态破坏，主动提升污染治理水平，推进生产服务绿色化，履行环境风险防范责任，积极配合生态环境部门监督检查，全面如实公开排污信息，接受社会监督。

2.1.1　建立环境保护责任制度

排放污染物的企事业单位和其他生产经营者，应当建立环境保护责任制度，明确单位负责人和相关人员的责任。单位负责人是排污单位的主要负责人，是排污单位环境保护的总负责人，在单位内全面负责环境保护工作，对相关责任人进行指导、监督，落实环境保护责任制度。相关人员是指排污单位的环境监管员等，这些人具体负责排污单位的污染防治、日常管理等环境保护工作。如果单位发生污染事故，单位有无建立环境保护责任制度，以及单位负责人和相关人员是否按照责任制度尽到监管义务，会直接影响单位负责人和相关人员受到处罚的轻重。

2.1.2　遵守环境影响评价、排污许可制度等环境管理制度

建设对环境有影响的项目，建设单位应当依法进行环境影响评价。建设项目的环境影响评价文件未依法经审批部门审查或者审查后未予批准的，建设单位不得开工建设。建设项目建设过程中，建设单位应当同时实施环境影响报告书（表）和环境影响评价文件审批部门审批意见中提出的环境保护对策措施。

排污单位应当自觉及时申领排污许可证，对申请材料的真实性、准确性和完整性承担相应的法律责任，承诺按照排污许可证的规定排污并严格执行；明确排污单位负责人和相关人员的环境保护责任，自觉接受监督检查；依法开展自行监测，建立环境管理台账，如实向生态环境主管部门报告排污许可证执行情况，依法向社会公开污染物排放数据并对数据的真实性负责。

建设项目的主体工程完工后，其配套建设的环境保护设施必须与主体工程同时投入生产或者运行。建设项目竣工后，建设单位应当如实查验、监测、记载建设项目环境保护设施的建设和调试情况，编制验收监测（调查）报告。建设单位是建设项目竣工环境保护验收的责任主体，应当按照本办法规定的程序和标准，组织对配套建设的环境保护设施进行验收，编制验收报告，公开相关信息，接受社会监督，确保建设项目需要配套建设的环境保护设施与主体工程同时投产或者使用，并对验收内容、结论和所公开信息的真实性、准确性和完整性负责，不得在验收过程中弄虚作假。建设单位不具备编制验收监测（调查）报告能力的，可以委托有能力的技术机构编制。建设单位对受委托的技术机构编制的验收监测（调查）报告结论负责。

在中华人民共和国领域和中华人民共和国管辖的其他海域，直接向环境排放应税污染物的企事业单位和其他生产经营者为环境保护税的纳税人，应当依照《环境保护税法》的规定缴纳环境保护税。纳税人应当向应税污染物排放地的税务机关申报缴纳环境保护税。纳税人应当依法如实办理纳税申报，对申报的真实性和完整性承担责任。

2.1.3 采取措施防止环境污染和生态破坏

排放污染物的企事业单位和其他生产经营者，应当采取措施，防止在生产建设或者其他活动中产生的废气、废水、废渣、医疗废物、粉尘、恶臭气体、放射性物质以及噪声、振动、光辐射、电磁辐射等对环境的污染和危害。严禁通过暗管、渗井、渗坑、灌注或者篡改、伪造监测数据，或者不正常运行防治污染设施等逃避监管的方式违法排放污染物。

排污单位应当按照经批准或者备案的环境影响评价文件要求建设污染防治设施。污染防治设施应当与主体工程同时设计、同时施工、同时投入使用，投入使用前必须按照国家规定的标准和程序进行验收。

2.1.4 主动提升污染治理水平，推进生产服务绿色化

排污单位应当推进生产服务绿色化。从源头防治污染，优先使用清洁能源，优化原料投入。采用资源利用率高、污染物排放少的工艺、设备以及废物综合利用技术和污染物无害化处理技术，依法依规淘汰落后的生产工艺、设备和产品。任何单位和个人不得生产、销售或者转移、使用严重污染环境的工艺、设备和产品。禁止引进不符合我国环境保护规定的技术、设备、材料和产品。

积极践行绿色生产方式，大力开展技术创新，加大清洁生产推行力度，加强全过程管理，减少污染物排放。提供资源节约、环境友好的产品和服务。

2.1.5 履行环境风险防范责任

企事业单位应当按照国家有关规定制定突发环境事件应急预案，报生态环境主管部门和有关部门备案。制定环境风险管理制度，落实安全防范及环境风险防控措施，针对可能发生的风险事故情况，配备相应的应急资源，包括环境应急设施、环境应急队伍、装备、物资、场所。在发生或者可能发生突发环境事件时，企事业单位应当立即采取措施处理，及时通报可能受到危害的单位和居民，并向生态环境主管部门和有关部门报告。

大气环境风险防范应结合风险源状况确定环境风险的防范、减缓措施，进行环境风险监控，并结合环境风险预测分析结果、区域交通道路和安置场所位置等，

设置事故状态下人员的疏散通道及安置等应急措施。事故废水环境风险防范应明确“单元—厂区—园区/区域”的环境风险防控体系，设置事故废水收集（尽可能以非动力自流方式）和应急储存设施，以满足事故状态下收集泄漏物料、污染消防水和污染雨水的需要，设置防止事故废水进入外环境的控制、封堵系统。应急储存设施内的事故废水，应及时进行有效处置，做到回用或达标排放。地下水环境风险防范应重点采取源头控制和分区防渗措施，加强地下水环境的监控、预警、事故应急。环境风险防范措施应纳入环保投资和建设项目竣工环境保护验收内容。

2.1.6　积极配合生态环境主管部门监督检查

现场监督检查是生态环境主管部门的日常监管活动。一般现场检查包括现场检查污染源的污染物排放情况、污染防治设施运行情况、环境保护行政许可执行情况、建设项目环保法律法规执行情况等。通过检查，督促排污者减少污染、消除隐患、及时解决环保问题。排污单位应该如实反映情况，并按照要求提供必要的资料，配合现场检查人员查阅、复制相关资料，进行采样、检测等检查活动。

2.1.7　全面如实公开排污信息，接受社会监督

排污单位应当按照排污许可证规定，如实在全国排污许可证管理信息平台上公开污染物排放信息。污染物排放信息应当包括污染物排放种类、排放浓度和排放量，以及污染防治设施的建设运行情况、排污许可证执行报告、自行监测数据等。其中，水污染物排入市政排水管网的，还应当包括污水接入市政排水管网位置、排放方式等信息。

同时，可以采取公告、公开发行的信息专刊，广播、电视等新闻媒体，信息公开栏、电子屏幕等场所或者设施等便于公众及时、准确获得信息的方式予以公开。鼓励排污单位在确保安全生产的前提下，通过设立企业开放日、建设教育体验场所等形式，向社会公众开放。通过一系列的强制信息披露要求，增加固定污染源管理的透明度，积极引导社会公众监督污染治理的全过程。

2.2 环境影响评价制度

2.2.1 环境影响评价制度简介

2.2.1.1 环境影响评价制度的含义及运行体系

环境影响评价制度是指在进行建设活动之前，对建设项目的选址、设计和建成投产使用后可能对周围环境产生的不良影响进行调查、预测和评定，提出防治措施，并按照法定程序进行报批的法律制度。

环境影响评价制度由美国首先提出，我国自 1973 年引入后，通过与我国的政府管理体系相结合，形成了我国独有的管理框架。经过 40 多年的发展，环境影响评价的运行体系逐渐形成了由审批机构（生态环境主管部门）、技术评估机构、评价机构（评价单位）、实施机构（项目建设单位）以及监督方（社会公众）五方共同组成的格局。

2.2.1.2 环境影响评价制度的发展阶段

我国环境影响评价制度的立法及完善经历了以下六个阶段。

（1）第一阶段：引入和确立阶段

1973 年第一次全国环境保护会议召开后，我国的环境保护工作全面起步。1974—1976 年开始了环境质量评价及其方法的研究和探索。1978 年 12 月 31 日，中发〔1978〕79 号文件转批的国务院环境保护领导小组《环境保护工作汇报要点》中，首次提出了环境影响评价的意向。1979 年 4 月，国务院环境保护领导小组在《关于全国环境保护工作会议情况的报告》中，把环境影响评价作为一项方针政策再次提出。1979 年 5 月，国家计委、国家建委（79）建发设字 280 号文件《关于做好基本建设前期工作的通知》中，明确要求建设项目要进行环境影响预测评价。1979 年颁布的《中华人民共和国环境保护法（试行）》使环境影响评价制度化、法律化。

（2）第二阶段：规范和建设阶段

环境影响评价制度确立后，相继颁布的各项环境保护法律、法规和部门行政规章，不断对环境影响评价进行规范。

1981 年颁布的《基本建设项目环境保护管理办法》专门对环境影响评价的基本内容和程序做了规定。后经修改，1986 年颁布了《建设项目环境保护管理办法》，进一步明确了环境影响评价的范围、内容、管理权限和责任。

1989 年正式颁布《环境保护法》，该法第十三条规定：“建设污染环境的项目，必须遵守国家有关建设项目环境保护管理的规定。建设项目的环境影响报告书，必须对建设项目产生的污染和对环境的影响作出评价，规定防治措施，经项目主管部门预审并依照规定的程序报环境保护行政主管部门批准。环境影响报告书经批准后，计划部门方可批准建设项目设计任务书。”此条中，对环境影响评价制度的执行对象和任务、工作原则和审批程序、执行时段和与基本建设程序之间的关系做了原则规定，再一次用法律确定了建设项目环境影响评价制度，并为行政法规中具体规范环境影响评价提供了法律依据和基础。

（3）第三阶段：强化和完善阶段

1996 年国务院颁布了《国务院关于环境保护若干问题的决定》（国发〔1996〕31 号），通过加强各地方对建设项目的审批和检查，并实施污染物排放总量控制，增加了“清洁生产”和“公众参与”的内容，强化了生态环境影响评价。

1998 年 11 月，国务院颁布实施《建设项目环境保护管理条例》，进一步提高了环境影响评价制度的立法规格，同时环境影响评价的适用范围、评价时机、审批程序、法律责任等方面均作出了较大修改，环评制度开始逐渐被企业认可。

1999 年 3 月，国家环境保护总局颁布的《建设项目环境影响评价资格证书管理办法》对评价单位资质进行了规定，并于 4 月公布了《关于公布建设项目环境保护分类管理名录（试行）的通知》，建设项目实施分类管理。

（4）第四阶段：提高和拓展阶段

2002 年，为加强建设项目环境保护管理，提高审批效率，国家环境保护总局根据《建设项目环境保护管理条例》发布了《建设项目环境保护分类管理名录》，根据建设项目对环境可能造成的影响程度和项目类别，将环境影响评价文件分为环境影响报告书、环境影响报告表和环境影响登记表三个类别；同年，国家计划委员会和国家环境保护总局联合发布《关于规范环境影响咨询收费有关问题的通知》（计价格〔2002〕125 号），初步针对环境影响评价咨询根据总投资额、咨询服务项目类别、所属行业、环境敏感程度等方面确定了标准，规范了环境影响评价报告编制费用。

针对《建设项目环境保护管理条例》的不足，适应新形势发展的需要，《环境影响评价法》自 2003 年 9 月 1 日起施行，这是我国环境影响评价制度发展历史上的一个新的里程碑，也是我国环境影响评价走向完善的标志。《环境影响评价工程师职业资格制度暂行规定》（自 2004 年 4 月 1 日起实施），规范了环境影响评价行为，并为提高环境影响评价专业技术人员素质和业务水平起到了较好的作用。

2005 年圆明园湖底防渗工程因被质疑破坏生态环境，且未进行环境影响评价而停止建设，并依法补办环评审批手续；《建设项目环境影响评价资质管理办法》于 2005 年 7 月通过，自 2006 年 1 月 1 日起实施，《建设项目环境影响评价资格证书管理办法》同时废止。

2006 年开始的“环评风暴”暴露的一批大型企业环评违法问题，引起了强烈的社会反响；2006 年年初，国家环境保护总局颁发《环境影响评价公众参与暂行办法》（环发〔2006〕28 号），首次对环境影响评价公众参与进行了全面系统的规定，极大地调动了公众保护环境的积极性和主动性，畅通了公众环境保护诉求表达渠道，维护了公众环境权益。

2007 年，国家环境保护总局针对环评违法违规现象突出的流域、区域和行业首次实现“区域限批”“行业限批”。

2008 年修订的《水污染防治法》使“区域限批”法制化。

2009 年颁布了《规划环境影响评价条例》，将规划的环境影响评价结论作为建设项目环境影响评价的重要依据，并暂停审批规划实施区域内的重点污染物排放总量超过国家或地方规定的总量控制指标的建设项目环境影响评价文件，将建设项目环境影响评价与规划环境影响评价实行联动管理。这是我国环境立法的重大进展，标志着环境保护参与综合决策进入了新阶段。

（5）第五阶段：改革和优化阶段

2010 年，环境保护部针对一批涉及“两高一资”、低水平重复建设和产能过剩项目作出退回报告书、不予批复或暂缓审批处理，首次将清洁生产水平、生态破坏环节影响、产业结构调整和布局等方面纳入环评管理要求。

2014 年修订的《环境保护法》第六十一条规定，针对未依法提交建设项目环境影响评价文件或者环境影响评价文件未经批准，擅自开工建设的，由负有环境保护监督管理职责的部门责令停止建设，处以罚款，并可责令恢复原状。进一步明确了建设项目未批先建的法律责任和处罚要求。

2015 年，环境保护部颁布了《建设项目环境影响后评价管理办法（试行）》（2016 年 1 月 1 日起实施），明确了如下项目运行过程中产生不符合经审批的环境影响报告书情形的，应当开展环境影响后评价，包括：

"①水利、水电、采掘、港口、铁路行业中实际环境影响程度和范围较大，且主要环境影响在项目建成运行一定时期后逐步显现的建设项目，以及其他行业中穿越重要生态环境敏感区的建设项目；②冶金、石化和化工行业中有重大环境风险，建设地点敏感，且持续排放重金属或者持久性有机污染物的建设项目；③审批环境影响报告书的环境保护主管部门认为应当开展环境影响后评价的其他建设项目。"

2016 年对《环境影响评价法》进行了修订，修订的主要内容包括：第一，取消了环评前置审批，明确环评审批不再作为核准的前置条件；第二，简化环评审批，将环境影响登记表审批改为备案；第三，取消补办手续，针对未批先建擅自开工建设的，由县级以上环境保护行政主管部门责令停止建设，根据违法情节和危害后果，处以罚款，并可以责令恢复原状；第四，未批先建罚款与项目总投资额挂钩，对于未批先建项目罚款由原"处五万元以上二十万元以下的罚款"调整为"处建设项目总投资额百分之一以上百分之五以下的罚款，并可以责令恢复原状"。

2016 年 7 月 15 日，环境保护部发布了《"十三五"环境影响评价改革实施方案》（以下简称《方案》），《方案》坚持与相关重大改革任务相统筹、坚持构建全链条无缝衔接预防体系、坚持问题导向补短板、坚持相关方共同参与共同落实的原则，以改善环境质量为核心，以全面提高环评有效性为主线，以创新体制机制为动力，以"生态保护红线、环境质量底线、资源利用上线和环境准入负面清单"为手段，强化空间、总量、准入环境管理、划框子、定规则、查落实、强基础，不断改进和完善依法、科学、公开、廉洁、高效的环评管理体系，真正发挥环评从源头上预防的关键作用。

2017 年，环境保护部发布《关于做好环境影响评价制度与排污许可制衔接相关工作的通知》（环办环评〔2017〕84 号），明确了排污许可制是企事业单位生产运营期排污的法律依据，是确保环境影响评价提出的污染防治设施和措施落实落地的重要保障。通过强化《建设项目环境影响评价分类管理名录》和《固定污染源排污许可分类管理名录》的有效衔接，按照建设项目对环境的影响程度、污染物产生量和排放量，实行统一分类管理，形成了“五个一”（一个名录、一套标准、一张表单、一个平台、一套数据）的工作任务。

（6）第六阶段：全面深化改革阶段

2018 年 1 月 26 日，环境保护部发布《关于强化建设项目环境影响评价事中事后监管的实施意见》（环环评〔2018〕11 号），针对“重审批、轻监管”“重事前、轻事中事后”、环境影响评价文件编造数据和弄虚作假、环评事中事后监管机制不落地等问题，从依法开展环评制度改革、构架并严守“三线一单”、实施清单式管理、做好与排污许可制度的衔接四个方面做好监管保障，提出并采用大数据监管、开展双随机抽查、发挥环境影响后评价监管作用三种创新监管方式，从加强环评文件质量管理、发挥技术评估作用、规范环评技术服务三个方面强化技术机构管理，从严格环评审批责任追究、严格环评违法行为查处、严格环评从业监管、实施失信惩戒四个方面加大惩戒问责力度，通过落实环评信息公开机制、发挥公众参与环评的监督作用形成社会共治。

2018 年，生态环境部颁布了《环境影响评价公众参与办法》（2019 年 1 月 1 日起实施），相较于 2006 年实施的《环境影响评价公众参与暂行办法》（环发〔2006〕28 号），更加明确地规定了建设单位主体责任、由其对公众参与组织实施的真实性和结果负责等内容。通过调整，进一步优化建设项目环评公众参与的内容，解决公众参与主体不清、范围和定位不明、流于形式、弄虚作假、违法成本偏低、有效性受到质疑等突出问题，增强其可操作性和有效性。

2018 年，《环境影响评价法》进行再次修订，修订的主要内容包括：①取消了环评资质，建设单位可自行委托技术单位编写环评报告。②明确了建设单位应当对建设项目环境影响评价报告的内容和结论负责，编制技术单位承担相应责任。

③明确了在建设项目环境影响报告存在基础资料明显不实，内容存在重大缺陷、遗漏或者虚假，环境影响评价结论不正确或者不合理等严重质量问题的情况下，对建设单位、法定代表人、主要负责人、直接负责人和其他直接责任人的处罚规定。

2019 年 9 月生态环境部颁布了《建设项目环境影响评价报告书（表）编制监督管理办法》，2019 年 10 月颁布了《关于发布〈建设项目环境影响报告书（表）编制监督管理办法〉配套文件的公告》，并启动了环境影响评价信用平台，至此，环境影响评价改革后的相关监督管理要求正式落地。

在环境影响评价制度发展过程中，除了出台环境影响评价有关法律和条例，同步配套制定并更新了不同环境要素类、不同行业类的建设项目环境影响评价技术导则以及规划类环境影响评价导则，国家或地方还发布或更新了不同环境要素的环境质量标准、不同行业类别污染物排放标准。为完善建设项目环境影响评价技术支撑体系，指导各行业污染源源强核算工作，制定了不同行业的污染源源强核算技术指南；为指导环境影响评价中对于重大变更的判定，环境保护部先后于 2015 年和 2018 年发布了《关于印发环评管理中部分行业建设项目重大变动清单的通知》和《关于印发制浆造纸等十四个行业建设项目重大变动清单的通知》。

2.2.2　相关法律法规的要求和法律责任

目前，我国建立了由法律、国务院行政法规、政府部门规章、地方性法规和地方政府规章、环境标准、环境保护国际公约组成的完整的环境保护法律法规体系。《环境保护法》《环境影响评价法》等是我国环境保护法体系中的重要组成部分。

2.2.2.1　《环境保护法》的有关规定

《环境保护法》于 1989 年 12 月 26 日审议通过，并于 2014 年 4 月 24 日修订，2015 年 1 月 1 日起实施，其中关于环境影响评价的主要条款包括：

“第十九条　编制有关开发利用规划，建设对环境有影响的项目，应当依法进行环境影响评价。未依法进行环境影响评价的开发利用规划，不得组织实施；未依法进行环境影响评价的建设项目，不得开工建设。

第四十一条　建设项目中防治污染的设施，应当与主体工程同时设计、同时施工、同时投产使用。防治污染的设施应当符合经批准的环境影响评价文件的要求，不得擅自拆除或者闲置。

第四十四条　国家实行重点污染物排放总量控制制度。对超过国家重点污染物排放总量控制指标或者未完成国家确定的环境质量目标的地区，省级以上人民政府环境保护主管部门应当暂停审批其新增重点污染物排放总量的建设项目环境影响评价文件。

第五十六条　对依法应当编制环境影响报告书的建设项目，建设单位应当在编制时向可能受影响的公众说明情况，充分征求意见。负责审批建设项目环境影响评价文件的部门在收到建设项目环境影响评价报告书后，除涉及国家秘密和商业秘密的事项外，应当全文公开；发现建设项目未充分征求公众意见的，应当责成建设单位征求公众意见。

第六十一条　建设单位未依法提交建设项目环境影响评价文件或者环境影响评价文件未经批准，擅自开工建设的，由负有环境保护监督职责的部门责令停止建设，处以罚款，并可责令恢复原状。

第六十三条　建设项目未依法进行环境影响评价，被责令停止建设，拒不执行的，尚不构成犯罪的，除依照有关法律法规规定予以处罚外，由县级以上人民政府环境保护主管部门或者其他有关部门将案件移送公安机关，对其直接负责的主管人员和其他直接责任人员，处十日以上十五日以下拘留；情节较轻的，处五日以上十日以下拘留。”

2.2.2.2 《环境影响评价法》的有关规定

《环境影响评价法》于 2002 年 10 月 28 日审议通过，先后于 2016 年 7 月 2 日和 2018 年 12 月 29 日进行第一次和第二次修正。修订后的《环境影响评价法》从总则、规划的环境影响评价、建设项目的环境影响评价、法律责任及附则 5 个方面进行了规定。

“第七条　国务院有关部门、设区的市级以上地方人民政府及其有关部门，对其组织编制的土地利用的有关规划，区域、流域、海域的建设、开发利用规划，应当在规划编制过程中组织进行环境影响评价，编写该规划有关环境影响的篇章或者说明……未编写有关环境影响的篇章或说明的规划草案，审批机关不予审批。

第八条　国务院有关部门、设区的市级以上地方人民政府及其有关部门，对其组织编制的工业、农业、畜牧业、林业、能源、水利、交通、城市建设、旅游、自然资源开发的有关专项规划（以下简称专项规划），应当在该专项规划草案上报审批前，组织进行环境影响评价，并向审批该专项规划的机关提出环境影响报告书。

第十五条　对环境有重大影响的规划实施后，编制机关应当及时组织环境影响的跟踪评价，并将评价结果报告审批机关；发现有明显不良环境影响的，应当及时提出改进措施。

第十九条　建设单位可以委托技术单位对其建设项目开展环境影响评价，编制建设项目环境影响报告书、环境影响报告表；建设单位具备环境影响评价技术能力的，可以自行对其建设项目开展环境影响评价，编制建设项目环境影响报告书、环境影响报告表。……

第二十条　建设单位应当对建设项目环境影响报告书、环境影响报告表的内容和结论负责，接受委托编制建设项目环境影响报告书、环境影响报告表的技术单位对其编制的建设项目环境影响报告书、环境影响报告表承担相应责任。

第二十四条　建设项目的环境影响评价文件经批准后，建设项目的性质、规模、地点、采用的生产工艺或者防治污染、防止生态破坏的措施发生重大变动的，建设单位应当重新报批建设项目的环境影响评价文件。

建设项目的环境影响评价文件自批准之日起超过五年，方决定该项目开工建设的，其环境影响评价文件应当报原审批部门重新审核；……

第二十五条　建设项目的环境影响评价文件未依法经审批部门审查或者审查后未予批准的，建设单位不得开工建设。

第二十六条　建设项目建设过程中，建设单位应当同时实施环境影响报告书、环境影响报告表以及环境影响评价文件审批部门审批意见中提出的环境保护对策措施。

第二十七条　在项目建设、运行过程中产生不符合经审批的环境影响评价文件的情形的，建设单位应当组织环境影响的后评价，采取改进措施，并报原环境影响评价文件审批部门和建设项目审批部门备案；原环境影响评价文件审批部门也可以责成建设单位进行环境影响的后评价，采取改进措施。

第二十八条 生态环境主管部门应当对建设项目投入生产或者使用后所产生的环境影响进行跟踪检查，对造成严重环境污染或者生态破坏的，应当查清原因、查明责任。对属于建设项目环境影响报告书、环境影响报告表存在基础资料明显不实，内容存在重大缺陷、遗漏或者虚假，环境影响评价结论不正确或者不合理等严重质量问题的，依照本法第三十二条的规定追究建设单位及其相关责任人员和接受委托编制建设项目环境影响报告书、环境影响报告表的技术单位及其相关人员的法律责任；……

第二十九条 规划编制机关违反本法规定，未组织环境影响评价，或者组织环境影响评价时弄虚作假或者有失职行为，造成环境影响评价严重失实的，对直接负责的主管人员和其他直接责任人员，由上级机关或者监察机关依法给予行政处分。

第三十条 规划审批机关对依法应当编写有关环境影响的篇章或者说明而未编写的规划草案，依法应当附送环境影响报告书而未附送的专项规划草案，违法予以批准的，对直接负责的主管人员和其他直接责任人员，由上级机关或者监察机关依法给予行政处分。

第三十一条 建设单位未依法报批建设项目环境影响报告书、报告表，或者未依照本法第二十四条的规定重新报批或者报请重新审核环境影响报告书、报告表，擅自开工建设的，由县级以上生态环境主管部门责令停止建设，根据违法情节和危害后果，处建设项目总投资额百分之一以上百分之五以下的罚款，并可以责令恢复原状；对建设单位直接负责的主管人员和其他直接责任人员，依法给予行政处分。

建设项目环境影响报告书、报告表未经批准或者未经原审批部门重新审核同意，建设单位擅自开工建设的，依照前款的规定处罚、处分。

建设单位未依法备案建设项目环境影响登记表的，由县级以上生态环境主管部门责令备案，处五万元以下的罚款。……

第三十二条 建设项目环境影响报告书、环境影响报告表存在基础资料明显不实，内容存在重大缺陷、遗漏或者虚假，环境影响评价结论不正确或者不合理等严重质量问题的，由设区的市级以上人民政府生态环境主管部门对建设单位处五十万元以上二百万元以下的罚款，并对建设单位的法定代表人、主要负责人、直接负责的主管人员和其他直接责任人员，处五万元以上二十万元以下的罚款。……"

2.2.2.3 《大气污染防治法》的有关规定

《大气污染防治法》于 1987 年 9 月 5 日通过，自 1988 年 6 月 1 日起实施，1995 年 8 月 29 日第一次修正， 2000 年 4 月 29 日和 2015 年 8 月 29 日完成第一次和第二次修订，2018 年 10 月 26 日完成第二次修正。

"第十八条　企业事业单位和其他生产经营者建设对大气环境有影响的项目，应当依法进行环境影响评价、公开环境影响评价文件；向大气排放污染物的，应当符合大气污染物排放标准，遵守重点大气污染物排放总量控制要求。

第二十二条　对超过国家重点大气污染物排放总量控制指标或者未完成国家下达的大气环境质量改善目标的地区，省级以上人民政府生态环境主管部门应当会同有关部门约谈该地区人民政府的主要负责人，并暂停审批该地区新增重点大气污染物排放总量的建设项目环境影响评价文件。约谈情况应当向社会公开。

第八十九条　编制可能对国家大气污染防治重点区域的大气环境造成严重污染的有关工业园区、开发区、区域产业和发展等规划，应当依法进行环境影响评价。规划编制机关应当与重点区域内有关省、自治区、直辖市人民政府或者有关部门会商。

重点区域内有关省、自治区、直辖市建设可能对相邻省、自治区、直辖市大气环境质量产生重大影响的项目，应当及时通报有关信息，进行会商。

会商意见及其采纳情况作为环境影响评价文件审查或者审批的重要依据。"

2.2.2.4 《水污染防治法》的有关规定

《水污染防治法》于 1984 年 5 月 11 日通过，1996 年 5 月 15 日第一次修正，2008 年 2 月 28 日修订，2017 年 6 月 27 日第二次修正。

“第十九条 新建、改建、扩建直接或者间接向水体排放污染物的建设项目和其他水上设施，应当依法进行环境影响评价。

……

建设项目的水污染防治设施，应当与主体工程同时设计、同时施工、同时投入使用。水污染防治设施应当符合经批准或者备案的环境影响评价文件的要求。

第二十条 ……对超过重点水污染物排放总量控制指标或者未完成水环境质量改善目标的地区，省级以上人民政府环境保护主管部门应当会同有关部门约谈该地区人民政府的主要负责人，并暂停审批新增重点水污染物排放总量的建设项目的环境影响评价文件。约谈情况应当向社会公开。”

2.2.2.5 《噪声污染防治法》的有关规定

《噪声污染防治法》于2021年12月24日通过，自2022年6月5日起施行。

“第二十四条 新建、改建、扩建可能产生噪声污染的建设项目，应当依法进行环境影响评价。”

2.2.2.6 《土壤污染防治法》的有关规定

《土壤污染防治法》于2018年8月31日通过。

“第十八条 各类涉及土地利用的规划和可能造成土壤污染的建设项目，应当依法进行环境影响评价。环境影响评价文件应当包括对土壤可能造成的不良影响及应当采取的相应预防措施等内容。”

2.2.2.7 《固体废物污染环境防治法》的有关规定

《固体废物污染环境防治法》于1995年10月30日通过，2004年12月29日完成第一次修订，分别于2013年6月29日、2015年4月24日、2016年11月7日完成第一次、第二次和第三次修正，2020年4月29日完成第二次修订。

“第十七条 建设产生、贮存、利用、处置固体废物的项目，应当依法进行环境影响评价，并遵守国家有关建设项目环境保护管理的规定。

第十八条 建设项目的环境影响评价文件确定需要配套建设的固体废物污染

环境防治设施，应当与主体工程同时设计、同时施工、同时投入使用。建设项目的初步设计，应当按照环境保护设计规范的要求，将固体废物污染环境防治内容纳入环境影响评价文件，落实防治固体废物污染环境和破坏生态的措施以及固体废物污染环境防治设施投资概算。……”

2.2.2.8 《海洋环境保护法》的相关规定

《海洋环境保护法》于 1982 年 8 月 23 日通过，1999 年 12 月 25 日修订，并分别于 2013 年 12 月 28 日、2016 年 11 月 7 日、2017 年 11 月 4 日完成第一次、第二次、第三次修正。

“第二十八条　……新建、改建、扩建海水养殖场，应当进行环境影响评价。

第四十四条　海岸工程建设项目的环境保护设施，必须与主体工程同时设计、同时施工、同时投产使用。环境保护设施应当符合经批准的环境影响评价报告书（表）的要求。

第七十九条　海岸工程建设项目未依法进行环境影响评价的，依照《中华人民共和国环境影响评价法》的规定处理。”

2.2.2.9 《清洁生产促进法》的有关规定

《清洁生产促进法》于 2002 年 6 月 29 日通过，2012 年 2 月 29 日修正。

“第十八条　新建、改建和扩建项目应当进行环境影响评价，对原料使用、资源消耗、资源综合利用以及污染物产生与处置等进行分析论证，优先采用资源利用率高以及污染物产生量少的清洁生产技术、工艺和设备。”

2.2.2.10 《建设项目环境保护管理条例》的有关规定

《建设项目环境保护管理条例》于 1998 年 11 月 29 日发布，2017 年 7 月 16 日修订，自 2017 年 10 月 1 日起施行。

“第六条　国家实行建设项目环境影响评价制度。

第七条　……建设项目环境影响评价分类管理名录，由国务院环境保护行政主管部门在组织专家进行论证和征求有关部门、行业协会、企事业单位、公众等意见的基础上制定并公布。

第八条　建设项目环境影响报告书，应当包括下列内容：

（一）建设项目概况；

（二）建设项目周围环境现状；

（三）建设项目对环境可能造成影响的分析和预测；

（四）环境保护措施及其经济、技术论证；

（五）环境影响经济损益分析；

（六）对建设项目实施环境监测的建议；

（七）环境影响评价结论。

第九条　依法应当编制环境影响报告书、环境影响报告表的建设项目，建设单位应当在开工建设前将环境影响报告书、环境影响报告表报有审批权的环境保护行政主管部门审批；建设项目的环境影响评价文件未依法经审批部门审查或者审查后未予批准的，建设单位不得开工建设。

……

依法应当填报环境影响登记表的建设项目，建设单位应当按照国务院环境保护行政主管部门的规定将环境影响登记表报建设项目所在地县级环境保护行政主管部门备案。

环境保护行政主管部门应当开展环境影响评价文件网上审批、备案和信息公开。

第十一条　建设项目有下列情形之一的，环境保护行政主管部门应当对环境影响报告书、环境影响报告表作出不予批准的决定：

（一）建设项目类型及其选址、布局、规模等不符合环境保护法律法规和相关法定规划；

（二）所在区域环境质量未达到国家或者地方环境质量标准，且建设项目拟采取的措施不能满足区域环境质量改善目标管理要求；

（三）建设项目采取的污染防治措施无法确保污染物排放达到国家和地方排放标准，或者未采取必要措施预防和控制生态破坏；

（四）改建、扩建和技术改造项目，未针对项目原有环境污染和生态破坏提出有效防治措施；

（五）建设项目的环境影响报告书、环境影响报告表的基础资料数据明显不实，内容存在重大缺陷、遗漏，或者环境影响评价结论不明确、不合理。

第十二条　建设项目环境影响报告书、环境影响报告表经批准后，建设项目的性质、规模、地点、采用的生产工艺或者防治污染、防止生态破坏的措施发生重大变动的，建设单位应当重新报批建设项目环境影响报告书、环境影响报告表。

建设项目环境影响报告书、环境影响报告表自批准之日起满 5 年，建设项目方开工建设的，其环境影响报告书、环境影响报告表应当报原审批部门重新审核。原审批部门应当自收到建设项目环境影响报告书、环境影响报告表之日起 10 日内，将审核意见书面通知建设单位；逾期未通知的，视为审核同意。……

第十四条　建设单位编制环境影响报告书，应当依照有关法律规定，征求建设项目所在地有关单位和居民的意见。

第二十一条　建设单位有下列行为之一的，依照《中华人民共和国环境影响评价法》的规定处罚：

（一）建设项目环境影响报告书、环境影响报告表未依法报批或者报请重新审核，擅自开工建设；

（二）建设项目环境影响报告书、环境影响报告表未经批准或者重新审核同意，擅自开工建设；

（三）建设项目环境影响登记表未依法备案。”

2.2.3　环境影响评价制度的实施

环境影响评价是一种科学的方法和严格的管理制度。经过多年的发展，我国已有多部法律规范环境影响评价，并制定了专门的环境影响评价法；有配套的规范环境影响评价的国务院行政法规；有涉及有关区域、行业环境影响评价的部门规章和地方发布的法律规章，初步形成了我国环境影响评价制度体系（图 2-1）。

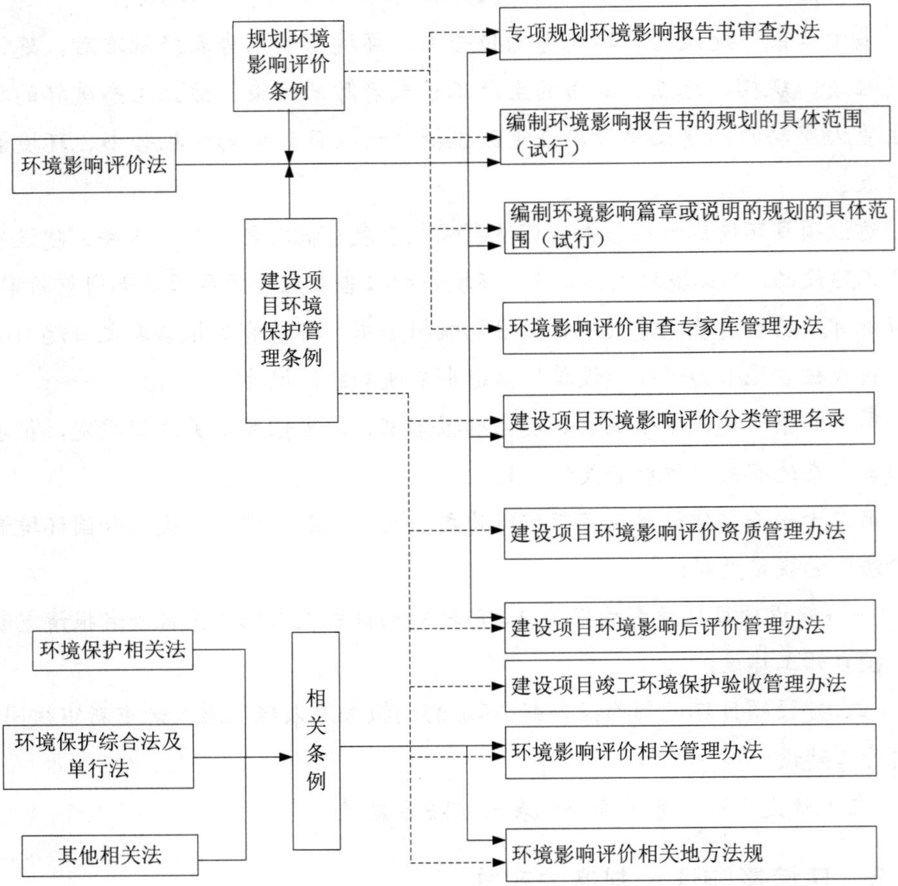

图 2-1　环境影响评价制度体系框架

2.2.3.1　规划环境影响评价

（1）评价目的

《规划环境影响评价技术导则　总纲》提出了规划环境影响评价的目的："以改善环境质量和保障生态安全为目标，论证规划方案的生态环境合理性和环境效益，提出规划优化调整建议；明确不良生态环境影响的减缓措施，提出生态环境保护建议和管控要求，为规划决策和规划实施过程中的生态环境管理提供依据。"

（2）规划环境影响评价的主要任务

在规划环评过程中，突出以改善区域环境质量和流域生态功能、推进区域生态文明建设和可持续发展的目的，结合“三线一单”开展评价，确定生态空间的保护范围，将生态环境承载力、环境管控措施及质量底线要求进一步细化为操作性强的管控单元，增强规划环评工作的规范性和科学性。

结合“三线一单”工作任务及技术要点，完成如下几项内容：

①构建区域环境空气、水（地表水和地下水）、土壤等环境基础数据库。

②结合区域《生态保护红线划定指南》和生态红线划定成果等判定区域的环境敏感性，根据生态红线建立区域生态环境分区管控体系，提出生态环境脆弱区、生态功能重要区的具体保护对策，并结合《生态保护红线管控办法》对生态红线范围提出禁止区域开发的要求。

③根据环境空气、水（地表水和地下水）、土壤等环境基础数据，结合环境质量底线，将二者转化为污染排放总量限制要求，提出具体的可有效管控环境的约束措施。

④本着改善区域环境质量、保障生态安全的前提，结合区域开发强度及资源利用总量和强度目标，划定区域内资源利用需要管控的重点区域，进一步细化环境管控的具体要求，并与国土、规划、发改、水利等部门进行衔接，预估区域内能源、土地资源、水资源等资源利用总量并提出管控要求。

⑤结合“三线”、区域行政边界、综合各类要素分区，确定环境管控单元，并且与评价区域内重大生态环境问题进行对应，进一步划分区域环境中的优先保护、重点管控、一般管控单元。

⑥与区域环境管理、重大生态环境问题、“三线”等衔接，明确区域环境准入负面清单：区域空间约束、环境风险防控、污染排放管控以及资源利用效率等。重点需要从空间布局约束、环境风险防控、资源利用开发效率以及环境污染物排放等方面，分别建立环境准入负面清单体系，并将环境准入负面清单体系与行政分区、控制单元及重点区域有机结合，建立起引导可操作性强且与“三线”约束相对应的关系，突出环境准入的引导及约束。

上述步骤和流程贯穿整个规划环评，通过不断分析和完善，提出相应的调整和改进措施，确保不突破生态保护红线、环境质量底线、资源利用上线，并利用管控清单进行限定，确保规划合理实施。

（3）工作程序

规划环境影响评价包括规划环境影响评价报告书编制和规划环境影响评价报告书审查两个阶段。

1）第一阶段：编制阶段

规划环境影响评价技术流程见图 2-2。

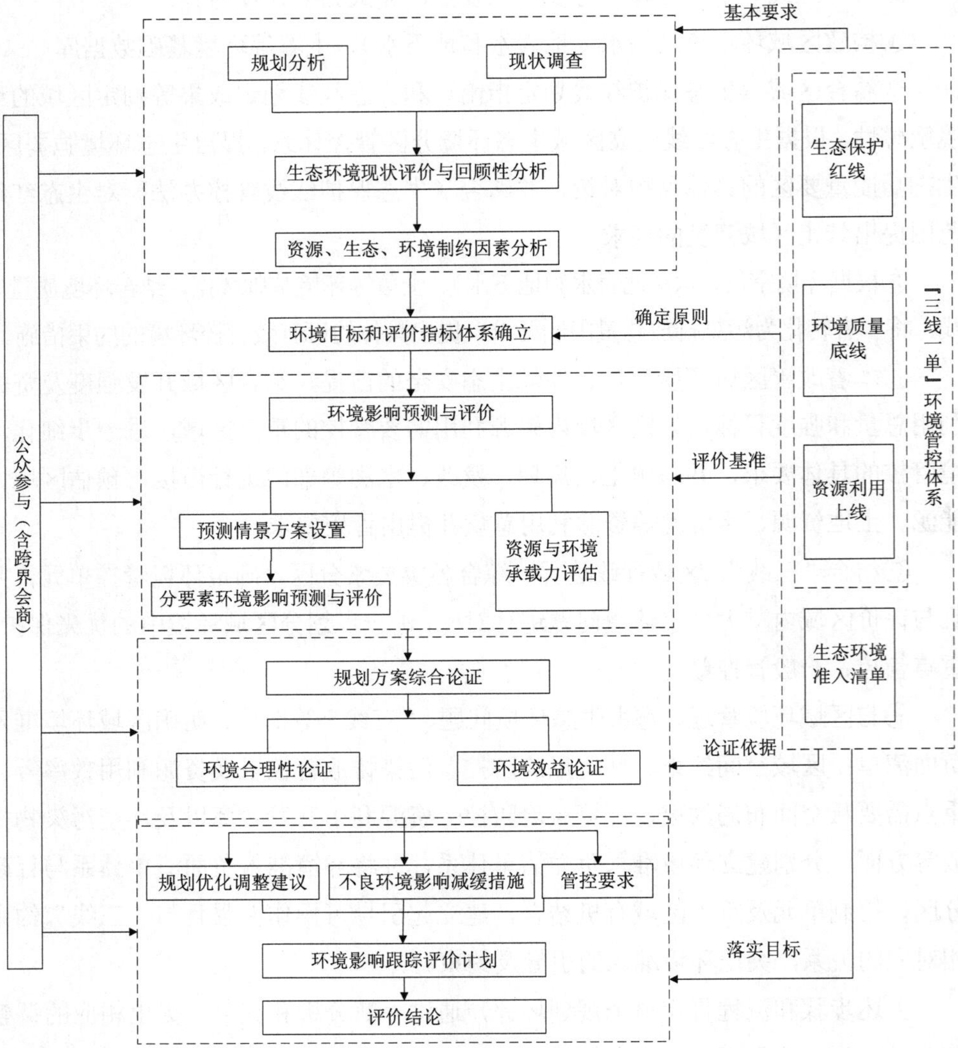

图 2-2 规划环境影响评价技术流程

2）第二阶段：审查

根据《规划环境影响评价条例》（中华人民共和国国务院令 第 559 号）第十五、第十六条开展审查工作。

“第十五条　规划编制机关在报送审批综合性规划草案和专项规划中的指导性规划草案时，应当将环境影响篇章或者说明作为规划草案的组成部分一并报送规划审批机关。未编写环境影响篇章或者说明的，规划审批机关应当要求其补充；未补充的，规划审批机关不予审批。

第十六条　规划编制机关在报送审批专项规划草案时，应当将环境影响报告书一并附送规划审批机关审查；未附送环境影响报告书的，规划审批机关应当要求其补充；未补充的，规划审批机关不予审批。”

环境影响评价报告书的审批程序：

①在规划审批前，由设区的市级以上人民政府生态环境主管部门召集有关部门代表和专家组成立审查小组，对环境影响评价报告书进行审查；

②审查小组针对环境影响报告书提出修改并重新审查的意见或不予通过环境影响评价报告书；

③报送环境影响评价报告书。

环境影响评价报告书报送流程见图 2-3。

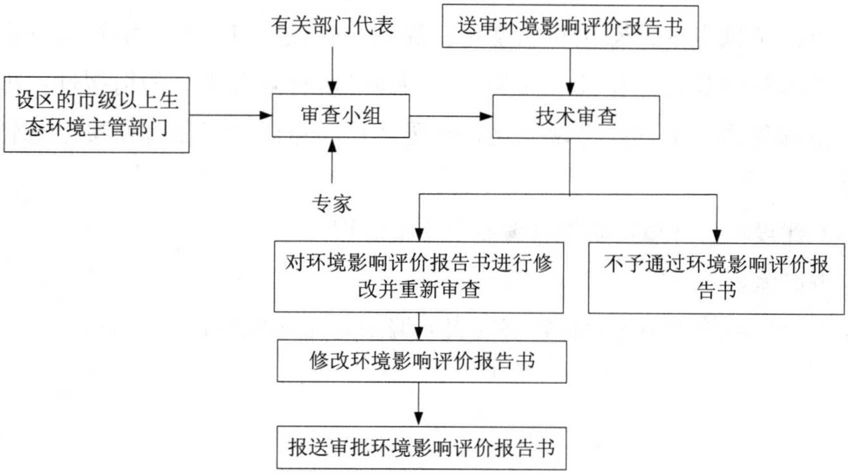

图 2-3　环境影响评价报告书报送流程

2.2.3.2 建设项目环境影响评价

（1）评价目的

对拟建项目可能造成的环境影响（既包括环境污染和生态破坏，也包括对环境的有利影响）进行分析、论证的全过程，并在此基础上提出采取的防治措施和对策。

（2）分类管理名录

根据《环境影响评价法》第十六条的规定，国家根据建设项目对环境的影响程度，对建设项目的环境影响评价实行分类管理。

建设单位应当按照下列规定组织编制环境影响报告书、环境影响报告表或者填报环境影响登记表（以下统称环境影响评价文件）：

①可能造成重大环境影响的，应当编制环境影响报告书，对产生的环境影响进行全面评价；

②可能造成轻度环境影响的，应当编制环境影响报告表，对产生的环境影响进行分析或者专项评价；

③对环境影响很小、不需要进行环境影响评价的，应当填报环境影响登记表。

建设项目的环境影响评价分类管理名录，由国务院生态环境主管部门制定并公布。落实国务院深化“放管服”改革、优化营商环境要求，实现环评审批正面清单改革试点的常态化和制度化；提高《建设项目环境影响评价分类管理名录》的科学性和可操作性，加强与《国民经济行业分类》的衔接性；推进构建环境治理体系、治理能力现代化，加强环评与排污许可制度衔接、减轻企业负担等。

（3）建设项目环境影响报告编制及审批流程

①编制流程

建设项目环境影响评价报告书（表）编制流程见图 2-4。

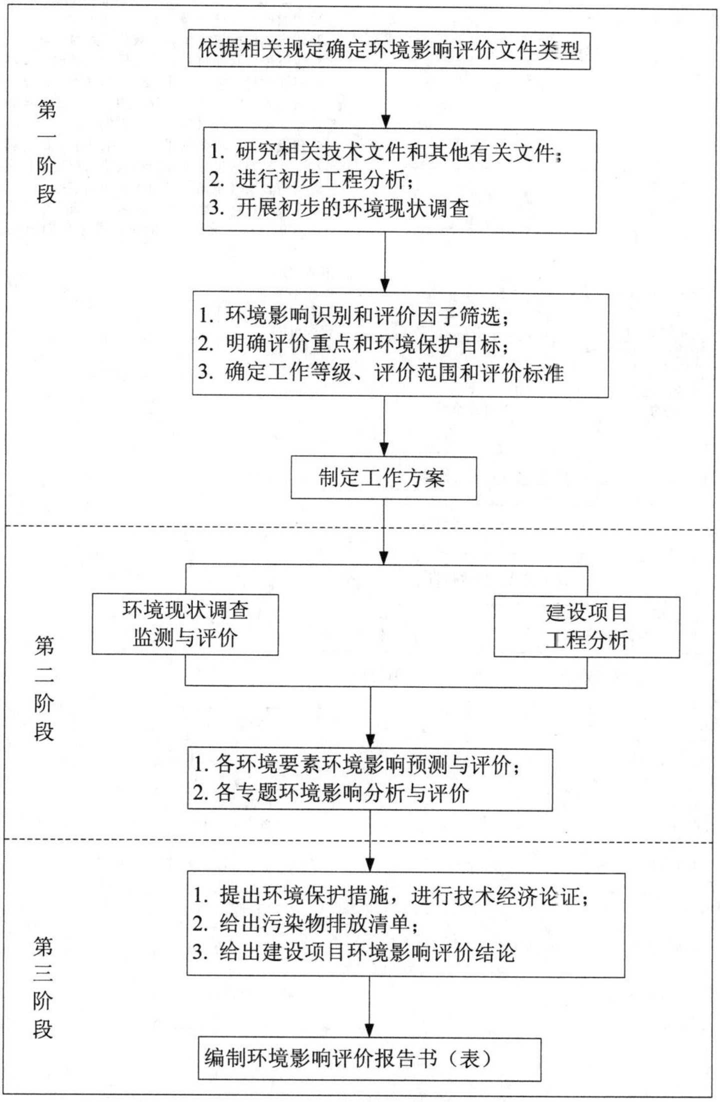

图 2-4　建设项目环境影响评价报告书（表）编制流程

②审批流程

建设项目环境影响评价审批流程见图 2-5。

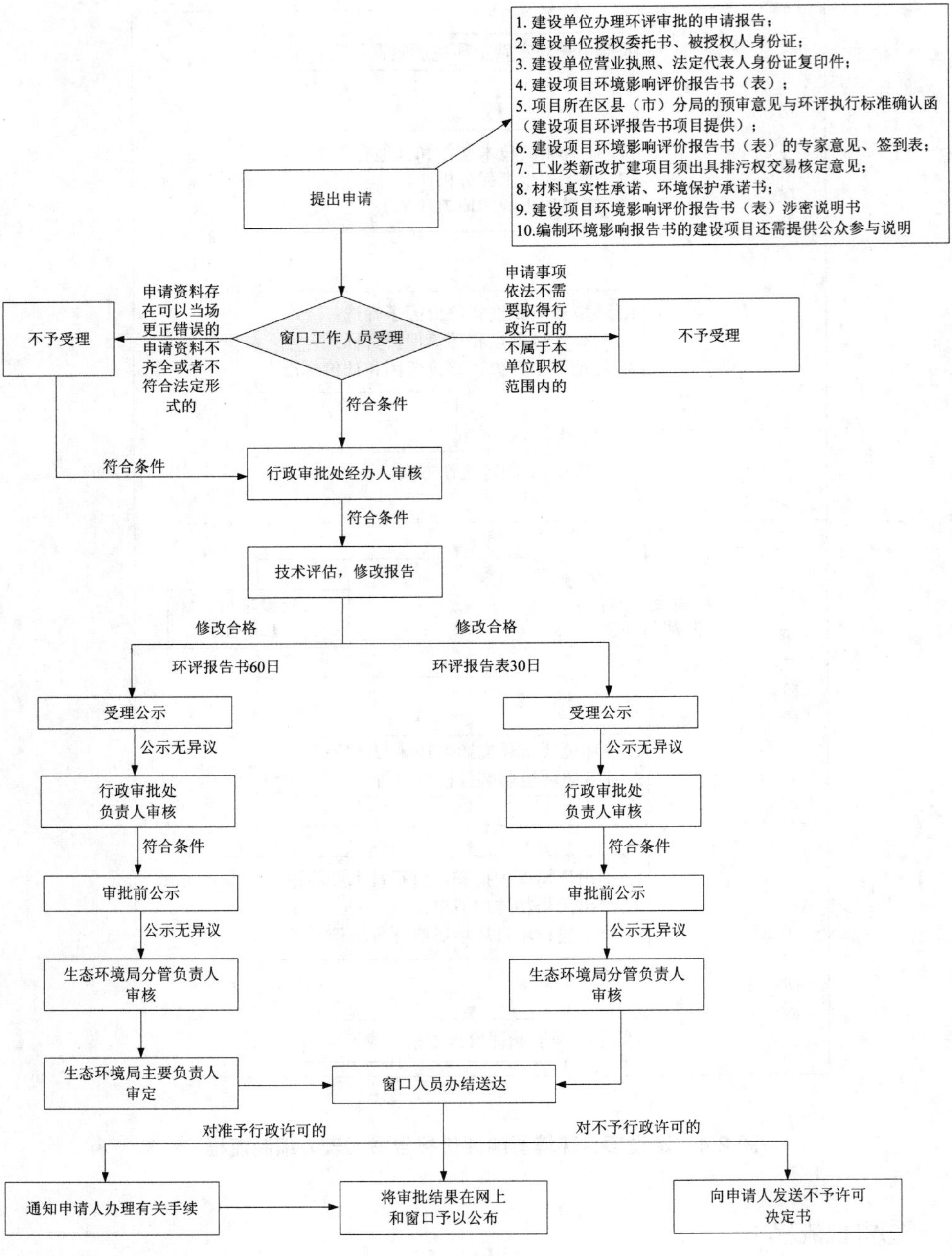

图 2-5　建设项目环境影响评价审批流程

（4）公众参与和信息公开

1）公众参与的法律支撑依据

《环境影响评价法》相关规定如下：

“第二十一条 除国家规定需要保密的情形外，对环境可能造成重大影响、应当编制环境影响报告书的建设项目，建设单位应当在报批建设项目环境影响报告书前，举行论证会、听证会，或者采取其他形式，征求有关单位、专家和公众的意见。

建设单位报批的环境影响报告书应当附具对有关单位、专家和公众的意见采纳或者不采纳的说明。”

2）公众参与的法律责任主体

《环境影响评价公众参与办法》相关规定如下：

“第四条 专项规划编制机关应当在规划草案报送审批前，举行论证会、听证会，或者采取其他形式，征求有关单位、专家和公众对环境影响报告书草案的意见。

第五条 建设单位应当依法听取环境影响评价范围内的公民、法人和其他组织的意见，鼓励建设单位听取环境影响评价范围之外的公民、法人和其他组织的意见。

第六条 专项规划编制机关和建设单位负责组织环境影响报告书编制过程的公众参与，对公众参与的真实性和结果负责。

专项规划编制机关和建设单位可以委托环境影响报告书编制单位或者其他单位承担环境影响评价公众参与的具体工作。”

3）公众参与流程及具体事项

《环境影响评价公众参与办法》相关规定如下：

“第九条 建设单位应当在确定环境影响报告书编制单位后 7 个工作日内，通过其网站、建设项目所在地公共媒体网站或者建设项目所在地相关政府网站（以下统称网络平台），公开下列信息：

（一）建设项目名称、选址选线、建设内容等基本情况，改建、扩建、迁建项目应当说明现有工程及其环境保护情况；

（二）建设单位名称和联系方式；

（三）环境影响报告书编制单位的名称；

（四）公众意见表的网络链接；

（五）提交公众意见表的方式和途径。

……

第十条 建设项目环境影响报告书征求意见稿形成后，建设单位应当公开下列信息，征求与该建设项目环境影响有关的意见：

（一）环境影响报告书征求意见稿全文的网络链接及查阅纸质报告书的方式和途径；

（二）征求意见的公众范围；

（三）公众意见表的网络链接；

（四）公众提出意见的方式和途径；

（五）公众提出意见的起止时间。

建设单位征求公众意见的期限不得少于10个工作日。

第十一条 依照本办法第十条规定应当公开的信息，建设单位应当通过下列三种方式同步公开：

（一）通过网络平台公开，且持续公开期限不得少于10个工作日；

（二）通过建设项目所在地公众易于接触的报纸公开，且在征求意见的10个工作日内公开信息不得少于2次；

（三）通过在建设项目所在地公众易于知悉的场所张贴公告的方式公开，且持续公开期限不得少于10个工作日。

鼓励建设单位通过广播、电视、微信、微博及其他新媒体等多种形式发布本办法第十条规定的信息。

第十二条 建设单位可以通过发放科普资料、张贴科普海报、举办科普讲座或者通过学校、社区、大众传播媒介等途径，向公众宣传与建设项目环境影响有关的科学知识，加强与公众互动。

第十四条 对环境影响方面公众质疑性意见多的建设项目，建设单位应当按照下列方式组织开展深度公众参与：

（一）公众质疑性意见主要集中在环境影响预测结论、环境保护措施或者环境风险防范措施等方面的，建设单位应当组织召开公众座谈会或者听证会。座谈会或者听证会应当邀请在环境方面可能受建设项目影响的公众代表参加。

（二）公众质疑性意见主要集中在环境影响评价相关专业技术方法、导则、理论等方面的，建设单位应当组织召开专家论证会。专家论证会应当邀请相关领域专家参加，并邀请在环境方面可能受建设项目影响的公众代表列席。

建设单位可以根据实际需要，向建设项目所在地县级以上地方人民政府报告，并请求县级以上地方人民政府加强对公众参与的协调指导。……

第十五条 建设单位决定组织召开公众座谈会、专家论证会的，应当在会议召开的10个工作日前，将会议的时间、地点、主题和可以报名的公众范围、报名办法，通过网络平台和在建设项目所在地公众易于知悉的场所张贴公告等方式向社会公告。……”

（5）事中事后监督监管

为切实保障环评制度效力，强化建设项目环评事中事后监管，2018年1月26日环境保护部发布了《关于强化建设项目环境影响评价事中事后监管的实施意见》（环环评〔2018〕11号）（以下简称《实施意见》）。

《实施意见》中明确监管内容的重点：对环评单位要重点监督其是否依法依规开展作业，确保环评文件的数据资料真实、分析方法正确、结论科学可信；对建设单位要重点监督其依法依规履行环评程序、开展公众参与情况。

《实施意见》中的监督保障方面，落实分类管理，建设单位提交建设项目环评文件的编制应符合《建设项目环境影响评价分类管理名录》要求，不得擅自更改和降低环评文件类别；做好与排污许可制度的衔接，依据国家或地方污染物排放标准、环境质量标准和总量控制要求，按照污染源源强核算技术指南、环评要素导则等，严格核定排放口数量、位置以及每个排放口的污染物种类、允许排放浓度和允许排放量、排放方式、排放去向、自行监测计划等与污染物排放相关的主要内容。建设项目发生实际排污行为之前应获得排污许可证，建设项目无证排污或不按证排污的，根据环境保护设施验收条件有关规定，建设单位不得出具环境保护设施验收合格意见。

创新监管方式，发挥环境影响后评价监管作用。依法应当开展环境影响后评价的建设项目，应及时开展工作，对其实际产生的环境影响以及污染防治、生态保护和风险防范措施的有效性进行跟踪监测和验证评价，并提出补救方案或者改进措施。纳入排污许可管理的建设项目排污许可证执行报告、台账记录和自行监测等情况应作为环境影响后评价的重要依据。

2.3 建设项目环境监理制度

2.3.1 建设项目环境监理制度的概念与发展历程

2.3.1.1 建设项目环境监理的概念

建设项目环境监理是指环境监理单位受法定代表人（业主）委托，遵照国家和地方环境保护的法律、法规，根据经批准的建设项目环境影响评价文件、设计文件、施工承包合同中关于环境保护的条款和与法定代表人签订的建设项目环境监理合同，按照“守法、诚信、公正、科学”的原则，对建设项目环境保护“三同时”实施和施工过程中影响环境的活动进行监督管理的行为，目的是保证工程施工阶段建设项目所在地的环境质量和“三同时”制度得到落实。

环境监理作为一种第三方的咨询服务活动，具有服务性、科学性、公正性、独立性等特性。环境监理借助其在环保专业及环境管理等业务领域的技术优势，引导和帮助建设单位有效落实环评文件和设计文件提出的各项要求，在建设单位授权范围内，协助建设单位强化对承包商的指导和监督，有效落实建设项目“三同时”制度。

2.3.1.2 建设项目环境监理的发展历程

我国的环境保护基本政策是“预防为主”“谁污染谁治理”“强化环境管理”。我国从20世纪90年代开始将环境监理作为协调工程项目建设与环境保护的有效手段之一。伴随我国环保事业的不断发展和进步，环境管理部门对建设项目的管理逐渐规范，形成了环境影响评价制度和“三同时”制度。但由于环境管理部门监管力量有限，环境管理过多倚重于环评和环保验收，对项目建设过程中的环境监管较为薄弱，而恰恰这一阶段产生的环境问题，尤其是生态破坏问题较为突出，并且有许多不可逆的生态影响。在此背景下，全过程环境监管被逐步提上日程。环保部门通过借鉴工程监理的理念，开启了引入第三方对建设项目施工期进行环境监理的探索之路，为了减缓经济发展给环境带来的压力，相继在一些生态环境影响突出的国家重点工程开展了施工期工程环境监理试点。

2.3.2　建设项目环境监理的依据

工程环境监理的主要依据：与建设项目环境保护相关的法律、法规、技术规范和标准、工程及环境质量标准、环境影响评价报告书（表）、设计文件、工程监理合同和建设工程承包合同等。工程环境监理合同、工程环境监理过程中的各种文件以及工程环境监理总结报告是工程竣工环境保护验收的重要依据。

2.3.2.1　相关法律法规依据

到目前为止，我国在国家层面尚未确立环境监理的法律地位；在地方层面，有 3 个省、自治区已将环境监理纳入地方法规。山西、江苏、新疆将环境监理纳入地方法规是我国环境监理制度建设的重大突破，对我国环境监理制度建设起到了引领作用。

2.3.2.2　部门和地方规章

2006 年，水利部先后颁布了《水利工程建设监理单位资质管理办法》和《水利工程建设监理规定》，明确要求在全国范围内开展水利工程建设环境监理，并作为工程监理的重要组成部分，纳入工程监理管理体系。

2004 年，《浙江省建设项目环境保护管理办法》提出，“对可能造成重大环境影响的建设项目，推行环境监理制度，由建设单位委托具有环境工程监理资质的单位对建设项目施工中落实环境保护措施进行技术监督。”2011 年，修订后的《浙江省建设项目环境保护管理办法》正式发布，保留了 2004 年提出的环境监理制度。

2006 年，河南省和深圳市先后颁布了《河南省建设项目环境保护管理条例（草案征求意见稿）》和《深圳经济特区建设项目环境保护条例》，首次对环境可能造成重大影响的建设项目施工期环境监理、环境监理竣工验收、工程环境监理机构的要求以及责任追究等内容作了较为明确的规定。

2006 年，《陕西省实施〈中华人民共和国环境影响评价法〉办法》中指出：“已经批准的施工周期长、生态环境影响大的水利、交通、电力、化工、矿产资源开发项目，在其建设过程中应当进行环境监理。”为了有效控制建设项目施工阶段的环境影响，真正做到项目建设与环境的协调发展，全过程地监控项目建设中的环境问题，在重点行业开展建设项目环境监理工作。

2.3.2.3 规范性文件

（1）环境保护部环境监理规范性文件

2002 年 10 月，国家环境保护总局、铁道部等联合发布了《关于在重点建设项目中开展工程环境监理试点的通知》，确定对青藏铁路格尔木至拉萨段等 13 项国家重点工程开展环境监理试点，通知要求这些国家重点工程的建设单位，在施工期间必须委托具备相应资质的第三方单位，对工程环保措施实施情况进行监理。

2012 年 1 月，环境保护部下发了《关于进一步推进建设项目环境监理试点工作的通知》，对环境监理的定位、功能、开展环境监理的建设项目类型等内容进行了明确规定，标志着我国建设项目环境监理工作进入迅速发展的新阶段。

（2）交通部环境监理规范性文件

2004 年，交通部发布了《关于开展交通工程环境监理工作的通知》，明确提出在交通行业内开展环境监理工作，作为工程监理的重要组成部分，纳入工程监理管理体系，并制定了《开展交通工程环境监理工作实施方案》，对交通行业环境监理的组织实施作出了明确规定。

（3）地方环保部门环境监理规范性文件

自 2004 年起，浙江、山西、陕西、辽宁、江苏、内蒙古、青海等省（自治区）地方环境保护主管部门相继出台了一系列关于开展环境监理工作的规范性文件。例如，2007 年，辽宁省环境保护局发布了《辽宁省建设项目环境监理管理暂行办法》；2010 年，山西省环境保护厅发布了《关于进一步加强建设项目环境工程监理工作的通知》。同时，随着市场对规范环境监理要求的不断提升，许多省份陆续出台了有关环境监理资质管理的要求。2011 年，江苏省环境保护厅发布了《关于申请江苏省建设项目环境监理单位资质及其工作范围有关事项的通知》，陕西省环境保护厅发布了《陕西省建设项目环境监理暂行规定》，青海省环境保护厅发布了《青海省建设项目环境监理管理办法（修订）》，相关文件对环境监理机构的资质和从业人员的资格提出了明确要求。

2.3.2.4　国家标准

国家强制执行的环境标准很多，与环境监理有关的标准主要有：

（1）环境质量标准

《地表水环境质量标准》（GB 3838）、《农田灌溉水质标准》（GB 5084）、《渔业水质标准》（GB 11607）、《海水水质标准》（GB 3097）、《环境空气质量标准》（GB 3095）、《声环境质量标准》（GB 3096）、《城市区域环境振动标准》（GB 10070）等。

（2）污染物排放标准

《污水综合排放标准》（GB 8978）、《大气污染物综合排放标准》（GB 16297）、《工业企业厂界环境噪声排放标准》（GB 12348）等。

2.3.2.5　建设项目的环境影响评价文件和水土保持文件

建设项目的环境影响评价报告和水土保持报告及其行政主管部门的批复，是建设项目环境监理最重要的依据之一，其中，针对建设项目提出的环境敏感点、污染防治设施和措施、水土保持措施等，是项目环境监理工作关注的重点，也是必须守住的底线。

2.3.2.6　建设项目工程设计文件及其审查意见

建设项目的设计阶段，往往已经考虑了一些重大的环境保护问题，并在设计文件中有所反映，如污染防治设施措施、水土保持措施、绿化等，可以作为环境监理工作的依据。

2.3.2.7　建设项目各承包人的施工组织设计

各承包人的施工组织设计中考虑了施工过程中可能发生的扬尘污染、施工废水排放、取土弃土生态环境破坏、施工噪声扰民等环境问题的预防和减缓措施，可以作为环境监理工作的依据。

2.3.2.8　环境监理合同、施工合同及有关补充协议

建设单位委托开展环境监理的合同，以及有关的补充协议，都明确规定了环

境监理单位的权利、责任和义务，是监理单位开展工作的直接依据。

作为建设项目环保措施具体执行者的施工单位，责任和义务在施工合同中有明确的表述，也是监理单位开展工作的重要依据。

2.3.2.9 施工过程的会议纪要、文件等

在施工过程中根据实际情况形成的有关环保问题的会议纪要、文件，可以作为环境监理的依据。

2.3.3 建设项目环境监理的内容及工作方法

环境保护部《关于进一步推进建设项目环境监理试点工作的通知》（环办〔2012〕5号）明确了建设项目环境监理工作内涵和环境监理工作内容。建设项目环境监理除按相关技术规范和规定要求开展外，还应对如下内容予以高度关注：

①建设项目设计和施工过程中，项目的性质、规模、选址、平面布置、工艺及环保措施是否发生重大变动。

②主要环保设施与主体工程建设的同步性。

③环境风险防范与事故应急设施与措施的落实，如事故池。

④与环保相关的重要隐蔽工程，如防腐防渗工程。

⑤项目建成后难以或不可补救的环保措施和设施，如过鱼通道等设施。

⑥项目建设和运行过程中可能产生不可逆转的环境影响的防范措施和要求，如施工作业对野生动植物的保护措施。

⑦项目建设和运行过程中与公众环境权益密切相关、社会关注度高的环保措施和要求，如防护距离内居民搬迁。

⑧“以新带老”、落后产能淘汰等环保措施和要求。

围绕以上要求，按项目建设各阶段的不同工作内容和侧重点，分别针对环境管理、环境达标监理和环境保护工程与设施监理进行阐述。

2.3.3.1 设计阶段环境监理的工作内容

设计阶段环境监理包括收集环境保护相关文件（如环评、环评批复），并以此为基础，对初步设计、施工图设计的工程内容进行复核。

《环境保护法》第二十四条规定："县级以上人民政府环境保护主管部门及其委托的环境监察机构和其他负有环境保护监督管理职责的部门，有权对排放污染物的企业事业单位和其他生产经营者进行现场检查。被检查者应当如实反映情况，提供必要的资料。实施现场检查的部门、机构及其工作人员应当为被检查者保守商业秘密。"第二十五条规定："企业事业单位和其他生产经营者违反法律法规规定排放污染物，造成或者可能造成严重污染的，县级以上人民政府环境保护主管部门和其他负有环境保护监督管理职责的部门，可以查封、扣押造成污染物排放的设施、设备。"第三十八条规定："公民应当遵守环境保护法律法规，配合实施环境保护措施，按照规定对生活废弃物进行分类放置，减少日常生活对环境造成的损害。"

此处的环保配套治理措施应作为广义的概念理解，除了狭义上的废水防治措施、废气防治措施、噪声防治措施及固体废物防治措施，还包括项目雨污排水管网设置、雨水污水排放口设置及事故应急系统等。

（1）主体工程设计文件复核

根据建设项目环评报告及批复中的有关要求，对主体工程设计与环评报告及其批复的相符性进行审查，主要包括工程选址和路线走向、工程规模、总平面布置、生产工艺、生产设备、产排污点等内容。

（2）配套环保工程或设施设计文件复核

根据建设项目环评报告及批复中的有关要求，检查主体工程配套的环保设施设计是否按照环评报告及批复的要求进行了落实，未落实的要及时提醒建设单位增加相应的设计内容，已落实的要对其与环评报告及其批复的符合性进行审查。此外，环境监理还应关注环保工程工艺路线选择、设计方案比选等环节，提供环保咨询服务，主要包括关注采用的治理技术是否先进、治理措施是否可行、污染物的最终处置方法和去向等，并提出合理化建议。

（3）涉及环境敏感区设计内容审核

重点审核工程与环境敏感区位置关系是否发生重大变化，变化带来的环境影响是否可以接受；涉及环境敏感区的施工方案、环境保护措施是否合理。

2.3.3.2 施工阶段环境监理的工作内容

（1）施工准备阶段环境监理

①参加合同阶段的技术条款审核。

②参加工程设计交底，了解具体工序或标段的环境保护目标。

③参加承包商施工组织计划的技术审核。审核施工承包合同和施工单位编报的《工程施工组织计划》，重点是审核施工承包合同中的环境保护专项条款和对施工污染防治方案的审核，其中如有必要，可根据各标段《施工组织设计》编制《环境保护工作重点》并向施工单位进行环境保护工作交底。

a. 审核环境保护管理措施，督促建立环保责任体系。在施工承包合同中应以专项条款的方式，体现环境保护的有关要求，在施工过程中据此加强监督管理、检查和监测，减免对环境的不利影响，同时应检查施工单位在施工准备期所建立和落实的环境保护体系，对施工单位的文明施工素质及施工环境管理水平进行审核或培训。针对环境敏感区，尤其是涉及珍稀保护动物迁徙、产卵、洄游等特殊时期，环评报告及批复中会明确要求施工期应避开敏感时段，在施工组织计划审核中应重点关注。

环境监理单位应督促建设单位协调施工单位建立完整有效的环保责任体系，该体系需明确分工，责任到人，以提高建设单位和施工单位的环保管理能力和环境事故应急响应能力。

b. 生态保护和污染防治方案的审核。审核生态保护以及施工工序污染防治措施、生态保护措施等是否适当和充分；根据具体工程的施工工艺设计，审核施工工艺中的“三废”排放环节，排放的主要污染物及设计中采用的治理技术是否先进、治理措施是否可行、污染物的最终处置方法和去向等，并提出合理化建议。

④建设单位应支持和协助环境监理单位建立环境监理会议制度，用于协调解决项目建设过程中产生的环保问题。参加第一次工地会议或召开专项环境监理会议，由环境监理单位向建设单位、施工单位进行环境保护工作交底，阐述建设项目的环境保护目标，明确环境监理的关注点与监理要求，并建立沟通网络；将各标段《环境保护工作重点》下发给施工单位。

⑤协助建设单位建立环保管理制度及环保领导小组，建设单位应针对项目产

生的废水、废气、噪声、固体废物等污染物建立相应的环保管理制度和污染防治措施操作规程。协助建设单位落实各类环保相关协议、手续的办理工作。

⑥协助建设单位及时编制环境污染事故应急预案及演练计划，并报生态环境部门备案。检查事故应急池、罐区围堰、雨水排放口应急闸门及事故废水收集管道等事故应急措施的落实情况。

⑦参与总承包项目（带方案投标的分标）设计方案的技术审核。

⑧承包商进场后，第一次环境监理会议宜及时召开，由环境监理单位向建设单位、承包商进行环境保护工作交底，就建设期环境监理的关注点与监理要求进行明确，并建立沟通网络；将《环境保护工作重点》下发给承包商。针对新进场的承包商，开展其他相关宣贯工作。

⑨本阶段环境监理单位应结合工程实际情况的需要编制《环境监理实施细则》。

（2）施工阶段环境监理

施工阶段环境监理是环境监理单位对项目施工过程进行的全程环境保护监督检查，是环境监理最重要的环节，本阶段环境监理主要针对项目批建符合性、环保“三同时”制度、施工行为环保达标措施、环境保护工程和设施监理、事故应急措施、环保管理制度、“以新带老”整改措施等开展工作。具体内容包括：

①项目实施过程中，环境监理应审查土建（或机电）承包商报送的分项施工组织设计、施工工艺等涉及环境保护的内容，协助、指导土建（或机电）工程建设监理，要求承包商落实环境保护“三同时”制度，严格按照设计要求实施各项环境保护措施；在项目出现批建不符、环保“三同时”制度落实不到位或其他重大环保问题时，环境监理向建设单位提交“环境监理联系单”并提出整改建议。

②环境监理对施工工地进行环境保护日常巡查，对施工单位的环境保护措施落实情况、施工区及周边地区的环境状况、工程建设监理的现场监管情况等进行检查，就检查中发现的问题及时通知相关单位，提出改进措施要求，跟踪直至问题解决，并对承包商予以定期考核和评定。在检查中如发现重大环境问题，应向施工承包商下达《环境监理通知书》或《环境监理工程暂停令》；整改完成后，由相关单位检查认可。

③环境监理参加各项验收工作。环境监理就各项环境保护措施的功能等能否满足合同和设计要求签署监理意见。

④根据具体情况，主持或授权召开现场环境保护会议；按要求编写环境监理日志、周报、月报、季报、年报和环境监理总结报告，并定期向建设单位报送环境监理报告。

⑤发生环境污染事件时，参与处理项目环境保护事故，及时向建设单位报告，提出限期治理意见，并监督实施。

⑥资料管理工作。收集各项环境保护、水土保持措施实施过程中的设计文件、工程进度款资料、验收签证等相关资料，并建立统计台账，为工程环境保护竣工验收奠定基础。

2.3.3.3 试运行阶段环境监理工作内容

在建设项目投入试运行后，环境监理单位应针对项目主体工程和环保设施的试运行情况，各类环保管理制度、事故应急预案的执行情况等，继续开展工作。具体工作内容如下：

①对主体工程及配套环保设施运行情况、施工方撤场后场地清理情况、生态恢复、耕地补偿等情况进行调查汇总。

②对新发现或遗留的问题根据性质向建设单位提交“环境监理联系单”或向施工承包商下达《环境监理通知书》，提出整改建议；整改闭环程序与施工阶段相同。

③试运行结束后，汇总各项内容，编制项目环境监理总结报告。

④配合项目环境保护专项验收工作，并在生态环境主管部门组织的验收审查会上汇报环境监理情况，对于验收提出的问题，督促建设单位进行整改。

⑤验收通过后，向建设单位移交工程环境监理竣工资料。移交的资料应包括以下内容：环境监理总结报告，环境监理工作方案，环境监理实施细则，环境监理工作联系单、通知单及回执，环境监理报表，环境保护验收资料，环境敏感地区开工前及完工后的评估报告，相关影像资料等。

（1）主体工程试运行

由于项目主体工程在投入试生产（运行）后的一段时间内仍处于调试过程，各生产设备及系统仍需要磨合，因此，开停车较为频繁，经常出现非正常工况，污染物排放情况变化较大。环境监理单位应在项目主体工程投入试生产（运行）后，密切关注其非正常工况的排污情况。同时，由于生产中实际的原辅材料消耗会直接影响项目的污染源强，环境监理单位还应关注项目主体工程在实际试生产（运行）中的原材料消耗情况。实践表明，由于项目环评阶段的原辅材料消耗为理论数据，在实际试生产（运行）阶段的原辅材料消耗情况一般与环评阶段存在差异。

（2）配套环保设施试运行情况

监督和检查建设项目各类环保设施调试运行情况，协助建设单位解决项目建设过程中出现的环保问题，提供咨询服务，如组织专家对项目产品生产工艺、环保设施工艺提出优化建议，以减少污染物排放和治理稳定达标。同时，进一步检查生态保护措施的实施效果。

（3）环境管理制度和环境风险（事故）应急体系

督促企业严格执行各类环境管理制度、事故应急预案等要求，包括试生产期间废水、废气等各类环保治理设施的运行记录和管理台账执行情况；协助建设单位开展环境风险事故应急预案的演习工作，并总结相关经验。

（4）查漏补缺

监督和检查建设单位试生产期间需完善和落实的环保要求以及试生产时生态环境主管部门提出整改措施的落实情况。

（5）参加竣工环境保护验收

环境监理人员应配合建设项目竣工环境保护验收监测人员对相关环境保护设施进行现场测试，发现问题时及时提出整改咨询建议，协助建设单位进行补充落实。试生产结束后，环境监理人员编写《环境监理总结报告》。报告书内容应包括建设项目的内容、时段、环境影响因素，具体的减缓措施，措施的实施情况，建设项目遵守“三同时”制度的情况及最后的结论。找出存在的主要问题，进行总结，提出解决方案，为以后的工作积累经验。《环境监理报告书》应提交给生态环境主管部门备案。

2.3.3.4　环境监理工作方法

在环境监理工作实际开展中，采取的工作方法有多种形式，主要包括核查、监督、报告、咨询、宣传培训和验收等。

（1）核查

依照环评及批复内容，在项目建设各阶段核对项目建设内容、选线选址、污染防治措施、生态恢复措施的符合情况。

1）对设计文件的核查

在项目设计阶段，项目设计中建设内容、选线选址、污染防治措施、生态恢复措施等较环评中的内容会出现调整变化。环境监理参与设计会审是为了体现事前预防，环境监理在参与设计会审中，根据产业政策及环评相关法规仔细核对项目环评与设计文件的符合性，对调整的内容及其可能产生的环境影响进行初步判断，并及时反馈建设单位，建议建设单位完善相关环保手续或要求设计单位对设计进行补充完善。

2）对施工方案的核查

项目实施过程中，环境监理应审查各承包商报送的分项施工组织设计、施工工艺等涉及环境保护的内容，特别是部分分项施工工序涉及自然保护区、饮用水水源保护区等环境敏感区域时，环境监理必须要做好对施工方案的审核，在环境监理审核通过后方可进行相关施工工序。

3）对实际建设内容的核查

在项目的施工及试运行阶段，环境监理通过资料核对及现场调查的方式，全程持续调查项目实际建设的工程内容、污染防治措施、生态恢复措施等是否按照设计文件实施、是否较环评文件内容发生了调整，是否有效落实了环保“三同时”制度。

（2）监督

在实际工作开展过程中，环境监理一般采用以下工作方式对工程建设项目开展环保监督工作。

1）现场工作

①巡视。环境监理单位在及时与建设单位沟通的前提下，按照一定频次对项目的建设现场开展巡视检查，巡视检查的主要工作内容是掌握项目工程的实际建设情况和进度，根据建设情况和进度对建设项目的批建符合性、环保“三同时”、施工环保达标、生态保护措施等方面现场查找问题、提出建议，并做好现场巡视记录。巡视检查是环境监理的主要工作方式之一。

②旁站。某些施工工序涉及环境敏感区域，可能对周围环境、生态造成较大影响，或隐蔽工程等关键工程进行时，环境监理单位应对该施工工序和关键工程采取全过程现场跟班监督活动，如防腐防渗工程、环保治理设施安装过程及现场

环境监测等，环境监理应采取旁站形式。在旁站过程中，环境监理单位应做好定时记录，并将评估结果整理上报建设单位。

③跟踪检查。在环境监理巡检、旁站过程中发现的环保问题，以环境监理联系单建议建设单位（以通知单形式要求施工单位）进行整改，在完成相关环保问题的整改闭合后，环境监理应对相应问题的整改情况进行跟踪检查。

④环境监测。在环境监理巡检、旁站过程中，为了掌握日常施工造成的环境污染情况，环境监理单位通过便携式环境监测仪器进行简单的现场环境监测，辅助环境监理工作；涉及较复杂的环境监测内容可自行建立工地实验室或建议建设单位另行委托有资质的单位开展施工期环境监测工作。

2）环境监理会议

环境监理会议的目的在于通过对工程环境保护措施执行情况、环保工程的建设情况和工程存在的环境问题进行全面梳理，为建设单位正确决策提供依据，促进落实环境保护措施、减免不利环境影响，确保工程环境得以有效控制和保障工程的顺利进行。

3）记录

环境监理应采用记录的方式对现场工作进行记录，包括现场记录和事后总结记录。现场记录包括环境监理人员日常填写的监理日志、现场巡检和旁站记录等；事后总结记录包括环境监理会议记录、主体工程建设大事记录、环保污染事故记录等。

4）信息反馈

环境监理人员现场巡视检查发现施工引起的环境污染问题时，应立即通知施工单位的现场负责人员纠正和整改。一般性或操作性的问题，采取口头通知形式；口头通知无效或有污染隐患时，环境监理工程师发出“环境监理整改通知单”，要求施工单位限期整改，通知单同时抄送建设单位。在整改完成后，施工单位应向环境监理单位递交整改检查申请，由环境监理会同建设单位、工程监理单位对整改结果是否满足要求进行检查。

环境监理人员通过核查设计文件、现场巡视发现工程建设内容与环评及批复内容存在调整、环保“三同时”落实不到位、环保问题及其他重要情况时，应立即向建设单位递交“环境监理工作联系单”，反映存在的问题并提出相关建议，配合建设单位组织、督促相关单位尽快落实整改要求。建设单位应就“环境监理工作联系单”向环境监理单位反馈处理意见。

（3）报告

1）定期报告

环境监理开展各时段时限内必须根据现场工作记录，按照规定格式编写汇报总结材料，如环境监理联系单、月报、季报、年报、专题报告、工程污染事故报告、监理阶段报告、监理总结报告等，并及时报送建设单位，便于建设单位及时掌握工程环境保护工作状态和环境状态、有针对性地组织实施环境保护措施。

2）专题报告

在项目出现批建不符、环保“三同时”制度落实不到位或其他重大环保问题时，需形成环境监理专题报告上报建设单位。工程施工如涉及环境敏感区段，如自然保护区、饮用水水源保护区、风景名胜区等环境敏感目标，应编制环境监理专题报告。

（4）咨询

环境监理应注重为建设单位提供全过程的专业环保咨询服务，在项目建设期就建设单位在污染防治措施、环保政策法规、环保管理制度等方面遇到的问题，通过自身及环保专家库等技术储备提供解决方案，协助建设单位进行落实，提高建设单位环保技术和管理水平。

1）设计阶段环保咨询

环境监理应全面、准确地掌握工程的环境保护要求，以便在图纸设计阶段及时发现问题，发挥事前监督作用，从技术上为建设单位把关。针对设计文件中存在的遗漏或需修改的内容，以“环境监理工作联系单”的形式提交给建设单位，以便建设单位及时要求设计单位修改完善。

2）施工阶段环保咨询

施工阶段的环保咨询工作，主要是对工程建设过程的环保“三同时”执行情况、环境污染、生态破坏防治及恢复的措施进行技术监督，协助企业做好施工期环境污染控制。通过现场工作方式对项目整体进度进行把握，对项目施工过程工程措施分析其合理性，同时从环保专业知识角度出发，对工程措施提出规避环保风险的合理化建议。

3）试运行阶段环保咨询

环境监理在试运行阶段进行的环保咨询，包括协助建设单位完善各类环境管理制度、突发环境污染事故应急预案、环保设施运行台账、操作规程等，协助建设单位申报危险废物转移计划、落实联单制度，制订日常环境监测计划。其中环境事故应急体系是项目环境管理制度中的重要环节，包括事故应急设施、突发环境污染事故应急预案和事故应急演练，新建企业往往在确保事故应急体系正常运转方面缺乏经验。在试生产（运行）期，环境监理单位协助企业完善事故应急体系，落实事故应急物资，明确应急人员职责，加强事故应急设施日常维护，使项目在事故情况下尽可能减少对外环境的影响。

（5）宣传培训

1）宣传

工程建设人员的生态环境意识直接影响施工过程环境保护工作效果，因而提高工程建设人员的环境保护意识十分重要，需要通过岗位培训和宣传教育以提高和统一工程参建单位和人员的生态环境意识，在工程建设中主动落实环境保护要求。

环境监理在开展宣传培训工作时应着重两个宣传对象，一是工程监理单位，通过宣传培训，使工程监理单位认同工程环境保护的理念和要求、配合和支持环境监理工作、强化工程建设监理工作中的环境管理工作，在实现工程环境保护目标过程中发挥其应有的作用；二是承包商，使承包商树立工程建设的综合效益观，深刻认识环境保护是工程建设的重要内容，从而规范施工行为、支持环境监理工作、认真执行环境保护要求。

宣传的内容应包括施工期环保知识和环境保护法规、政策等。宣传的途径可以是环境监理召开工地会议发放书面宣传材料、制作宣传标语和环境保护警示牌、组织开展环境保护知识问答和竞赛等多种形式。

2）培训

环境监理应协助建设单位对各参建单位有关人员开展环境保护培训，可采取授课、讲座、考试等培训形式，在工作制度中明确提出培训要求，规定工程监理单位应协助建设单位组织工程施工、设计、管理人员进行环境保护培训，培训内容可根据项目实际内容选择。

（6）验收

环境监理参加合同项目完工验收，检查合同项目内规定的环境保护措施落实情况。通过单项合同项目验收的环境保护检查，为工程整体验收打下良好基础。环境监理配合建设单位组织开展建设项目竣工环境保护专项验收准备工作。

环境监理单位参加建设项目竣工环境保护验收现场检查会议，并着重介绍环境监理工作情况。对于验收检查组提出的需整改的问题，协助建设单位落实整改措施。

2.4 排污许可制度

2.4.1 排污许可制度简介

2.4.1.1 排污许可的定义

排污许可是指生态环境主管部门根据排污单位的申请和承诺，通过发放排污许可证法律文书形式，依法依规规范和限制排污行为，明确环境管理要求，依据排污许可证对排污单位实施监管执法的环境管理制度。

排污许可制度是依法规范企事业单位排污行为的基础性环境管理制度，生态环境主管部门通过对企事业单位发放排污许可证并依证监管实施排污许可制。实行排污许可管理的企事业单位和其他生产经营者应当按照排污许可证的要求排放污染物；未取得排污许可证的，不得排放污染物。

2.4.1.2 我国排污许可制度的发展历程

（1）第一阶段：探索和建立阶段（20 世纪 80 年代—2015 年）

排污许可制度在国际上已有 30 多年的实践，已经成为国际通行的固定污染源管理核心制度。美国是最早实施排污许可的国家之一，依据《清洁水法》（1972 年）和《清洁空气法》（1990 年）等实施许可管理。欧盟颁布《综合污染预防与控制指令》（1996 年），以最佳可行技术为基础，综合大气、水、土壤等环境要素，以及能源效率、事故预防等多种因素，覆盖项目建设、运行、监管及后期评估全过程，形成了全面的排污许可制度。

中国探索建立排污许可制度的历史可以追溯到 20 世纪 80 年代。1985 年，上海市率先在黄浦江上游地区开展排污许可制试点工作。1988 年，国家环保局制定了《水污染物排放许可证管理暂行办法》，并下达了排污许可证试点工作通知。1989 年，第三次全国环境保护会议上，我国正式将排污许可制度确立为环境八项制度之一，并开始在全国范围内试行水污染物排放许可制。1989 年，国家环保局下发了《排放大气污染物许可证制度试点工作方案》，分两批组织 23 个环境保护重点城市及部分省辖市环境保护局开展试点工作。随后，各级政府陆续出台了一系列排污许可相关规范性文件，同时也在各地陆续试点实施排污许可证制度。在此期间，我国在排污许可管理上积累了大量实践和管理经验，但也暴露出不少问题，如排污许可制基础核心地位不突出，多项环境管理制度交叉、重复，污染源“数出多门”“多头管理”；依证监管力度不足，处罚结果不能形成震慑；排污单位污染治理责任落实不到位，缺乏履行环境保护责任的主动性等。党的十八大将完善排污许可制纳入全面深化改革内容，党的十八届三中、四中、五中全会均提出要求完善污染物排放许可制。2013 年 11 月 12 日，党的第十八届中央委员会第三次全体会议通过《中共中央关于全面深化改革若干重大问题的决定》，要求完善污染物排放许可制，实行企事业单位污染物排放总量控制制度。

（2）第二阶段：规范和改革阶段（2016—2020 年）

从“十三五”开始，我国无论是在法律层面还是政策层面均全力推动排污许可制度改革。在此期间，一系列法规、政策、规范性文件、标准、技术规范、技术指南、信息平台等均同步实施制订、修订、试行或建设。

从法律层面看，我国 2014 年修订的《环境保护法》、2015 年修订的《大气污染防治法》、2017 年修正的《水污染防治法》、2018 年通过的《土壤污染防治法》、2020 年修订的《固体废物污染环境防治法》等均进一步明确提出实行排污许可管理制度，并较原法有了更为具体的规定和更为严厉的处罚。为推进排污许可制度改革和规范排污许可证的核发工作，环境保护部于 2016 年 12 月发布《排污许可证管理暂行规定》，此为我国排污许可管理的首个规范性文件，指导各级环境保护部门开展排污许可管理工作，规范排污许可证申请、核发、发放、管理的程序。2018 年 1 月，环境保护部公布的《排污许可管理办法（试行）》（部令　第 48 号）

是对《排污许可证管理暂行规定》的延续、深化和完善，在结构上保持一致，在内容上进一步细化和强化。

从政策层面看，《中共中央 国务院关于加快推进生态文明建设的意见》（2015年4月25日）要求完善污染物排放许可证制度，禁止无证排污和超标准、超总量排污；《生态文明体制改革总体方案》（2015年9月11日中央政治局会议审议通过）要求完善污染物排放许可制，尽快在全国范围建立统一公平、覆盖所有固定污染源的企事业排放许可制，依法核发排污许可证，排污者必须持证排污，禁止无证排污或不按许可证规定排污；《中共中央关于制定国民经济和社会发展第十三个五年规划的建议》（2015年10月29日十八届五中全会通过）要求改革环境治理基础制度，建立覆盖所有固定污染源的企事业单位排放许可制。党的十九大和十九届三中、四中全会则继续明确提出了构建以排污许可制为核心的固定污染源监管制度体系要求。2016年11月，国务院办公厅印发《国务院办公厅关于印发〈控制污染物排放许可制实施方案〉的通知》（国办发〔2016〕81号），对完善控制污染物排放许可制、实施企事业单位排污许可证管理作出部署，标志着我国的排污许可制度改革进入实施阶段。2018年9月，生态环境部印发《排污许可制全面支撑打好污染防治攻坚战工作方案》（环规财〔2018〕90号），提出2019年排污许可证覆盖污染防治攻坚战所有重点行业，2020年实现排污许可全覆盖工作目标，并对加快制定固定污染源总量控制制度和环境信息平台建设等提出要求。2020年1月6日，生态环境部印发《关于做好固定污染源排污许可清理整顿和2020年排污许可发证登记工作的通知》（环办环评函〔2019〕939号），全国开展排污许可清理整顿工作，并部署了2020年排污许可证核发和排污信息登记工作。2020年4月，全国完成了固定污染源清理整顿工作，2020年9月底基本完成所有行业排污许可证核发和排污信息登记工作，实现了固定污染源排污许可全覆盖。

在《国务院办公厅关于印发〈控制污染物排放许可制实施方案〉的通知》（国办发〔2016〕81号）的指导下，按照《排污许可管理办法（试行）》要求，排污许可管理制度已明确作为我国固定污染源环境管理的核心制度，构建了以《固定污染源排污许可分类管理名录》作为分类管理依据，以企业承诺、自行监测、台账记录、执行报告、信息公开为具体管理要求，以全国排污许可证管理信息平台为信息公开和公众监督平台，以技术规范、自行监测指南等作为技术基础的一整套管理制度体系，实现了对全国固定污染源排放全过程管理，多污染物协同控制，“一证式”管理，多种制度衔接融合。“十三五”是进行排污许可制度改革、健全排污许可制法规标准体系的关键期，排污许可制度日趋成熟和定型。

（3）第三阶段：优化和拓展阶段（2021 年开始）

《中共中央关于制定国民经济和社会发展第十四个五年规划和二〇三五年远景目标的建议》（2020 年 10 月 29 日中国共产党第十九届中央委员会第五次全体会议通过）明确提出在“十四五”期间全面实行排污许可制，在基本实现固定污染源排污许可证核发全覆盖目标任务之后，我国排污许可制发展将进入全面实行新阶段。

2021 年 1 月 29 日，国务院颁布了《排污许可管理条例》（以下简称《条例》），从明确实行排污许可管理的范围和管理类别、规范申请与审批排污许可证的程序、加强排污管理、严格监督检查、强化法律责任等方面，对排污许可管理工作予以规范。《条例》规定，依照法律规定实施排污许可，依法将水、大气、土壤和固体废物等污染要素纳入许可管理，逐步将噪声等污染要素通过修法全部纳入管理。《条例》以排污许可制为核心，深度衔接融合环境管理的其他制度，如环境影响评价制度、总量控制、环境标准、环境监测、环境执法、环境统计等各项环境管理制度。《条例》明确了生态环境部门、排污单位、排污许可技术机构的法律责任。《条例》的颁布和实施，确立了排污许可制度的法律地位，标志着我国排污许可制度进入优化和拓展阶段。

2.4.2 相关法律法规要求和法律责任

目前，国家已经初步构建了以《环境保护法》（2014 年修订）、《大气污染防治法》（2018 年修正）、《水污染防治法》（2017 年修正）、《土壤污染防治法》《固体废物污染环境防治法》（2020 年修订）等环保专项法为基石，以《排污许可管理条例》为核心，以配套部门规章为补充的排污许可法律法规体系。相关法律法规对排污单位的要求和法律责任如下所述。

2.4.2.1 《环境保护法》（2014 年修订）中的相关规定

“第四十五条　国家依照法律规定实行排污许可管理制度。

实行排污许可管理的企业事业单位和其他生产经营者应当按照排污许可证的要求排放污染物；未取得排污许可证的，不得排放污染物。

第六十三条　企业事业单位和其他生产经营者有下列行为之一，尚不构成犯罪的，除依照有关法律法规规定予以处罚外，由县级以上人民政府环境保护主管部门或者其他有关部门将案件移送公安机关，对其直接负责的主管人员和其他直接责任人员，处十日以上十五日以下拘留；情节较轻的，处五日以上十日以下拘留……（二）违反法律规定，未取得排污许可证排放污染物，被责令停止排污，拒不执行的。……”

2.4.2.2 《大气污染防治法》（2018 年修正）中的相关规定

“第十九条　排放工业废气或者本法第七十八条规定名录中所列有毒有害大气污染物的企业事业单位、集中供热设施的燃煤热源生产运营单位以及其他依法实行排污许可管理的单位，应当取得排污许可证。排污许可的具体办法和实施步骤由国务院规定。

第九十九条　违反本法规定，有下列行为之一的，由县级以上人民政府生态环境主管部门责令改正或者限制生产、停产整治，并处十万元以上一百万元以下的罚款；情节严重的，报经有批准权的人民政府批准，责令停业、关闭：

（一）未依法取得排污许可证排放大气污染物的；……

第一百二十三条　违反本法规定，企业事业单位和其他生产经营者有下列行为之一，受到罚款处罚，被责令改正，拒不改正的，依法作出处罚决定的行政机关可以自责令改正之日的次日起，按照原处罚数额按日连续处罚：

（一）未依法取得排污许可证排放大气污染物的；……”

2.4.2.3 《水污染防治法》（2017 年修正）中的相关规定

“第二十一条　直接或者间接向水体排放工业废水和医疗污水以及其他按照规定应当取得排污许可证方可排放的废水、污水的企业事业单位和其他生产经营者，应当取得排污许可证；城镇污水集中处理设施的运营单位，也应当取得排污许可证。排污许可证应当明确排放水污染物的种类、浓度、总量和排放去向等要求。排污许可的具体办法由国务院规定。

禁止企业事业单位和其他生产经营者无排污许可证或者违反排污许可证的规定向水体排放前款规定的废水、污水。

第八十三条　违反本法规定，有下列行为之一的，由县级以上人民政府环境保护主管部门责令改正或者责令限制生产、停产整治，并处十万元以上一百万元以下的罚款；情节严重的，报经有批准权的人民政府批准，责令停业、关闭：

（一）未依法取得排污许可证排放水污染物的……"

2.4.2.4 《土壤污染防治法》（2018 年）中的相关规定

"第二十一条　设区的市级以上地方人民政府生态环境主管部门应当按照国务院生态环境主管部门的规定，根据有毒有害物质排放等情况，制定本行政区域土壤污染重点监管单位名录，向社会公开并适时更新。

土壤污染重点监管单位应当履行下列义务：

（一）严格控制有毒有害物质排放，并按年度向生态环境主管部门报告排放情况；

（二）建立土壤污染隐患排查制度，保证持续有效防止有毒有害物质渗漏、流失、扬散；

（三）制定、实施自行监测方案，并将监测数据报生态环境主管部门。

前款规定的义务应当在排污许可证中载明。……"

2.4.2.5 《固体废物污染环境防治法》（2020 年修订）中的相关规定

"第三十九条　产生工业固体废物的单位应当取得排污许可证。排污许可的具体办法和实施步骤由国务院规定。

产生工业固体废物的单位应当向所在地生态环境主管部门提供工业固体废物的种类、数量、流向、贮存、利用、处置等有关资料，以及减少工业固体废物产生、促进综合利用的具体措施，并执行排污许可管理制度的相关规定。

第七十八条　……产生危险废物的单位已经取得排污许可证的，执行排污许可管理制度的规定。

第一百零四条　违反本法规定，未依法取得排污许可证产生工业固体废物的，由生态环境主管部门责令改正或者限制生产、停产整治，处十万元以上一百万元以下的罚款；情节严重的，报经有批准权的人民政府批准，责令停业或者关闭。”

2.4.2.6 《排污许可管理条例》（2021 年）中的相关规定

（1）关于持证排污的法律要求及法律责任

①法律法规要求

“第二条 依照法律规定实行排污许可管理的企业事业单位和其他生产经营者（以下称排污单位），应当依照本条例规定申请取得排污许可证；未取得排污许可证的，不得排放污染物。……

第六条 排污单位应当向其生产经营场所所在地设区的市级以上地方人民政府生态环境主管部门（以下称审批部门）申请取得排污许可证。

排污单位有两个以上生产经营场所排放污染物的，应当按照生产经营场所分别申请取得排污许可证。”

②法律责任

“第三十三条 违反本条例规定，排污单位有下列行为之一的，由生态环境主管部门责令改正或者限制生产、停产整治，处 20 万元以上 100 万元以下的罚款；情节严重的，报经有批准权的人民政府批准，责令停业、关闭：

（一）未取得排污许可证排放污染物；

……

（三）被依法撤销、注销、吊销排污许可证后排放污染物；……

第四十条 排污单位以欺骗、贿赂等不正当手段申请取得排污许可证的，由审批部门依法撤销其排污许可证，处 20 万元以上 50 万元以下的罚款，3 年内不得再次申请排污许可证。

第四十一条 违反本条例规定，伪造、变造、转让排污许可证的，由生态环境主管部门没收相关证件或者吊销排污许可证，处 10 万元以上 30 万元以下的罚款，3 年内不得再次申请排污许可证。

第四十四条 排污单位有下列行为之一，尚不构成犯罪的，除依照本条例规定予以处罚外，对其直接负责的主管人员和其他直接责任人员，依照《中华人民共和国环境保护法》的规定处以拘留：

（一）未取得排污许可证排放污染物，被责令停止排污，拒不执行；……”

（2）关于填报排污登记表的法律要求及法律责任

①法律要求

“第二十四条 污染物产生量、排放量和对环境的影响程度都很小的企业事业单位和其他生产经营者，应当填报排污登记表，不需要申请取得排污许可证。

……

需要填报排污登记表的企业事业单位和其他生产经营者，应当在全国排污许可证管理信息平台上填报基本信息、污染物排放去向、执行的污染物排放标准以及采取的污染防治措施等信息；填报的信息发生变动的，应当自发生变动之日起20日内进行变更填报。”

②法律责任

“第四十三条 需要填报排污登记表的企业事业单位和其他生产经营者，未依照本条例规定填报排污信息的，由生态环境主管部门责令改正，可以处5万元以下的罚款。”

（3）关于排污许可证延续、变更、重新申请的法律要求及法律责任

①法律要求

“第十四条 排污许可证有效期为5年。

排污许可证有效期届满，排污单位需要继续排放污染物的，应当于排污许可证有效期届满60日前向审批部门提出申请。审批部门应当自受理申请之日起20日内完成审查；对符合条件的予以延续，对不符合条件的不予延续并书面说明理由。

排污单位变更名称、住所、法定代表人或者主要负责人的，应当自变更之日起30日内，向审批部门申请办理排污许可证变更手续。

第十五条 在排污许可证有效期内，排污单位有下列情形之一的，应当重新申请取得排污许可证：

（一）新建、改建、扩建排放污染物的项目；

（二）生产经营场所、污染物排放口位置或者污染物排放方式、排放去向发生变化；

（三）污染物排放口数量或者污染物排放种类、排放量、排放浓度增加。

第十六条 排污单位适用的污染物排放标准、重点污染物总量控制要求发生

变化，需要对排污许可证进行变更的，审批部门可以依法对排污许可证相应事项进行变更。”

②法律责任

“第三十三条 违反本条例规定，排污单位有下列行为之一的，由生态环境主管部门责令改正或者限制生产、停产整治，处20万元以上100万元以下的罚款；情节严重的，报经有批准权的人民政府批准，责令停业、关闭：……

（二）排污许可证有效期届满未申请延续或者延续申请未经批准排放污染物；

……

（四）依法应当重新申请取得排污许可证，未重新申请取得排污许可证排放污染物。”

2.4.3 排污许可制度的实施

经过改革后的排污许可制度在环境管理中的地位明显提升，成为固定污染源环境管理的核心制度。按照《排污许可管理条例》梳理的排污许可制度的实施流程如图2-6所示，主要分为申请、受理、核发、证后管理和监督检查。排污许可管理主要通过全国排污许可管理信息平台实施。

2.4.3.1 申请

（1）判断管理类别和申请部门

排污单位按照最新版《固定污染源排污许可分类管理名录》《国民经济行业分类》，结合生产工艺特征判断本单位是否属于排污许可管理范围。目前最新版《固定污染源排污许可分类管理名录》为2019年版本，不属于其管理范围的，不需要实施排污许可管理；属于其管理范围的，应按照目录指引确定管理类别。其中，重点管理和简化管理需要申领排污许可证；登记管理不需要申领排污许可证，只需要登记信息获得登记回执。

排污单位应当向其生产经营场所所在地设区的市级以上地方人民政府生态环境主管部门（以下称审批部门）申请取得排污许可证。排污单位有两个以上生产经营场所排放污染物的，应当按照生产经营场所分别申请取得排污许可证。

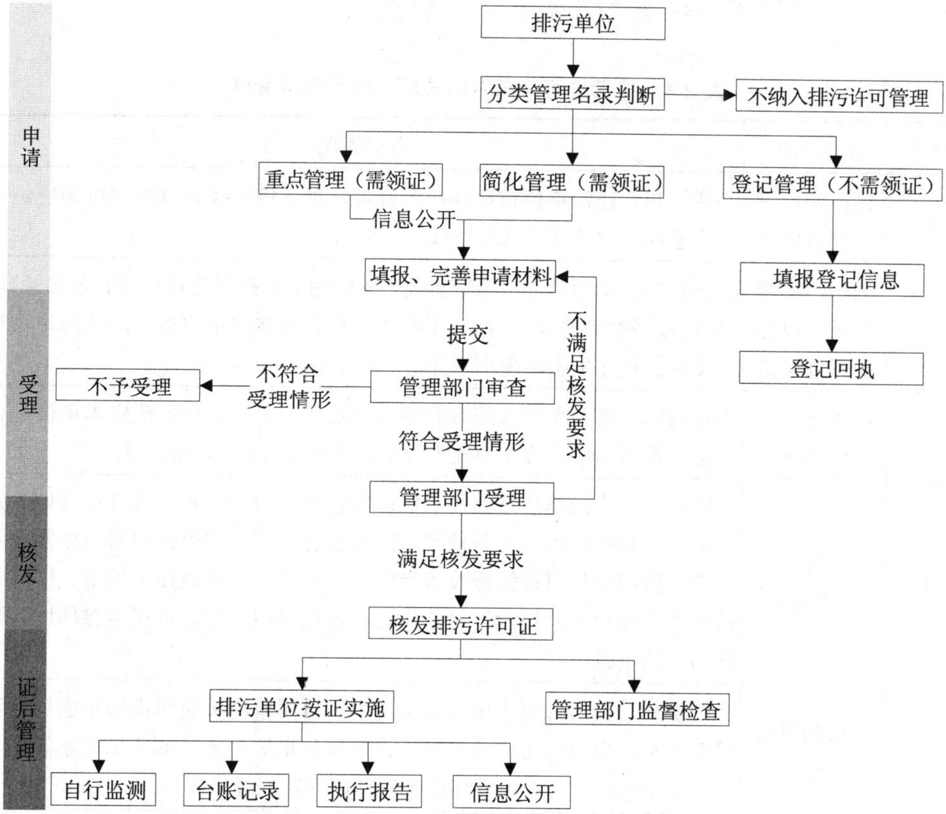

图 2-6　排污许可管理流程

（2）学习法律法规、技术规范、标准、指南

明确管理类别后，需依规开展排污许可的申请、证后管理和监管工作，依规就是要按照管理部门发布的法律法规、技术规范、标准、指南等文件开展排污许可管理的各项工作。排污许可申请需学习的法规、技术资料清单见表 2-1，以供参考。

排污许可证申请与核发技术规范是指导排污单位填报排污许可申请表的核心技术文件。有行业排污许可证申请与核发技术规范的，执行行业技术规范，无行业技术规范的，执行《排污许可证申请与核发技术规范　总则》；行业涉及通用工序的，执行通用工序排污许可证申请与核发技术规范，4 个通用工序分别为：锅炉、工业炉窑、表面处理、水处理。

表 2-1　排污许可申请中的法规、技术资料清单

序号	资料名称	资料说明
1	排污许可管理条例	必要资料。排污单位按照《排污许可管理条例》执行排污许可制度。可在生态环境主管部门网站下载
2	固定污染源排污许可分类管理名录	必要资料。排污单位按照最新版《固定污染源排污许可分类管理名录》、《国民经济行业分类》，结合生产工艺特征确定本单位对应的排污许可管理类别。可在生态环境主管部门网站下载
3	重点排污单位名录	必要资料。排污单位按照最新版《重点排污单位名录》确定本单位是否为重点排污单位。可在当地市级生态环境主管部门网站下载
4	技术规范与技术指南	必要资料。排污单位按照技术规范与技术指南填报和实施排污许可的具体事项。相关技术规范与技术指南主要有：排污许可证申请与核发技术规范、排污单位自行监测技术指南、污染防治可行性技术指南、排污单位环境管理台账及排污许可证执行报告技术规范等。可在生态环境主管部门网站下载
5	污染物排放标准	必要资料。排污许可申请表必填内容。排污单位按照污染物排放标准和管理要求，确定许可排放浓度、许可排放量等内容，部分单位还需参考环境质量标准。可在生态环境主管部门网站下载
6	其他资料	收集排污许可管理相关培训视频、培训课件、培训教材等学习资料

（3）收集和制作排污许可申报资料

排污许可证申请表内容主要按照技术规范确定，申报技术规范所载内容，需要收集足够的支撑资料，并按要求进行整理、制作。根据《排污许可管理条例》中明确的排污许可证申请表应包括的内容，确定排污单位填报排污许可申请表前应收集准备的资料见表 2-2，以供参考。

表 2-2　排污许可申请资料收集和制作清单

序号	资料名称	资料说明
1	营业执照	必要资料。含排污单位名称、住所、法定代表人或者主要负责人、生产经营场所所在地、统一社会信用代码等信息

序号	资料名称	资料说明
2	环境影响评价审批文件	必要资料。如缺少建设项目环境影响报告书（表）批准文件或者环境影响登记表备案材料，则应提供经地方管理部门依法处理、整顿规范并符合要求的相关证明材料
3	生产信息	必要资料。主要生产设施、主要产品及产能、主要原辅材料、燃料信息、产生和排放污染物环节等信息，及其是否涉及商业秘密等不宜公开情形的情况说明
4	污染物排放信息	必要资料。按照污染物排放口、主要生产设施或者车间、申请的污染物排放种类、排放浓度和排放量，执行的污染物排放标准、重点污染物排放总量控制指标
5	污染物治理信息	必要资料。污染防治设施、污染物排放口位置和数量，污染物排放方式、排放去向、自行监测方案等信息
6	厂区总平面布置图	必要资料。绘制含有所有生产单元、污染防治设施、污水管网、雨水管网等信息的排污单位生产厂区总平面布置图
7	自行监测方案	必要资料。按照技术规范和技术指南要求制定排污单位自行监测方案，并绘制监测布点图
8	排污口规范化说明	必要资料。按照技术规范和技术指南要求，结合排污单位实际，编制排污口规范化说明
9	承诺书	必要资料。在"全国排污许可证管理信息平台"下载模板，法定代表人或主要负责人签字、盖章
10	信息公开情况说明	属于实行排污许可重点管理的，排污单位在提出申请前已通过全国排污许可证管理信息平台公开单位基本信息、拟申请许可事项的说明材料。样表可在"全国排污许可证管理信息平台"下载
11	许可排放量计算过程	有许可排放量要求的排放口，应根据排污许可证申请与核发技术规范核算许可排放量，并提供完整的计算过程
12	污染防治措施可行性证明材料	排污单位采用的污染防治措施不是技术规范规定的可行性技术措施，应提供污染防治措施可行性证明材料。有资质单位出具的监测报告是比较常见的证明材料
13	污水集中处理设施信息	属于城镇和工业污水集中处理设施的，排污单位的纳污范围、管网布置、最终排放去向等说明材料
14	总量控制文件	属于排放重点污染物的新建、改建、扩建项目以及实施技术改造项目的，排污单位通过污染物排放量削减替代获得重点污染物排放总量控制指标的说明材料
15	技术报告	重要资料。技术报告中可能含有排污单位系统的环境管理信息，常见的相关技术报告有环境影响评价报告书（表）、建设项目竣工环境保护验收报告和意见、污染防治设施设计资料等
16	其他资料	如排污单位名称变更材料、生产制度信息等

（4）注册、填报和提交排污许可申请资料

排污单位在“全国排污许可证管理信息平台”上注册、填报申请排污许可证，排污许可申请表主要填报内容参照排污许可申请与核发技术规范，主要内容为：排污单位基本信息、主要产品及产能、主要原辅材料及燃料信息、产排污环节和污染物及污染治理设施、产排污环节对应排放口及许可排放限值确定方法、可行技术要求、自行监测管理要求、环境管理台账及排污许可证执行报告编制要求等方面。具体填报要求参照行业排污许可申请与核发技术规范。

其中排污登记类由排污单位在平台申报后自动完成登记并打印；排污许可证在“全国排污许可证管理信息平台”填报申请后，需提交通过平台印制的书面申请材料后由相应生态环境主管部门予以核发。

实行重点管理的排污单位在提交申请材料前，需要将承诺书、基本信息以及拟申请的许可事项在“全国排污许可证管理信息平台”向社会公开，公开时间不少于 5 个工作日。申请前信息公开结束后，排污单位在全国排污许可证管理信息平台上填写“排污许可证申领信息公开情况说明表”，并按照平台业务办理流程，将相关申请材料一并提交。同时向生态环境主管部门提交通过全国排污许可证管理信息平台印制的书面申请材料。

2.4.3.2 受理

审批部门对收到的排污许可证申请，应当根据不同情形分别做如下处理：

①依法不需要申请取得排污许可证的，应当即时告知不需要申请取得排污许可证。

②不属于本审批部门职权范围的，应当即时作出不予受理的决定，并告知排污单位向有审批权的生态环境主管部门申请。

③申请材料存在可以当场更正的错误的，应当允许排污单位当场更正。

④申请材料不齐全或者不符合法定形式的，应当当场或者在 3 日内出具告知单，一次性告知排污单位需要补正的全部材料；逾期不告知的，自收到申请材料之日起即视为受理。

⑤属于本审批部门职权范围，申请材料齐全、符合法定形式，或者排污单位按照要求补正全部申请材料的，应当受理。

⑥审批部门应当在全国排污许可证管理信息平台上公开受理或者不予受理排污许可证申请的决定，同时向排污单位出具加盖本审批部门专用印章和注明日期的书面凭证。

⑦审批部门应当对排污单位提交的申请材料进行审查，并可以对排污单位的生产经营场所进行现场核查。

⑧审批部门可以组织技术机构对排污许可证申请材料进行技术评估，并承担相应费用。技术机构应当对其提出的技术评估意见负责，不得向排污单位收取任何费用。

2.4.3.3　核发

（1）对具备下列条件的排污单位，审批部门颁发排污许可证

①依法取得建设项目环境影响报告书（表）批准文件，或者已经办理环境影响登记表备案手续。

②污染物排放符合污染物排放标准要求，重点污染物排放符合排污许可证申请与核发技术规范、环境影响评价报告书（表）批准文件、重点污染物排放总量控制要求。其中，排污单位生产经营场所位于未达到国家环境质量标准的重点区域、流域的，还应当符合有关地方人民政府关于改善生态环境质量的特别要求。

③采用污染防治设施可以达到许可排放浓度要求或者符合污染防治可行技术。

④自行监测方案的监测点位、指标、频次等符合国家自行监测规范。

（2）审批部门审批时限

对实行排污许可简化管理的排污单位，审批部门应当自受理申请之日起 20 日内作出审批决定；对符合条件的颁发排污许可证，对不符合条件的不予许可并书面说明理由。

对实行排污许可重点管理的排污单位，审批部门应当自受理申请之日起 30 日内作出审批决定；需要进行现场核查的，应当自受理申请之日起 45 日内作出审批决定；对符合条件的颁发排污许可证，对不符合条件的不予许可并书面说明理由。

（3）排污许可证记载下列信息

①排污单位名称、住所、法定代表人或者主要负责人、生产经营场所所在地等；

②排污许可证有效期限、发证机关、发证日期、证书编号和二维码等；

③产生和排放污染物环节、污染防治设施等；

④污染物排放口位置和数量、污染物排放方式和排放去向等；

⑤污染物排放种类、许可排放浓度、许可排放量等；

⑥污染防治设施运行和维护要求、污染物排放口规范化建设要求等；

⑦特殊时段禁止或者限制污染物排放的要求；

⑧自行监测、环境管理台账记录、排污许可证执行报告的内容和频次等要求；

⑨排污单位环境信息公开要求；

⑩存在大气污染物无组织排放情形时的无组织排放控制要求；

⑪法律法规规定排污单位应当遵守的其他控制污染物排放的要求。

（4）排污许可证的延续、变更、重新申请

排污许可证有效期为 5 年。排污许可证有效期届满，排污单位需要继续排放污染物的，应当于排污许可证有效期届满 60 日前向审批部门提出申请。审批部门应当自受理申请之日起 20 日内完成审查；对符合条件的予以延续，对不符合条件的不予延续并书面说明理由。

排污单位变更名称、住所、法定代表人或者主要负责人的，应当自变更之日起 30 日内，向审批部门申请办理排污许可证变更手续。排污单位适用的污染物排放标准、重点污染物总量控制要求发生变化，需要对排污许可证进行变更的，审批部门可以依法对排污许可证相应事项进行变更。

在排污许可证有效期内，排污单位有下列情形之一的，应当重新申请取得排污许可证：

①新建、改建、扩建排放污染物的项目；

②生产经营场所、污染物排放口位置或者污染物排放方式、排放去向发生变化；

③污染物排放口数量或者污染物排放种类、排放量、排放浓度增加。

2.4.3.4　证后管理

排污许可证是对排污单位进行生态环境监管的主要依据。排污单位应当遵守排污许可证规定，按照生态环境管理要求运行和维护污染防治设施，建立环境管理制度，严格控制污染物排放。《排污许可管理条例》对排污单位证后管理的要求主要包括自行监测、执行报告、台账记录、信息公开等方面的内容，具体排污单位证后管理的操作指南内容详见本书第 3 章。

2.4.3.5　监督检查

（1）线上和线下监督检查

生态环境主管部门加强对排污许可的事中事后监管，将排污许可执法检查纳入生态环境执法年度计划，根据排污许可管理类别、排污单位信用记录和生态环境管理需要等因素，合理确定检查频次和检查方式。

排污单位应当配合生态环境主管部门监督检查，如实反映情况，并按照要求提供排污许可证、环境管理台账记录、排污许可证执行报告、自行监测数据等相关材料。禁止伪造、变造、转让排污许可证。

生态环境主管部门可以通过全国排污许可证管理信息平台监控排污单位的污染物排放情况，发现排污单位的污染物排放浓度超过许可排放浓度的，应当要求排污单位提供排污许可证、环境管理台账记录、排污许可证执行报告、自行监测数据等相关材料进行核查，必要时可以组织开展现场监测。

（2）执法依据

生态环境主管部门根据行政执法过程中收集的监测数据以及排污单位的排污许可证、环境管理台账记录、排污许可证执行报告、自行监测数据等相关材料，对排污单位在规定周期内的污染物排放量，以及排污单位污染防治设施运行和维护是否符合排污许可证规定进行核查。

生态环境主管部门依法通过现场监测、排污单位污染物排放自动监测设备、全国排污许可证管理信息平台获得的排污单位污染物排放数据，作为判定污染物排放浓度是否超过许可排放浓度的证据。

排污单位自行监测数据与生态环境主管部门及其所属监测机构在行政执法过程中收集的监测数据不一致的，以生态环境主管部门及其所属监测机构收集的监测数据作为行政执法依据。

国家鼓励排污单位采用污染防治可行技术。排污单位未采用污染防治可行技术的，生态环境主管部门应当根据排污许可证、环境管理台账记录、排污许可证执行报告、自行监测数据等相关材料，以及生态环境主管部门及其所属监测机构在行政执法过程中收集的监测数据，综合判断排污单位采用的污染防治技术能否稳定达到排污许可证规定；对不能稳定达到排污许可证规定的，应当提出整改要求，并可以增加检查频次。

（3）执法信息公开

生态环境主管部门在全国排污许可证管理信息平台上记录执法检查时间、内容、结果以及处罚决定，同时将处罚决定纳入国家有关信用信息系统向社会公布。

2.4.4　排污许可管理制度与其他制度的衔接

在排污许可制度体系建设过程中，按照《国务院办公厅关于印发〈控制污染物排放许可制实施方案〉的通知》（国办发〔2016〕81 号）要求，排污许可制衔接环境影响评价管理制度，融合总量控制制度，为排污收费、环境统计、排污权交易等工作提供统一的污染物排放数据，减少重复申报，减轻企事业单位负担，提高管理效能。2020 年 12 月 25 日发布的《生态环境部办公厅关于印发〈关于构建以排污许可制为核心的固定污染源监管制度体系实施方案〉的通知》（环办环评函〔2020〕725 号），明确要求深度促进生态环境管理制度全联动，推动环境影响评价制度衔接融合，加强总量控制制度衔接，加强生态环境统计制度衔接，积极探索其他环境管理制度衔接。

2.4.4.1　排污许可制度与环境影响评价制度如何衔接

《国务院办公厅关于印发〈控制污染物排放许可制实施方案〉的通知》（国办发〔2016〕81 号）明确了排污许可制与环境影响评价制度衔接的总要求：环境影响评价制度是建设项目的环境准入门槛，排污许可制是企事业单位生产运营期排污的法律依据，必须做好充分衔接，实现从污染预防到污染治理和排放控制的全过程监管。

在《排污许可管理条例》（国务院令　第 736 号）、《关于做好环境影响评价制度与排污许可制衔接相关工作的通知》（环办环评〔2017〕84 号）、《关于开展环评与排污许可信息化衔接试点工作的通知》（环办环评〔2019〕386 号）、《生态环境部办公厅关于印发〈关于构建以排污许可制为核心的固定污染源监管制度体系实施方案〉的通知》（环办环评函〔2020〕725 号）等文件中，均明确了两项制度的衔接内容。

（1）在分类管理方面

通过强化《建设项目环境影响评价分类管理名录》和《固定污染源排污许可分类管理名录》的有效衔接，按照建设项目对环境的影响程度、污染物产生量和排放量，实行统一分类管理，推动管理类别衔接。纳入排污许可管理的建设项目，可能造成重大环境影响、应当编制环境影响报告书的，原则上实行排污许可重点管理；可能造成轻度环境影响、应当编制环境影响报告表的，原则上实行排污许可简化管理。

（2）在审批程序方面

建设项目环境影响报告书（表）的审查，结合排污许可证申请与核发技术规范，核定建设项目的产排污环节、污染物种类及污染防治设施和措施等基本信息；在申请改、扩建项目环境影响报告书（表）时，依法提交有关现有工程排污许可证执行报告。

新建项目发生实际排污行为之前，排污单位应当按照国家环境保护相关法律法规以及排污许可证申请与核发技术规范要求申请排污许可证，不得无证排污或不按证排污；环境影响评价制度是建设项目的环境准入门槛，是申请排污许可证的前提和重要依据，建设项目环境影响报告书（表）批准文件或者环境影响登记表备案材料应作为申请发证的材料之一。

建设项目涉及“上大压小”“区域（总量）替代”等措施的，环境影响评价审批部门应当审查总量指标来源，依法依规应当取得排污许可证的被替代或关停企业，须明确其排污许可证编码及污染物替代量。排污许可证核发部门应按照环境影响报告书（表）审批文件要求，变更或注销被替代或关停企业的排污许可证。应当取得排污许可证但未取得的企业，不予计算其污染物替代量。

组织地方开展环境影响评价审批、排污许可证核发“两证合一”行政审批制度改革试点，启动工业类建设项目环境影响评价报告表与简化管理排污许可证衔接试点。

（3）在相关内容方面

2015 年 1 月 1 日（含）后获得批准的建设项目，其环境影响报告书（表）以及审批文件中与污染物排放相关的主要内容应当纳入排污许可证；重点污染物排放需符合排污许可证申请与核发技术规范、环境影响报告书（表）批准文件、重点污染物排放总量控制要求。

改、扩建项目的环境影响评价，应当将排污许可证执行情况作为现有工程回顾评价的主要依据；排污许可证执行报告、台账记录以及自行监测执行情况等应作为开展建设项目环境影响后评价的重要依据。

完善建设项目环境影响评价审批基础清单，实现环境影响评价文件及其批复中与污染物排放相关的主要内容全部纳入排污许可证。组织做好环境影响评价技术导则与排污许可证申请与核发技术规范有机衔接，保障污染物排放量测算技术方法统一、环境保护管理要求协调。加强从污染预防到污染治理和排放控制的全过程监管，逐步实现“一套衔接方案、一套登记目录、一套排放清单、一套测算方法、一套监管办法”的管理模式。

2.4.4.2 排污许可制度与其他环境管理制度如何衔接

《国务院办公厅关于印发〈控制污染物排放许可制实施方案〉的通知》（国办发〔2016〕81 号）要求建立健全企事业单位污染物排放总量控制制度。改变单纯以行政区域为单元分解污染物排放总量指标的方式和总量减排核算考核办法，通过实施排污许可制，落实企事业单位污染物排放总量控制要求，逐步实现由行政区域污染物排放总量控制向企事业单位污染物排放总量控制转变，控制的范围逐渐统一到固定污染源。环境质量不达标地区，要通过提高排放标准或加严许可排放量等措施，对企事业单位实施更为严格的污染物排放总量控制，推动改善环境质量。扩展总量控制指标，继续强化二氧化硫、氮氧化物、化学需氧量和氨氮四项主要污染物减排，分行业推动实施颗粒物、总磷、总氮、重金属、VOCs 的排污总量控制。《排污许可管理条例》（国务院令　第 736 号）明确排污许可证执行报告中报告的污染物排放量可以作为年度生态环境统计、重点污染物排放总量考核、污染源排放清单编制的依据。《生态环境部办公厅印发〈关于构建以排污许可制为核心的固定污染源监管制度体系实施方案〉的通知》（环办环评函〔2020〕725 号）要求将有关总量控制及减排要求纳入排污许可证，将符合要求的排污许可证执行报告中主要污染物实际排放量数据作为总量减排核算依据。建立达标区域和非达标区域等量削减或倍量削减制度，将污染物排放量削减要求纳入排污许可证。

《国务院办公厅关于印发〈控制污染物排放许可制实施方案〉的通知》（国办发〔2016〕81 号）要求排污许可制度与其环境保护税有机衔接，交换共享企事业单位实际排放数据与纳税申报数据，引导企事业单位按证排污并诚信纳税。要求提高管理信息化水平，建成全国排污许可证管理信息平台，形成的实际排放数据作为环境保护部门排污收费、环境统计、污染源排放清单等各项固定污染源环境管理的数据来源。2018 年修正的《环境保护税法》要求生态环境主管部门和税务机关应当建立涉税信息共享平台和工作配合机制。生态环境主管部门应当将排污单位的排污许可、污染物排放数据、环境违法和受行政处罚情况等环境保护相关信息，定期交送税务机关。税务机关应当将纳税人的纳税申报、税款入库、减免税额、欠缴税款以及风险疑点等环境保护税涉税信息，定期交送生态环境主管部门。《生态环境部办公厅关于印发〈关于构建以排污许可制为核心的固定污染源监管制度体系实施方案〉的通知》（环办环评函〔2020〕725 号）要求逐步将排污许可证执行报告作为固定污染源统计的主要来源。深化入河入海排污口设置管理改革，探索入河入海排污口设置与排污许可管理衔接路径与内容。启动温室气体环境管理与排污许可制度衔接探索研究，完善重点行业温室气体技术规范体系，推动健全温室气体排放控制相关制度。组织开展危险废物环境许可证与排污许可证衔接试点研究。

排污许可制度与总量控制制度的整合思路已经成熟，但与环境保护税、排污权交易和环境统计等制度的关联仍需进一步探索。

2.5　突发环境事件应急管理制度

2.5.1　突发环境事件应急管理预案制度介绍

2.5.1.1　突发环境事件应急预案的定义

为深入贯彻落实科学发展观，有效防范和妥善应对突发环境事件，保障人民群众生命财产安全和环境安全，促进经济全面、协调、可持续发展和社会和谐，推进生态文明建设，特制定突发环境事件应急预案管理制度。

突发环境事件是指由于污染物排放或自然灾害、生产安全事故等因素，导致污染物或放射性物质等有毒有害物质进入大气、水体、土壤等环境介质，突然造成或可能造成环境质量下降，危及公众身体健康和财产安全，或造成生态环境破坏，或造成重大社会影响，需要采取紧急措施予以应对的事件，主要包括大气污染、水体污染、土壤污染等突发性环境污染事件和辐射污染事件。

环境应急预案是指企业为了在应对各类事故、自然灾害时，采取紧急措施，避免或最大限度减少污染物或其他有毒有害物质进入厂界外大气、水体、土壤等环境介质，而预先制定的工作方案。

环境应急预案评审是指制定环境应急预案的企业，组织专家和可能受影响的居民代表、单位代表，对环境应急预案及其相关文件进行评议和审查，必要时进行现场查看核实，以发现环境应急预案中存在的缺陷，为企业审议、批准环境应急预案提供依据而进行的活动。

2.5.1.2 突发环境事件应急预案的发展历程

2005 年 1 月 26 日，国务院第 79 次常务会议通过了《国家突发公共事件总体应急预案》，于 2006 年 1 月 8 日发布并实施，明确提出了应对各类突发公共事件的 6 条工作原则：以人为本，减少危害；居安思危，预防为主；统一领导，分级负责；依法规范，加强管理；快速反应，协同应对；依靠科技，提高素质。

2005 年 5 月 24 日，为健全突发环境事件应对工作机制，科学、有序、高效地应对突发环境事件，保障人民群众生命财产安全和环境安全，促进社会全面、协调、可持续发展，经国务院批准、由国务院办公厅印发实施了《国家突发环境事件应急预案》。

2007 年 8 月 30 日，《突发事件应对法》由第十届全国人民代表大会常务委员会第 29 次会议于 2007 年 8 月 30 日审议通过，自 2007 年 11 月 1 日起施行。该法实施对于提高全社会应对突发事件的能力，及时有效控制、减轻和消除突发事件引起的严重社会危害，保护人民生命财产安全，维护国家安全、公共安全、环境安全和社会制度，构建社会主义和谐社会，具有重要意义。

2010 年 9 月 28 日，为规范突发环境事件应急预案管理，完善环境应急预案体系，增强突发环境事件应急预案的科学性、实效性和可操作性，根据《中华人民共和国突发事件应对法》《国家突发公共事件总体应急预案》《国家突发环境事件应急预案》及相关环境保护法律、法规，环境保护部制定了《突发环境事件应急预案管理暂行办法》（环发〔2010〕113 号）。

2011 年 3 月 24 日，为规范突发环境事件信息报告工作，提高环境保护主管部门应对突发环境事件的能力，切实保障人民群众生命健康和财产安全，环境保护部颁布了《突发环境事件信息报告办法》（环境保护部令　第 17 号），自 2011 年 5 月 1 日起施行。

2013 年 10 月 25 日，为规范突发事件应急预案管理，增强应急预案的针对性、实用性和可操作性，依据《突发事件应对法》等法律、行政法规，国务院办公厅印发了《突发事件应急预案管理办法》（国办发〔2013〕101 号）。

2014 年 4 月 3 日，为贯彻落实《突发事件应急预案管理办法》（国办发〔2013〕101 号），环境保护部办公厅组织编制了《企业突发环境事件风险评估指南（试行）》（环办〔2014〕34 号）。

2014 年 12 月 15 日，为规范突发环境事件调查处理程序，环境保护部部务会议审议通过了《突发环境事件调查处理办法》（环境保护部令　第 32 号），自 2015 年 3 月 1 日起施行。

2014 年 12 月 29 日，国务院办公厅发布《国务院办公厅关于印发国家突发环境事件应急预案的通知》（国办函〔2014〕119 号），印发修订后的《国家突发环境事件应急预案》，2005 年 5 月 24 日经国务院批准、由国务院办公厅印发的《国家突发环境事件应急预案》同时废止。

2015 年 1 月 8 日，为贯彻落实《环境保护法》，加强对企业事业单位突发环境事件应急预案的备案管理，夯实政府和部门环境应急预案编制基础，根据《环境保护法》《突发事件应对法》等法律法规以及国务院办公厅印发的《突发事件应急预案管理办法》等文件，环境保护部组织编制了《企业事业单位突发环境事件应急预案备案管理办法（试行）》（环发〔2015〕4 号）。

2015 年 3 月 19 日，《突发环境事件应急管理办法》（环境保护部令　第 34 号）

由环境保护部部务会议通过，自 2015 年 6 月 5 日起施行。《突发环境事件应急管理办法》进一步明确了环保部门和企业事业单位在突发环境事件应急管理工作中的职责定位，从风险控制、应急准备、应急处置和事后恢复 4 个环节构建全过程突发环境事件应急管理体系，规范工作内容，理顺工作机制，并根据突发事件应急管理的特点和需求，设置了信息公开专章，充分发挥舆论宣传和媒体监督作用。

2016 年 12 月 12 日，为贯彻《突发环境事件应急管理办法》，落实企业环境安全主体责任，指导企业开展突发环境事件隐患排查与治理工作，环境保护部办公厅制定了《企业突发环境事件隐患排查与治理工作指南（试行）》。

2018 年 1 月 30 日，为指导企业事业单位做好突发环境事件应急预案评审工作，环境保护部组织编制了《企业事业单位突发环境事件应急预案评审工作指南（试行）》。

2.5.2 相关法律法规要求和法律责任

目前企业开展突发环境事件应急预案相关工作，常用的相关法律和政策依据包括：《环境保护法》（2014 年修正）、《固体废物污染环境防治法》（2020 年修订）、《突发环境事件应急预案管理暂行办法》（环发〔2010〕113 号）、《企业事业单位突发环境事件应急预案备案管理办法（试行）》（环发〔2015〕4 号）、《突发环境事件应急管理办法》（环境保护部令　第 34 号）。相关法律法规对企业的要求和法律责任如下所述。

2.5.2.1 《环境保护法》（2014 年修正）

“第四十七条　各级人民政府及其有关部门和企业事业单位，应当依照《中华人民共和国突发事件应对法》的规定，做好突发环境事件的风险控制、应急准备、应急处置和事后恢复等工作。

县级以上人民政府应当建立环境污染公共监测预警机制，组织制定预警方案；环境受到污染，可能影响公众健康和环境安全时，依法及时公布预警信息，启动应急措施。

企业事业单位应当按照国家有关规定制定突发环境事件应急预案，报环境保护主管部门和有关部门备案。在发生或者可能发生突发环境事件时，企业事业单位应当立即采取措施处理，及时通报可能受到危害的单位和居民，并向环境保护主管部门和有关部门报告。

突发环境事件应急处置工作结束后，有关人民政府应当立即组织评估事件造成的环境影响和损失，并及时将评估结果向社会公布。”

2.5.2.2 《固体废物污染环境防治法》（2020 年修订）

“第八十五条　产生、收集、贮存、运输、利用、处置危险废物的单位，应当依法制定意外事故的防范措施和应急预案，并向所在地生态环境主管部门和其他负有固体废物污染环境防治监督管理职责的部门备案；生态环境主管部门和其他负有固体废物污染环境防治监督管理职责的部门应当进行检查。

第一百一十二条　违反本法规定，有下列行为之一，由生态环境主管部门责令改正，处以罚款，没收违法所得；情节严重的，报经有批准权的人民政府批准，可以责令停业或者关闭……（十二）未制定危险废物意外事故防范措施和应急预案的……

有前款第一项、第二项、第五项、第六项、第七项、第八项、第九项、第十二项、第十三项行为之一，处十万元以上一百万元以下的罚款。”

2.5.2.3 《突发环境事件应急预案管理暂行办法》（环发〔2010〕113 号）

“第七条　向环境排放污染物的企业事业单位，生产、贮存、经营、使用、运输危险物品的企业事业单位，产生、收集、贮存、运输、利用、处置危险废物的企业事业单位，以及其他可能发生突发环境事件的企业事业单位，应当编制环境应急预案。

第十五条　企业事业单位编制的环境应急预案，应当在本单位主要负责人签署实施之日起 30 日内报所在地环境保护主管部门备案。国家重点监控企业的环境应急预案，应当在本单位主要负责人签署实施之日起 45 日内报所在地省级人民政府环境保护主管部门备案。

第二十五条　应当编制或者修订环境应急预案的企业事业单位不编制环境应急预案、不及时修订应急预案或者不按规定进行应急预案评估和备案的，由县级以上人民政府环境保护主管部门责令限期改正；逾期不改正的，依据有关法律、法规给予处罚。

第二十六条　环境保护主管部门或者企业事业单位不编制环境应急预案或者不执行环境应急预案，导致突发环境事件发生或者危害扩大的，依据国家有关规定对负有责任的主管人员和其他直接责任人员给予处分；构成犯罪的，依法追究刑事责任。”

2.5.2.4 《企业事业单位突发环境事件应急预案备案管理办法（试行）》（环发〔2015〕4号）

“第三条　环境保护主管部门对以下企业环境应急预案备案的指导和管理，适用本办法：

（一）可能发生突发环境事件的污染物排放企业，包括污水、生活垃圾集中处理设施的运营企业；

（二）生产、储存、运输、使用危险化学品的企业；

（三）产生、收集、贮存、运输、利用、处置危险废物的企业；

（四）尾矿库企业，包括湿式堆存工业废渣库、电厂灰渣库企业；

（五）其他应当纳入适用范围的企业。

核与辐射环境应急预案的备案不适用本办法。

省级环境保护主管部门可以根据实际情况，发布应当依法进行环境应急预案备案的企业名录。

第八条　企业是制定环境应急预案的责任主体，根据应对突发环境事件的需要，开展环境应急预案制定工作，对环境应急预案内容的真实性和可操作性负责。企业可以自行编制环境应急预案，也可以委托相关专业技术服务机构编制环境应急预案。委托相关专业技术服务机构编制的，企业指定有关人员全程参与。

第九条　环境应急预案体现自救互救、信息报告和先期处置特点，侧重明确现场组织指挥机制、应急队伍分工、信息报告、监测预警、不同情景下的应对流程和措施、应急资源保障等内容。

经过评估确定为较大以上环境风险的企业，可以结合经营性质、规模、组织体系和环境风险状况、应急资源状况，按照环境应急综合预案、专项预案和现场处置预案的模式建立环境应急预案体系。环境应急综合预案体现战略性，环境应急专项预案体现战术性，环境应急现场处置预案体现操作性。

跨县级以上行政区域的企业，编制分县域或者分管理单元的环境应急预案。

第十条　企业按照以下步骤制定环境应急预案：

（一）成立环境应急预案编制组，明确编制组组长和成员组成、工作任务、编制计划和经费预算。

（二）开展环境风险评估和应急资源调查。环境风险评估包括但不限于：分析各类事故衍化规律、自然灾害影响程度，识别环境危害因素，分析与周边可能受影响的居民、单位、区域环境的关系，构建突发环境事件及其后果情景，确定环境风险等级。应急资源调查包括但不限于：调查企业第一时间可调用的环境应急队伍、装备、物资、场所等应急资源状况和可请求援助或协议援助的应急资源状况。

（三）编制环境应急预案。按照本办法第九条要求，合理选择类别，确定内容，重点说明可能的突发环境事件情景下需要采取的处置措施、向可能受影响的居民和单位通报的内容与方式、向环境保护主管部门和有关部门报告的内容与方式，以及与政府预案的衔接方式，形成环境应急预案。编制过程中，应征求员工和可能受影响的居民和单位代表的意见。

（四）评审和演练环境应急预案。企业组织专家和可能受影响的居民、单位代表对环境应急预案进行评审，开展演练进行检验。评审专家一般应包括环境应急预案涉及的相关政府管理部门人员、相关行业协会代表、具有相关领域经验的人员等。

（五）签署发布环境应急预案。环境应急预案经企业有关会议审议，由企业主要负责人签署发布。

第十一条　企业根据有关要求，结合实际情况，开展环境应急预案的培训、宣传和必要的应急演练，发生或者可能发生突发环境事件时及时启动环境应急预案。

第十二条　企业结合环境应急预案实施情况，至少每三年对环境应急预案进行一次回顾性评估。有下列情形之一的，及时修订：

（一）面临的环境风险发生重大变化，需要重新进行环境风险评估的；

（二）应急管理组织指挥体系与职责发生重大变化的；

（三）环境应急监测预警及报告机制、应对流程和措施、应急保障措施发生重大变化的；

（四）重要应急资源发生重大变化的；

（五）在突发事件实际应对和应急演练中发现问题，需要对环境应急预案作出重大调整的；

（六）其他需要修订的情况。

对环境应急预案进行重大修订的，修订工作参照环境应急预案制定步骤进行。对环境应急预案个别内容进行调整的，修订工作可适当简化。

第十四条 企业环境应急预案应当在环境应急预案签署发布之日起 20 个工作日内，向企业所在地县级环境保护主管部门备案。县级环境保护主管部门应当在备案之日起 5 个工作日内将较大和重大环境风险企业的环境应急预案备案文件，报送市级环境保护主管部门，重大的同时报送省级环境保护主管部门。

跨县级以上行政区域的企业环境应急预案，应当向沿线或跨域涉及的县级环境保护主管部门备案。县级环境保护主管部门应当将备案的跨县级以上行政区域企业的环境应急预案备案文件，报送市级环境保护主管部门，跨市级以上行政区域的同时报送省级环境保护主管部门。

省级环境保护主管部门可以根据实际情况，将受理部门统一调整到市级环境保护主管部门。受理部门应及时将企业环境应急预案备案文件报送有关环境保护主管部门。

第十五条 企业环境应急预案首次备案，现场办理时应当提交下列文件：

（一）突发环境事件应急预案备案表；

（二）环境应急预案及编制说明的纸质文件和电子文件，环境应急预案包括：环境应急预案的签署发布文件、环境应急预案文本；编制说明包括：编制过程概述、重点内容说明、征求意见及采纳情况说明、评审情况说明；

（三）环境风险评估报告的纸质文件和电子文件；

（四）环境应急资源调查报告的纸质文件和电子文件；

（五）环境应急预案评审意见的纸质文件和电子文件。

提交备案文件也可以通过信函、电子数据交换等方式进行。通过电子数据交换方式提交的，可以只提交电子文件。

第十七条　建设单位制定的环境应急预案或者修订的企业环境应急预案，应当在建设项目投入生产或者使用前，按照本办法第十五条的要求，向建设项目所在地受理部门备案。

受理部门应当在建设项目投入生产或者使用前，将建设项目环境应急预案或者修订的企业环境应急预案备案文件，报送有关环境保护主管部门。

建设单位试生产期间的环境应急预案，应当参照本办法第二章的规定制定和备案。

第十八条　企业环境应急预案有重大修订的，应当在发布之日起20个工作日内向原受理部门变更备案。变更备案按照本办法第十五条要求办理。

环境应急预案个别内容进行调整、需要告知环境保护主管部门的，应当在发布之日起20个工作日内以文件形式告知原受理部门。”

2.5.2.5 《突发环境事件应急管理办法》（环境保护部令　第34号）

“第六条　企业事业单位应当按照相关法律法规和标准规范的要求，履行下列义务：

（一）开展突发环境事件风险评估；

（二）完善突发环境事件风险防控措施；

（三）排查治理环境安全隐患；

（四）制定突发环境事件应急预案并备案、演练；

（五）加强环境应急能力保障建设。

发生或者可能发生突发环境事件时，企业事业单位应当依法进行处理，并对所造成的损害承担责任。

第七条　环境保护主管部门和企业事业单位应当加强突发环境事件应急管理的宣传和教育，鼓励公众参与，增强防范和应对突发环境事件的知识和意识。

第八条　企业事业单位应当按照国务院环境保护主管部门的有关规定开展突

发环境事件风险评估，确定环境风险防范和环境安全隐患排查治理措施。

第九条　企业事业单位应当按照环境保护主管部门的有关要求和技术规范，完善突发环境事件风险防控措施。

前款所指的突发环境事件风险防控措施，应当包括有效防止泄漏物质、消防水、污染雨水等扩散至外环境的收集、导流、拦截、降污等措施。

第十条　企业事业单位应当按照有关规定建立健全环境安全隐患排查治理制度，建立隐患排查治理档案，及时发现并消除环境安全隐患。

对于发现后能够立即治理的环境安全隐患，企业事业单位应当立即采取措施，消除环境安全隐患。对于情况复杂、短期内难以完成治理，可能产生较大环境危害的环境安全隐患，应当制定隐患治理方案，落实整改措施、责任、资金、时限和现场应急预案，及时消除隐患。

第十三条　企业事业单位应当按照国务院环境保护主管部门的规定，在开展突发环境事件风险评估和应急资源调查的基础上制定突发环境事件应急预案，并按照分类分级管理的原则，报县级以上环境保护主管部门备案。

第十九条　企业事业单位应当将突发环境事件应急培训纳入单位工作计划，对从业人员定期进行突发环境事件应急知识和技能培训，并建立培训档案，如实记录培训的时间、内容、参加人员等信息。

第二十三条　企业事业单位造成或者可能造成突发环境事件时，应当立即启动突发环境事件应急预案，采取切断或者控制污染源以及其他防止危害扩大的必要措施，及时通报可能受到危害的单位和居民，并向事发地县级以上环境保护主管部门报告，接受调查处理。

应急处置期间，企业事业单位应当服从统一指挥，全面、准确地提供本单位与应急处置相关的技术资料，协助维护应急现场秩序，保护与突发环境事件相关的各项证据。

第三十四条　企业事业单位应当按照有关规定，采取便于公众知晓和查询的方式公开本单位环境风险防范工作开展情况、突发环境事件应急预案及演练情况、突发环境事件发生及处置情况，以及落实整改要求情况等环境信息。

第三十七条　企业事业单位违反本办法规定，导致发生突发环境事件，《中华人民共和国突发事件应对法》《中华人民共和国水污染防治法》《中华人民共和国大气污染防治法》《中华人民共和国固体废物污染环境防治法》等法律法规已有相关处罚规定的，依照有关法律法规执行。

较大、重大和特别重大突发环境事件发生后，企业事业单位未按要求执行停产、停排措施，继续违反法律法规规定排放污染物的，环境保护主管部门应当依法对造成污染物排放的设施、设备实施查封、扣押。

第三十八条　企业事业单位有下列情形之一的，由县级以上环境保护主管部门责令改正，可以处一万元以上三万元以下罚款：

（一）未按规定开展突发环境事件风险评估工作，确定风险等级的；

（二）未按规定开展环境安全隐患排查治理工作，建立隐患排查治理档案的；

（三）未按规定将突发环境事件应急预案备案的；

（四）未按规定开展突发环境事件应急培训，如实记录培训情况的；

（五）未按规定储备必要的环境应急装备和物资；

（六）未按规定公开突发环境事件相关信息的。”

2.5.3　突发环境事件应急预案的实施

突发环境事件应急预案的编制工作主要包括三个阶段：预案编制准备、预案编制、预案管理。

根据《企业事业单位突发环境事件应急预案备案管理办法（试行）》（环发〔2015〕4 号）第十条的要求，企业按照以下步骤制定环境应急预案：

①成立环境应急预案编制组，明确编制组组长和成员组成、工作任务、编制计划和经费预算。

②开展环境风险评估和应急资源调查。环境风险评估包括但不限于：分析各类事故衍化规律、自然灾害影响程度，识别环境危害因素，分析与周边可能受影响的居民、单位、区域环境的关系，构建突发环境事件及其后果情景，确定环境风险等级。应急资源调查包括但不限于：调查企业第一时间可调用的环境应急队伍、装备、物资、场所等应急资源状况和可请求援助或协议援助的应急资源状况。

③编制环境应急预案。按照本办法第九条要求，合理选择类别，确定内容，重点说明可能的突发环境事件情景下需要采取的处置措施、向可能受影响的居民和单位通报的内容与方式、向环境保护主管部门和有关部门报告的内容与方式，

以及与政府预案的衔接方式，形成环境应急预案。编制过程中，应征求员工和可能受影响的居民和单位代表的意见。

④评审和演练环境应急预案。企业组织专家和可能受影响的居民、单位代表对环境应急预案进行评审，开展演练进行检验。

评审专家一般应包括环境应急预案涉及的相关政府管理部门人员、相关行业协会代表、具有相关领域经验的人员等。

⑤签署发布环境应急预案。环境应急预案经企业有关会议审议，由企业主要负责人签署发布。

2.5.3.1 突发环境事件应急预案编制准备

（1）成立环境应急预案编制小组

企事业单位（或工业园区）是制定环境应急预案的责任主体，应成立以企事业单位（或工业园区）主要负责人（或分管负责人）为组长的环境应急预案编制工作组，明确编制任务、职责分工和工作计划。

企事业单位（或工业园区）可自行编制环境应急预案，也可依托外部专家或机构编制环境应急预案。

（2）资料收集及现场查勘

对企事业单位（或工业园区）基本情况、自然环境概况、生产工艺、环境风险物质、环境风险受体、环境风险防控与应急资源等进行详细的调查和资料收集。

2.5.3.2 突发环境事件应急预案编制准备

在环境风险评估和应急资源调查的基础上，确定环境应急预案体系，合理选择事件类别，重点说明组织机构及职责、监控预警、信息报告、环境应急监测、环境应急响应、应急终止、保障措施等内容。编制过程中，应征求员工和可能受影响的居民和单位代表的意见。

2.5.3.3 突发环境事件应急预案备案及管理

（1）评审与演练

企事业单位（或工业园区）组织专家和可能受影响的居民代表、单位代表，采取会议评审、函审或者相结合的方式对环境应急预案及其相关文件进行评议和审查，应包括内部评审及外部评审。企事业单位（或工业园区）应对环境应急预案开展演练检验，包括预案评审前演练及定期演练。

（2）备案与修订

根据《企业事业单位突发环境事件应急预案评审工作指南（试行）》（环办应急〔2018〕8 号），企业组织评审环境应急预案的相关要求如下。

1）评审人员

评审人员及其数量由企业自行确定。

评审人员，一般包括具有相关领域专业知识、实践经验的专家和可能受影响的居民代表、单位代表。其中，评审专家可以选自监管部门专家库、企业内部专家库、相关行业协会、同行业或周边企业具有环境保护、应急管理知识经验的人员，与企业有利害关系的一般应当回避。

评审人员数量，原则上较大以上突发环境事件风险（以下简称环境风险）企业不少于 5 人，一般环境风险企业不少于 3 人；其中，较大以上环境风险企业评审专家不少于 3 人，可能受影响的居民代表、单位代表不少于 2 人。

2）评审对象

评审对象为环境应急预案及其相关文件，包括环境应急预案及其编制说明、环境风险评估报告、环境应急资源调查报告（表）等文本。环境应急预案包括综合预案、专项预案、现场处置预案或其他形式预案的，可整体评审，并将这些预案之间的关系作为评审重点之一。

3）评审方式

评审可以采取会议评审、函审或者相结合的方式进行。较大以上环境风险企业，一般应采取会议评审方式，并对环境风险物质及环境风险单元、应急措施、应急资源等进行查看核实。

会议评审是指企业组织评审人员召开会议集中评审。

函审是指企业通过邮件等方式将环境应急预案文件送至评审人员分散评审。

4）评审实施

会议评审的，一般按以下程序进行。函审参照执行。

①企业负责人介绍评审安排、评审人员。

②评审人员组成评审组，确定评审组组长。

③企业负责人介绍环境应急预案和编修过程，向评审人员说明重点内容。

④评审组组长对评审进行适当分工，组织进行资料审核、现场查验、定性判断和定量打分。现场查验可以在会议评审前进行。

⑤评审组开展定性判断和定量打分。定性判断为未通过的，可以结束评审。

⑥评审组组长汇总评审情况，形成初步评审意见。

⑦评审组与企业相关人员进行沟通，形成评审意见。评审意见一般包括评审过程、总体评价、评审结论、问题清单、修改意见建议等内容，附定量打分结果和各评审专家评审表。

5）评审意见使用

企业对照评审意见修改完善环境应急预案，并说明修改情况。

评审结论为原则通过但需进行修改复核的，企业参照要求形成修改说明，送评审组组长复核。涉及设施设备的一般应附现场图片，评审组组长对修改内容进行复核并签字确认。必要时，评审组组长应征求其他评审人员的意见。

评审结论为未通过评审的，企业应当对环境应急预案进行修改，重新组织评审。

评审意见、修改说明应与环境应急预案一并提交企业有关会议审议。

环境应急预案经评审完善后，由单位主要负责人签署发布，并报所在地生态环境主管部门备案。

企事业单位（或工业园区）应结合自身内部因素和外部环境的变化及时修订环境应急预案。

（3）信息公开

企事业单位（或工业园区）应当在预案签署并发布后的20个工作日内，主动公开与周边可能受影响的居民、单位、区域环境等密切相关的环境应急预案信息。国家规定需要保密的情形除外。

环境应急预案编制工作程序见图2-7。

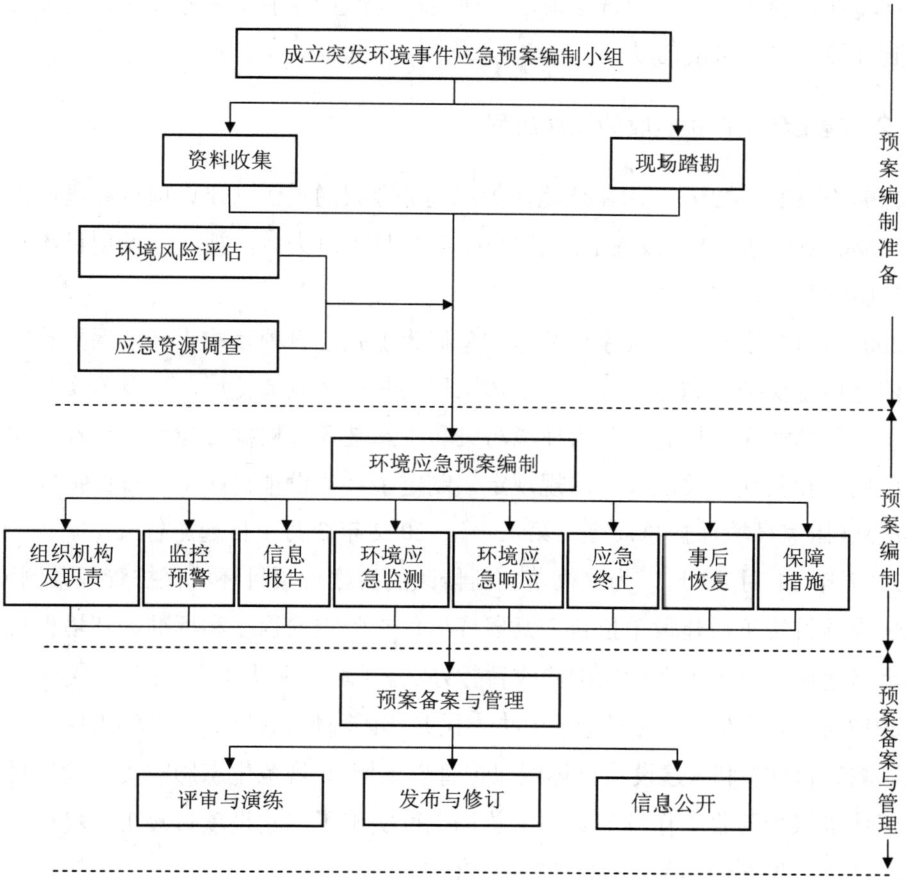

图 2-7　环境应急预案编制工作程序

2.6　竣工环境保护验收制度

2.6.1　竣工环境保护验收制度介绍

2.6.1.1　竣工环境保护验收的定义

建设项目竣工环境保护验收是指建设项目竣工后，生态环境主管部门按规定依据环境保护验收监测或调查结果，并通过现场检查等手段，考核该建设项目是否达到环境保护要求的活动。

2.6.1.2 竣工环境保护验收的发展历程

1994 年 12 月 22 日，国家环境保护局局务会议通过了《建设项目环境保护设施竣工验收管理规定》，该规定已于 2002 年 2 月 1 日失效，被《建设项目竣工环境保护验收管理办法》替代。

2001 年 12 月 27 日，国家环境保护总局为加强建设项目竣工环境保护验收管理，监督环境保护设施与建设项目主体工程同时投产或者使用，以及落实其他需配套采取的环境保护措施，防治环境污染和生态破坏，根据《建设项目环境保护管理条例》和其他有关法律、法规规定，制定了《建设项目竣工环境保护验收管理办法》（国家环境保护总局令　第 13 号，2002 年 2 月 1 日起施行）。

2017 年 11 月 20 日，为贯彻落实新修改的《建设项目环境保护管理条例》，规范建设项目竣工后建设单位自主开展环境保护验收的程序和标准，环境保护部特制定《建设项目竣工环境保护验收暂行办法》（国环规环评〔2017〕4 号）。

2017 年 12 月 5 日，为贯彻《中华人民共和国环境保护法》《中华人民共和国环境影响评价法》和《建设项目环境保护管理条例》，规范生态影响类建设项目工程竣工环境保护验收工作，国家环保总局批准实施了《建设项目竣工环境保护验收技术规范　生态影响类》（HJ/T 394—2007）。

2018 年 5 月 16 日，为贯彻落实《建设项目环境保护管理条例》和《建设项目竣工环境保护验收暂行办法》，进一步规范和细化建设项目竣工环境保护验收的标准和程序，提高可操作性，生态环境部办公厅发布《建设项目竣工环境保护验收技术指南　污染影响类》（公告 2018 年第 9 号）。

2020 年 12 月 25 日，《关于废止、修改部分生态环境规章和规范性文件的决定》（生态环境部令　第 20 号）由生态环境部部务会议审议通过，决定废止《建设项目竣工环境保护验收管理办法》（国家环境保护总局令　第 13 号）。

截至 2020 年 6 月，已发布实施的建设项目环境保护验收行业技术规范包括：《建设项目竣工环境保护验收技术规范　电解铝》（HJ/T 254—2006）、《建设项目竣工环境保护验收技术规范　火力发电厂》（HJ/T 255—2006）、《建设项目竣工环境保护验收技术规范　水泥制造》（HJ/T 256—2006）、《建设项目竣工环境保护验收技术规范　城市轨道交通》（HJ/T 403—2007）、《建设项目竣工环境保护验收技术规范　黑色金属冶炼及压延加工》（HJ/T 404—2007）、《建设项目竣工环境保护验收技术规范　石油炼制》（HJ/T 405—2007）、《建设项目竣工环境保护验收技术规范　乙烯工程》（HJ/T 406—2007）、《建设项目竣工环境保护验收技术规范　汽车制造》（HJ/T 407—2007）、《建设项目竣工环境保护验收技术规范　造纸工业》（HJ/T 408—2007）、《建设项目竣工环境保护验收技术规范　港口》（HJ 436—2008）、《建设项目竣工环境保护验收技术规范　水利水电》（HJ 464—2009）、《建设项目竣工环境保护验收技术规范　公路》（HJ 552—2010）、《建设项目竣工环境保护验收技术规范　石油天然气开采》（HJ 612—2011）、《建设项目竣工环境保护验收技术规范　煤炭采选》（HJ 672—2013）、《建设项目竣工环境保护验收技术规范　纺织染整》（HJ 709—2014）、《建设项目竣工环境保护验收技术规范　涤纶》（HJ 790—2016）、《建设项目竣工环境保护验收技术规范　粘胶纤维》（HJ 791—2016）、《建设项目竣工环境保护验收技术规范　制药》（HJ 792—2016）、《建设项目竣工环境保护验收技术规范　医疗机构》（HJ 794—2016），共计 19 个行业。

2.6.2　相关法律法规要求及法律责任

目前企业开展自主验收常用的相关法律和政策依据包括：《中华人民共和国噪声污染防治法》（2021 年）、《中华人民共和国固体废物污染环境防治法》（2020 年修订）、《建设项目竣工环境保护验收暂行办法》（国环规环评〔2017〕4 号）、《建设项目环境保护管理条例》（2017 年修正）等。相关法律法规对企业的要求和法律责任如下所述。

2.6.2.1　《中华人民共和国噪声污染防治法》（2021 年）

“第十四条　建设项目的环境噪声污染防治设施必须与主体工程同时设计、同时施工、同时投产使用。

建设项目在投入生产或者使用之前，其环境噪声污染防治设施必须按照国家规定的标准和程序进行验收；达不到国家规定要求的，该建设项目不得投入生产或者使用。”

2.6.2.2 《中华人民共和国固体废物污染环境防治法》(2020 年修订)

“第十八条　建设项目的环境影响评价文件确定需要配套建设的固体废物污染环境防治设施，应当与主体工程同时设计、同时施工、同时投入使用。建设项目的初步设计，应当按照环境保护设计规范的要求，将固体废物污染环境防治内容纳入环境影响评价文件，落实防治固体废物污染环境和破坏生态的措施以及固体废物污染环境防治设施投资概算。

建设单位应当依照有关法律法规的规定，对配套建设的固体废物污染环境防治设施进行验收，编制验收报告，并向社会公开。”

2.6.2.3 《建设项目竣工环境保护验收暂行办法》(国环规环评〔2017〕4 号)

“第三条　建设项目竣工环境保护验收的主要依据包括：

（一）建设项目环境保护相关法律、法规、规章、标准和规范性文件；

（二）建设项目竣工环境保护验收技术规范；

（三）建设项目环境影响报告书（表）及审批部门审批决定。

第四条　建设单位是建设项目竣工环境保护验收的责任主体，应当按照本办法规定的程序和标准，组织对配套建设的环境保护设施进行验收，编制验收报告，公开相关信息，接受社会监督，确保建设项目需要配套建设的环境保护设施与主体工程同时投产或者使用，并对验收内容、结论和所公开信息的真实性、准确性和完整性负责，不得在验收过程中弄虚作假。

环境保护设施是指防治环境污染和生态破坏以及开展环境监测所需的装置、设备和工程设施等。

验收报告分为验收监测（调查）报告、验收意见和其他需要说明的事项三项内容。

第五条　建设项目竣工后，建设单位应当如实查验、监测、记载建设项目环境保护设施的建设和调试情况，编制验收监测（调查）报告。

以排放污染物为主的建设项目，参照《建设项目竣工环境保护验收技术指南　污染影响类》编制验收监测报告；主要对生态造成影响的建设项目，按照《建设项目竣工环境保护验收技术规范　生态影响类》编制验收调查报告；火力发电、石油炼制、水利水电、核与辐射等已发布行业验收技术规范的建设项目，按照该行业验收技术规范编制验收监测报告或者验收调查报告。

建设单位不具备编制验收监测（调查）报告能力的，可以委托有能力的技术机构编制。建设单位对受委托的技术机构编制的验收监测（调查）报告结论负责。

第六条 需要对建设项目配套建设的环境保护设施进行调试的，建设单位应当确保调试期间污染物排放符合国家和地方有关污染物排放标准和排污许可等相关管理规定。

环境保护设施未与主体工程同时建成的，或者应当取得排污许可证但未取得的，建设单位不得对该建设项目环境保护设施进行调试。

调试期间，建设单位应当对环境保护设施运行情况和建设项目对环境的影响进行监测。验收监测应当在确保主体工程调试工况稳定、环境保护设施运行正常的情况下进行，并如实记录监测时的实际工况。国家和地方有关污染物排放标准或者行业验收技术规范对工况和生产负荷另有规定的，按其规定执行。建设单位开展验收监测活动，可根据自身条件和能力，利用自有人员、场所和设备自行监测；也可以委托其他有能力的监测机构开展监测。

第七条 验收监测（调查）报告编制完成后，建设单位应当根据验收监测（调查）报告结论，逐一检查是否存在本办法第八条所列验收不合格的情形，提出验收意见。存在问题的，建设单位应当进行整改，整改完成后方可提出验收意见。

建设项目配套建设的环境保护设施经验收合格后，其主体工程方可投入生产或者使用；未经验收或者验收不合格的，不得投入生产或者使用。

第八条 建设项目环境保护设施存在下列情形之一的，建设单位不得提出验收合格的意见：

（一）未按环境影响报告书（表）及其审批部门审批决定要求建成环境保护设施，或者环境保护设施不能与主体工程同时投产或者使用的；

（二）污染物排放不符合国家和地方相关标准、环境影响报告书（表）及其审批部门审批决定或者重点污染物排放总量控制指标要求的；

（三）环境影响报告书（表）经批准后，该建设项目的性质、规模、地点、采用的生产工艺或者防治污染、防止生态破坏的措施发生重大变动，建设单位未重新报批环境影响报告书（表）或者环境影响报告书（表）未经批准的；

（四）建设过程中造成重大环境污染未治理完成，或者造成重大生态破坏未恢复的；

（五）纳入排污许可管理的建设项目，无证排污或者不按证排污的；

（六）分期建设、分期投入生产或者使用依法应当分期验收的建设项目，其分期建设、分期投入生产或者使用的环境保护设施防治环境污染和生态破坏的能力不能满足其相应主体工程需要的；

（七）建设单位因该建设项目违反国家和地方环境保护法律法规受到处罚，被责令改正，尚未改正完成的；

（八）验收报告的基础资料数据明显不实，内容存在重大缺项、遗漏，或者验收结论不明确、不合理的；

（九）其他环境保护法律法规规章等规定不得通过环境保护验收的。

第九条　为提高验收的有效性，在提出验收意见的过程中，建设单位可以组织成立验收工作组，采取现场检查、资料查阅、召开验收会议等方式，协助开展验收工作。验收工作组可以由设计单位、施工单位、环境影响报告书（表）编制机构、验收监测（调查）报告编制机构等单位代表以及专业技术专家等组成，代表范围和人数自定。

第十条　建设单位在'其他需要说明的事项'中应当如实记载环境保护设施设计、施工和验收过程简况、环境影响报告书（表）及其审批部门审批决定中提出的除环境保护设施外的其他环境保护对策措施的实施情况，以及整改工作情况等。

第十一条　除按照国家需要保密的情形外，建设单位应当通过其网站或其他便于公众知晓的方式，向社会公开下列信息：

（一）建设项目配套建设的环境保护设施竣工后，公开竣工日期；

（二）对建设项目配套建设的环境保护设施进行调试前，公开调试的起止日期；

（三）验收报告编制完成后5个工作日内，公开验收报告，公示的期限不得少于20个工作日。

建设单位公开上述信息的同时，应当向所在地县级以上环境保护主管部门报送相关信息，并接受监督检查。

第十二条　除需要取得排污许可证的水和大气污染防治设施外，其他环境保护设施的验收期限一般不超过 3 个月；需要对该类环境保护设施进行调试或者整改的，验收期限可以适当延期，但最长不超过 12 个月。

验收期限是指自建设项目环境保护设施竣工之日起至建设单位向社会公开验收报告之日止的时间。

第十三条　验收报告公示期满后 5 个工作日内，建设单位应当登录全国建设项目竣工环境保护验收信息平台，填报建设项目基本信息、环境保护设施验收情况等相关信息，环境保护主管部门对上述信息予以公开。

建设单位应当将验收报告以及其他档案资料存档备查。

第十四条　纳入排污许可管理的建设项目，排污单位应当在项目产生实际污染物排放之前，按照国家排污许可有关管理规定要求，申请排污许可证，不得无证排污或不按证排污。建设项目验收报告中与污染物排放相关的主要内容应当纳入该项目验收完成当年排污许可证执行年报。

第十六条　需要配套建设的环境保护设施未建成、未经验收或者经验收不合格，建设项目已投入生产或者使用的，或者在验收中弄虚作假的，或者建设单位未依法向社会公开验收报告的，县级以上环境保护主管部门应当依照《建设项目环境保护管理条例》的规定予以处罚，并将建设项目有关环境违法信息及时记入诚信档案，及时向社会公开违法者名单。”

2.6.2.4 《建设项目环境保护管理条例》(2017 年修正)

“第十七条　编制环境影响报告书、环境影响报告表的建设项目竣工后，建设单位应当按照国务院环境保护行政主管部门规定的标准和程序，对配套建设的环境保护设施进行验收，编制验收报告。

建设单位在环境保护设施验收过程中，应当如实查验、监测、记载建设项目环境保护设施的建设和调试情况，不得弄虚作假。

除按照国家规定需要保密的情形外，建设单位应当依法向社会公开验收报告。

第十九条　编制环境影响报告书、环境影响报告表的建设项目，其配套建设的环境保护设施经验收合格，方可投入生产或者使用；未经验收或者验收不合格的，不得投入生产或者使用。

第二十三条　违反本条例规定，需要配套建设的环境保护设施未建成、未经验收或者验收不合格，建设项目即投入生产或者使用，或者在环境保护设施验收中弄虚作假的，由县级以上环境保护行政主管部门责令限期改正，处20万元以上100万元以下的罚款；逾期不改正的，处100万元以上200万元以下的罚款；对直接负责的主管人员和其他责任人员，处5万元以上20万元以下的罚款；造成重大环境污染或者生态破坏的，责令停止生产或者使用，或者报经有批准权的人民政府批准，责令关闭。

违反本条例规定，建设单位未依法向社会公开环境保护设施验收报告的，由县级以上环境保护行政主管部门责令公开，处5万元以上20万元以下的罚款，并予以公告。”

2.6.3 建设项目竣工环境保护验收制度的实施

2.6.3.1 生态影响类

（1）验收技术规范要求

根据《建设项目竣工环境保护验收技术规范　生态影响类》（HJ/T 394—2007），生态影响类建设项目竣工环境保护验收工作相关要求如下所述。

1）适用范围

本标准适用于交通运输（公路、铁路、城市道路和轨道交通、港口和航运、管道运输等）、水利水电、石油和天然气开采、矿山采选、电力生产（风力发电）、农业、林业、牧业、渔业、旅游等行业和海洋、海岸带开发、高压输变电线路等主要对生态造成影响的建设项目，以及区域、流域开发项目竣工环境保护验收调查工作。

2）验收调查范围

验收调查范围原则上与环境影响评价文件的评价范围一致。当工程实际建设内容发生变更或环境影响评价文件未能全面反映出项目建设的实际生态影响和其他环境影响时，应根据工程实际变更和实际环境影响情况，结合现场勘察对调查范围进行适当调整。

3）验收调查运行工况要求

①对于公路、铁路、轨道交通等线性工程以及港口项目，验收调查应在工况

稳定、生产负荷达到近期预测生产能力（或交通量）75%以上的情况下进行；如果短期内生产能力（或交通量）确实无法达到设计能力 75%或以上的，验收调查应在主体工程运行稳定、环境保护设施运行正常的条件下进行，注明实际调查工况，并按环境影响评价文件近期的设计能力（或交通量）对主要环境要素进行影响分析。

②生产能力达不到设计能力的 75%时，可以通过调整工况达到设计能力 75%以上再进行验收调查。

③国家、地方环境保护标准对建设项目运行工况另有规定的按相应标准规定执行。

④对于水利水电项目、输变电工程、油气开发工程（含集输管线）、矿山采选可按其行业特征执行，在工程正常运行的情况下即可开展验收调查工作。

⑤对分期建设、分期投入生产的建设项目应分阶段开展验收调查工作，如水利、水电项目分期蓄水、发电等。

4）验收调查重点

①核查实际工程内容及方案设计变更情况。

②环境敏感目标基本情况及变更情况。

③实际工程内容及方案设计变更造成的环境影响变化情况。

④环境影响评价制度及其他环境保护规章制度制定情况。

⑤环境影响评价文件和环境影响评价审批文件中提出的主要环境影响。

⑥环境质量和主要污染因子达标情况。

⑦环境保护设计文件、环境影响评价文件及环境影响评价审批文件中提出的环境保护措施落实情况及其效果、污染物排放总量控制要求落实情况、环境风险防范与应急措施落实情况及有效性。

⑧工程施工期与试运行期实际存在的及公众反应强烈的环境问题。

⑨验证环境影响评价文件对污染因子超标情况的预测结果。

⑩工程环境保护投资情况。

（2）验收调查报告编制流程

验收调查工作可分为准备、初步调查、编制实施方案、详细调查、编制调查报告五个阶段。具体工作程序如图 2-8 所示。

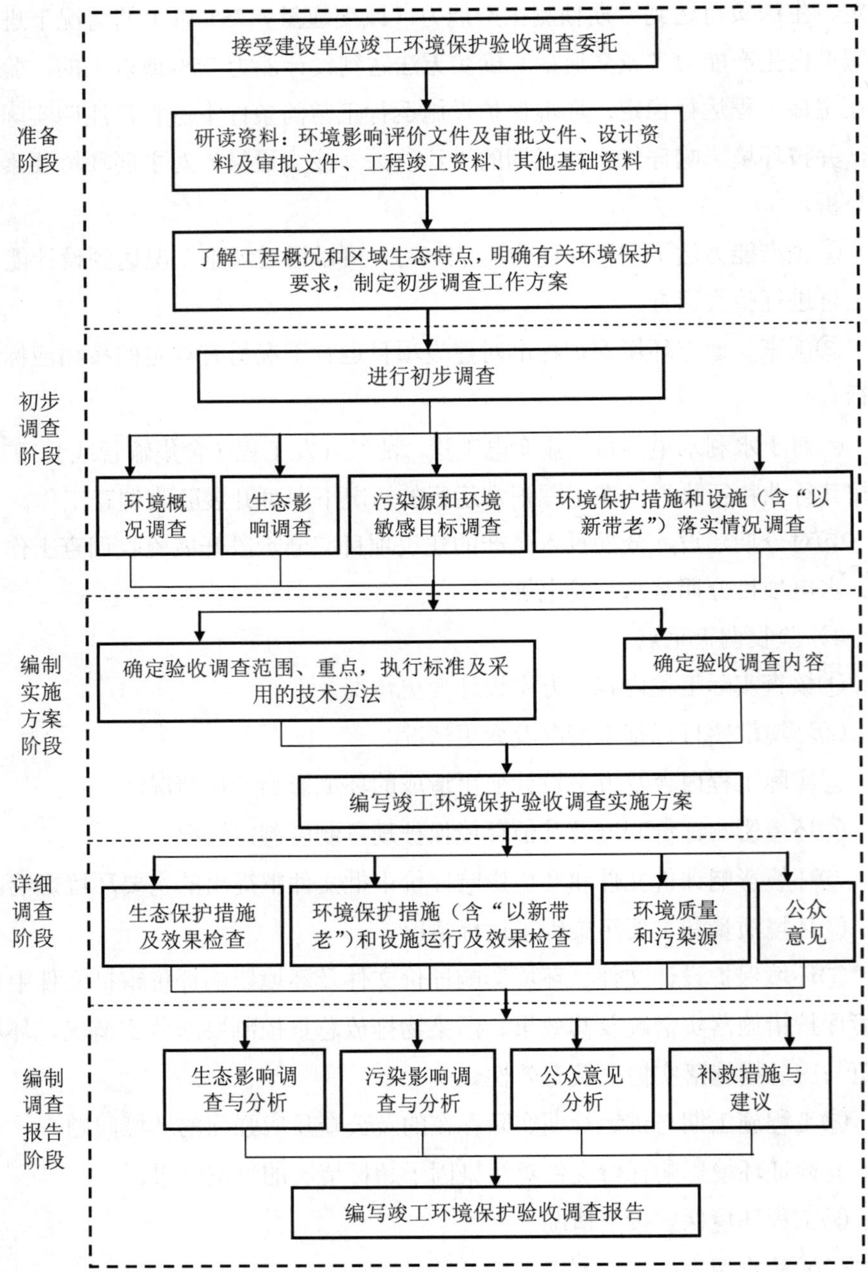

图 2-8　生态影响类验收调查工作程序

1）准备阶段

收集、分析工程有关的文件和资料，了解工程概况和项目建设区域的基本生态特征，明确环境影响评价文件和环境影响评价审批文件有关要求，制定初步调查工作方案。

2）初步调查阶段

核查工程设计、建设变更情况及环境敏感目标变化情况，初步掌握环境影响评价文件和环境影响评价审批文件要求的环境保护措施落实情况、与主体工程配套的污染防治设施完成及运行情况和生态保护措施执行情况，获取相应的影像资料。

3）编制实施方案阶段

确定验收调查标准、范围、重点及采用的技术方法，编制验收调查实施方案文本。

4）详细调查阶段

调查工程建设期和运行期造成的实际环境影响，详细核查环境影响评价文件及初步设计文件提出的环境保护措施落实情况、运行情况、有效性和环境影响评价审批文件有关要求的执行情况。

5）编制调查报告阶段

对项目建设造成的实际环境影响、环境保护措施的落实情况进行论证分析，针对尚未达到环境保护验收要求的各类环境保护问题，提出整改与补救措施，明确验收调查结论，编制验收调查报告文本。

2.6.3.2　污染影响类

（1）验收技术指南要求

根据《建设项目竣工环境保护验收技术指南　污染影响类》（公告 2018 年第 9 号），污染影响类建设项目竣工环境保护验收的总体要求如下：

1）适用范围

适用于污染影响类建设项目竣工环境保护验收，已发布行业验收技术规范的建设项目从其规定，行业验收技术规范中未规定的内容按照本指南执行。

2）验收自查

①环保手续履行情况。主要包括环境影响报告书（表）及其审批部门审批决定，

初步设计（环保篇）等文件，国家与地方生态环境部门对项目的督查、整改要求的落实情况，建设过程中的重大变动及相应手续履行情况，是否按排污许可相关管理规定申领了排污许可证，是否按辐射安全许可管理办法申领了辐射安全许可证。

②项目建成情况。对照环境影响报告书（表）及其审批部门审批决定等文件，自查项目建设性质、规模、地点，主要生产工艺、产品及产量、原辅材料消耗，项目主体工程、辅助工程、公用工程、储运工程和依托工程内容及规模等情况。

③环境保护设施建设情况。

a. 建设过程。施工合同中是否涵盖环境保护设施的建设内容和要求，是否有环境保护设施建设进度和资金使用内容，项目实际环保投资总额占项目实际总投资额的百分比。

b. 污染物治理/处置设施。按照废气、废水、噪声、固体废物的顺序，逐项自查环境影响报告书（表）及其审批部门审批决定中的污染物治理/处置设施建成情况，如废水处理设施类别、规模、工艺及主要技术参数，排放口数量及位置；废气处理设施类别、处理能力、工艺及主要技术参数，排气筒数量、位置及高度；主要噪声源的防噪降噪设施；辐射防护设施类别及防护能力；固体废物的储运场所及处置设施等。

c. 其他环境保护设施。按照环境风险防范、在线监测和其他设施的顺序，逐项自查环境影响报告书（表）及其审批部门审批决定中的其他环境保护设施建成情况，如装置区围堰、防渗工程、事故池；规范化排污口及监测设施、在线监测装置；“以新带老”改造工程、关停或拆除现有工程（旧机组或装置）、淘汰落后生产装置；生态恢复工程、绿化工程、边坡防护工程等。

d. 整改情况。自查发现未落实环境影响报告书（表）及其审批部门审批决定要求的环境保护设施的，应及时整改。

3）重大变动情况

自查发现项目性质、规模、地点、采用的生产工艺或者防治污染、防止生态破坏的措施发生重大变动，且未重新报批环境影响报告书（表）或环境影响报告书（表）未经批准的，建设单位应及时依法依规履行相关手续。

（2）验收监测报告编制流程

验收工作主要包括验收监测工作和后续工作，其中验收监测工作可分为启动、自查、编制验收监测方案、实施监测与检查、编制验收监测报告五个阶段。具体验收工作程序见图 2-9。

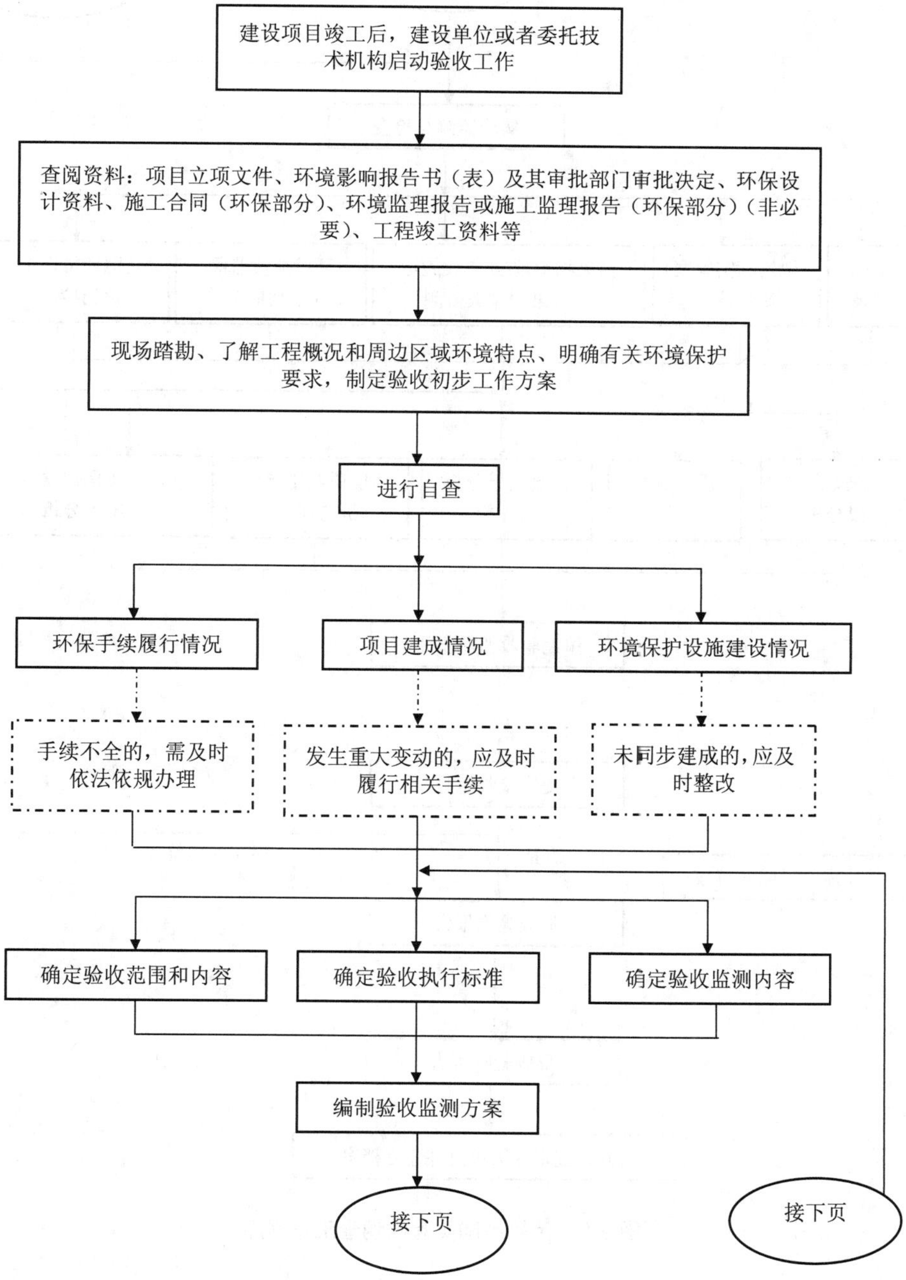

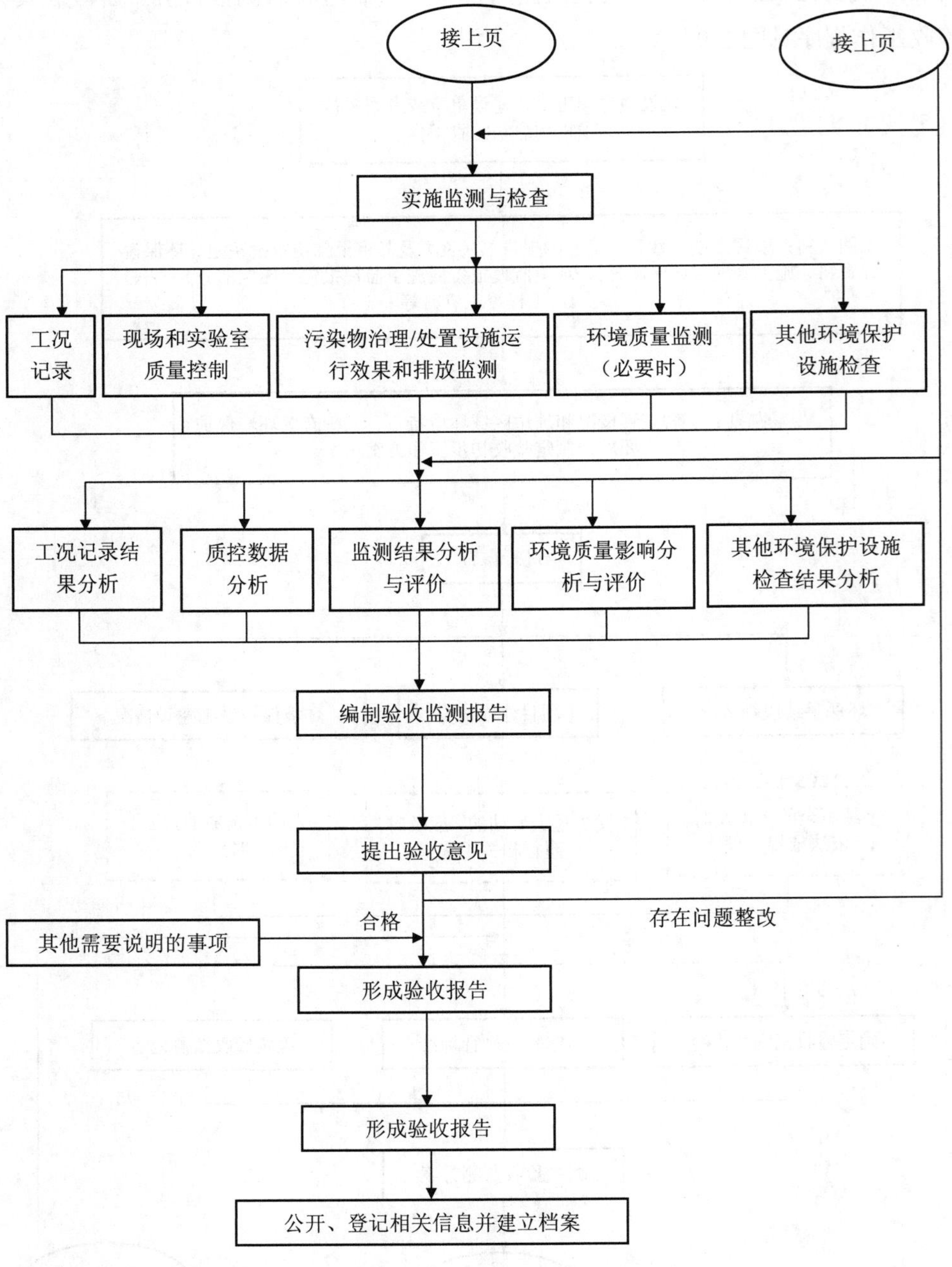

图 2-9 污染影响类验收调查工作程序

1）成立验收工作组

建设单位组织成立的验收工作组可包括项目的环保设施设计单位、环保设施施工单位、环境监理单位（如有）、环境影响报告书（表）编制单位、验收监测报告（表）编制单位等技术支持单位和环境保护验收、行业、监测、质控等领域的技术专家。技术支持单位和技术专家的专业技术能力应足够支撑验收组对项目能否通过验收作出科学准确的结论。

2）现场核查

验收工作组现场核查工作的目的在于核查验收监测报告（表）内容的真实性和准确性，补充了解验收监测报告（表）中反映不全面或不详尽的内容，进一步了解项目特点和区域环境特征等。现场核查是得出验收意见的一种有效手段。现场核查要点可参照环境保护部《关于印发建设项目竣工环境保护验收现场检查及审查要点的通知》（环办〔2015〕113 号）。

3）形成验收意见

验收工作组可以召开验收会议的方式，在现场核查和对验收监测报告内容核查的基础上，严格依照国家有关法律法规、建设项目竣工环境保护验收技术规范、建设项目环境影响报告书（表）及其审批部门审批决定等要求对建设项目配套建设的环境保护设施进行验收，形成科学合理的验收意见。验收意见应当包括工程建设基本情况，工程变动情况，环境保护设施落实情况，环境保护设施调试运行效果，工程建设对环境的影响，项目存在的主要问题，验收结论和后续要求。对验收不合格的项目，验收意见中还应明确详细、具体可操作的整改要求。

4）建立档案

一套完整的建设项目竣工环境保护验收档案包括环境影响报告书（表）及其审批部门审批决定、初步设计（环保篇）或环保设计方案、施工合同（环保部分）、环境监测报告或施工监理报告（环保部分）（若有）、工程竣工资料（环保部分）、验收报告［含验收监测报告（表）、验收意见和其他需要说明的事项］、信息公开记录证明（需要保密的除外）。建设单位委托技术机构编制验收监测报告的，还可把委托合同、责任约定等委托涉及的关键材料存入档案。建设单位成立验收工作组协助开展验收工作的，还可把验收工作组单位及成员名单、技术专家专长介绍等材料存入档案。

2.7　环境保护税制度

2.7.1　环境保护税历史背景、历程及意义

环境保护税又称生态税、绿色税收，是 20 世纪 90 年代为保护自然资源，遏制环境污染，实现可持续发展，由经济合作与发展组织成员国发起并提出的。1994 年，我国发布《中国 21 世纪议程》，把可持续发展作为国民经济社会发展战略。这一战略的提出是为了更好地解决经济发展和资源、环境的双向调节，在经济发展的同时，注意资源、环境的保护，使资源、环境能永续地支持经济的健康发展。

2.7.1.1　环境税收制度的基本内容

由于国情和税收政策的差异，各国环境税收制度的具体内容不尽相同，但其基本内容通常由两部分构成：一是以保护环境为目的，针对污染、破坏环境的特定行为课征专门性税种，一般称之为环境保护税，它是环境税收制度的主要内容。如荷兰的燃料使用税、废物处理税和地表水污染税；德国的矿物油税和汽车税；奥地利的标油消费税；部分经济合作与发展组织成员国课征的二氧化碳税以及噪声税等。二是其他一般性税种中为保护环境而采取的税收调节措施，包括为激励纳税人治理污染和保护环境所采取的各种税收优惠措施和对污染、破坏环境的行为所采取的某些加重其税收负担的措施。在环境税收制度中，后者通常作为辅助性内容存在，配合几种专门性环境保护税发挥作用的。

2.7.1.2　环境税对可持续发展的意义

（1）保护人类生存环境，促进社会经济可持续发展

由于环境的污染和不断恶化已成为制约社会经济可持发展的重要因素，因而保护环境就成为持续发展战略的一项重要内容。税收作为政府筹集财政资金的工具和对社会经济生活进行宏观调控的经济杠杆，在环境保护方面是大有可为的。

一是针对污染和破坏环境的行为课征环境保护税对保护环境有两方面的作用，它一方面会加重那些污染、破坏环境的企业或产品的税收负担，通过经济利益的调节来矫正纳税人的行为，促使其减轻或停止对环境的污染和破坏；另一方面又可以将课征的税款作为专项资金，用于支持环境保护事业。二是在其他有关税种的制度设计中对有利于保护环境和治理污染的生产经营行为或产品采取税收优惠措施，可以引导和激励纳税人保护环境、治理污染。

（2）体现“公平”原则，促进市场经济可持续发展

体现“公平”原则，促进平等竞争，形成一个良性的竞争环境，促进市场经济可持续发展。但是，如果不建立环境税收制度，个别企业所造成的环境污染就需要用全体纳税人缴纳的税款进行治理，而这些企业本身却可以借此用较低的成本达到较高的利润水平。这实质上是由他人出资来补偿个别企业生产中形成的外部成本，显然是不公平的。通过对污染、破坏环境的企业征收环境保护税，并将税款用于治理污染和保护环境，可以使这些企业所产生的外部成本内在化，利润水平合理化，同时会减轻那些符合环境保护要求的企业的税收负担。从而可以更好地体现“公平”原则，有利于各企业之间进行平等竞争。

（3）推进生态文明建设和绿色发展

实施环境保护费改税不是为了增加财政收入，而是为了促进环境保护，其生态意义、社会意义远大于财政意义。环境保护税的实施，有利于构建促进经济结构调整、发展方式转变的绿色税制体系，强化税收调控作用，形成有效的约束激励机制，提高全社会环境保护意识，推进生态文明建设和绿色发展。总之，无论是从社会经济还是从市场经济的方面来看，都必须循序渐进，共同导向全社会生产节能化、商业生态化、排污市场化、法规绿色化，大力推进可持续发展。

2.7.1.3 我国排污费制度的发展

（1）初步确立：1978—1981 年，是排污收费制度的提出和试行阶段。1978 年 12 月，中共中央批转国务院环境保护领导小组《环境保护工作汇报要点》，首次提出在我国实行“排放污染物收费制度”的设想；1979 年 9 月，第五届全国人大常委会第十一次会议原则通过的《环境保护法（试行）》第十八条规定：“超过国家规定的标准排放污染物，要按照排放污染物的数量和浓度，根据规定收取排污

费”，从法律上确立了我国的排污收费制度。自 1979 年开始至 1981 年年底，全国有 27 个省、自治区、直辖市逐步开展了排污收费的试点工作。

（2）普遍实施：1982—1987 年，这是排污收费制度的建立和实施阶段。1982 年 2 月，国务院在总结全国 27 个省、自治区、直辖市排污收费试点工作经验的基础上，发布了《征收排污费暂行办法》，对实行排污收费的目的、排污费的征收、管理和使用作出统一规定，标志着我国排污收费制度的正式建立。

（3）征收标准调整：国家发展改革委、财政部和环境保护部联合印发《关于调整排污费征收标准等有关问题的通知》（发改价格〔2014〕2008 号），要求各省（区、市）结合实际，调整污水、废气主要污染物排污费征收标准，实行差别化排污收费政策，建立有效的约束和激励机制，促使企业主动治污减排，保护生态环境。

（4）废止：国家发展改革委、财政部、环境保护部、国家海洋局四部委发布《关于停征排污费等行政事业性收费有关事项的通知》。该通知要求，为做好排污费改税政策衔接工作，自 2018 年 1 月 1 日起，在全国范围内统一停征排污费和海洋工程污水排污费。

2.7.1.4 环保税法出台历程

（1）2007 年 5 月国务院发布了《节能减排综合性工作方案》，提出要“研究开征环境税”；

（2）财政部、国家税务总局、生态环境部自 2007 年 6 月成立联合工作小组，组建专家团队，启动我国开征环境税的研究工作；

（3）2012—2016 年连续 5 年列入国务院立法工作计划；

（4）2014 年年末税法草案上报国务院；

（5）2015 年和 2016 年两次向社会公开征求意见；

（6）2016 年 12 月，人大常委会审议通过《环境保护税法》，自 2018 年 1 月 1 日起施行；

（7）2017 年 12 月，国务院颁布《环境保护税法实施条例》。

1979 年，《环境保护法（试行）》确立排污费制度，通过收费促使企业加强环境治理、减少污染物排放，对防治污染起到了重要作用，但在实际执行过程中也存在执法刚性不足、存在干预因素等一系列问题，影响作用的正常发挥。党的十八届三中、四中全会提出“推动环境保护费改税”“用严格的法律制度保护生态环境”，2016 年 12 月对环境保护税予以立法，实行费改税，提高全社会环保意识，推进生态文明建设和绿色发展。

《环境保护税法》的总体思路是由“费”改“税”，即按照“税负平移”原则，实现排污费制度向环保税制度的平稳转移。法律将“保护和改善环境，减少污染物排放，推进生态文明建设”写入立法宗旨，明确“直接向环境排放应税污染物的企业事业单位和其他生产经营者”为纳税人，确定大气污染物、水污染物、固体废物和噪声为应税污染物。

十二届全国人大常委会第二十五次会议 2016 年 12 月 25 日表决通过了《环境保护税法》，这是党的十八届三中全会提出“落实税收法定原则”要求后，全国人大常委会审议通过的第一部单行税法，也是我国第一部专门体现“绿色税制”的单行税法。

《环境保护税法》共 5 章 28 条，分别为总则、计税依据和应纳税额、税收减免、征收管理、附则。该法自 2018 年 1 月 1 日起施行，法律施行之日起，依照法律规定征收环境保护税，不再征收排污费。

2.7.1.5　环境税较排污费的优化改进

（1）征收范围变化：一是不再对建筑噪声征收；二是不再对挥发性有机物征收；三是将一般工业固体废物纳入征收范围。

（2）征收程序变化：将原排污费“环保开单、企业缴费”的征收程序改为“税务征管、企业申报、环保监测、信息共享、协作共治”，明确了企业的申报主体责任。

（3）取消加倍征收：不再对超标、超总量、落后产能加倍征收。

（4）增加复核程序：复核程序的实质是将税务机关的部分征税权力让渡给生态环境部门，该复核而没有复核既是税务机关的风险，也是生态环境部门的责任。

（5）规范税收优惠：增加一档减按 75%征收环境保护税减免政策，明确了应税大气污染物和水污染物的浓度值条件和标准。

2.7.2 环境税相关法律责任

2.7.2.1 相关法规和内部文件

（1）《中华人民共和国环境保护税法》；

（2）《中华人民共和国环境保护税法实施条例》；

（3）《湖南省人民代表大会常务委员会关于湖南省大气污染物和水污染物环境保护税适用税额的决定》；

（4）《国务院关于环境保护税收入归属问题的通知》；

（5）《财政部 税务总局 生态环境部关于环境保护税有关问题的通知》（财税〔2018〕23 号文件）；

（6）《财政部税务总局 生态环境部关于明确环境保护税应税污染物适用等有关问题的通知》（财税〔2018〕117 号文件）；

（7）《国家税务总局湖南省税务局 湖南省环境保护厅关于发布湖南省环境保护税核定计算管理办法的公告》（国家税务总局湖南省税务局公告 2018 年第 4 号）；

（8）《国家税务总局关于发布〈环境保护税纳税申报表〉的公告》（国家税务总局公告 2018 年第 7 号）；

（9）《环境保护部关于发布计算污染物排放量的排污系数和物料衡算方法的公告》（环境保护部公告 2017 年第 81 号）；

（10）《湖南省地方税务局 湖南省环境保护厅关于做好环境保护税涉税信息共享平台建设完成前信息交换工作的通知》（湘地税发〔2018〕8 号）。

2.7.2.2 纳税人

《中华人民共和国环境保护税法》第二条：“在中华人民共和国领域和中华人民共和国管辖的其他海域，直接向环境排放应税污染物的企业事业单位和其他生产经营者为环境保护税的纳税人”。

（1）空间效力：中华人民共和国领域是指我国行使国家主权的空间，包括领陆、领水、领空。中华人民共和国管辖的其他海域是指我国法律规定的领海毗连区和领海以外 200 海里的专属海洋经济区。

（2）直接排放。环境保护税以直接向环境排放应税污染物作为应税行为。

《中华人民共和国环境保护税法》第四条列举了不属于直接排放的两种情形："（一）企业事业单位和其他生产经营者向依法设立的污水集中处理、生活垃圾集中处理场所排放应税污染物的；（二）企业事业单位和其他生产经营者在符合国家和地方环境保护标准的设施、场所贮存或者处置固体废物的。"

《中华人民共和国环境保护税法》第四条："达到省级人民政府确定的规模标准并且有污染物排放口的畜禽养殖场，应当依法缴纳环境保护税；依法对畜禽养殖废弃物进行综合利用和无害化处理的，不属于直接向环境排放污染物。"

①企业事业单位和其他生产经营者向依法设立的污水集中处理、生活垃圾集中处理场所排放应税污染物的，不征税。

②企业事业单位和其他生产经营者在符合国家和地方环境保护标准的设施、场所贮存或者处置固体废物的，不征税。

这几种情况不缴纳相应污染物的环境保护税。除此之外，其他排放应税污染物的行为应纳入征税范围，依法征收环境保护税。

身份特征：2015 年 1 月 1 日起实施的《环境保护法》规定，"企业事业单位和其他生产经营者应当防止、减少环境污染和生态破坏，对所造成的损害依法承担责任"。排污费只对企业事业单位和个体工商户排放污染物征缴，为保持法律间的衔接，保证费改税的平稳过渡，环境保护税也不对行政机关和自然人征收。

从事生产经营的事业单位有向环境直接排放应税污染物排放行为的，应当缴纳环境保护税。

特殊情形：①城乡污水集中处理、生活垃圾集中处理场所排放应税污染物超过国家和地方环境保护标准的，征税。②企业事业单位和其他生产经营者贮存或者处置固体废物不符合国家和地方环境保护标准的，征税。

2.7.2.3　征税对象

《环境保护税法》第三条："本法所称应税污染物，是指本法所附《环境保护税税目税额表》、《应税污染物和当量值表》规定的大气污染物、水污染物、固体废物和噪声。"

（1）大气污染物，是指向环境排放影响大气环境质量的物质，具体范围依照《环境保护税法》所附《应税污染物和当量值表》确定，包括二氧化硫、氮氧化物、粉尘等 44 种。

（2）水污染物，是指向环境排放影响水环境质量的物质，具体范围依照环境保护税法所附《应税污染物和当量值表》确定。水污染物分为第一类水污染物和其他类水污染物，第一类水污染物包括总汞、总镉等 10 种，其他类水污染物包括化学需氧量、氨氮、色度等 55 种。

（3）固体废物，是指《环境保护税法》所附《环境保护税税目税额表》中列举的煤矸石、尾矿、危险废物、冶炼渣、粉煤灰、炉渣以及其他固体废物（“两煤两渣两尾”）。

（4）噪声，是指在工业生产活动中产生的干扰周围生活环境的声音，具体范围依照《环境保护税法》所附《环境保护税税目税额表》确定。《环境保护税税目税额表》仅对工业噪声征税。

2.7.2.4 计税依据

《环境保护税法》第七条：“应税污染物的计税依据，按照下列方法确定：①应税大气污染物按照污染物排放量折合的污染当量数确定；②应税水污染物按照污染物排放量折合的污染当量数确定；③应税固体废物按照固体废物的排放量确定；④应税噪声按照超过国家规定标准的分贝数确定。”

污染当量数=污染物排放量÷污染当量值

（1）大气污染物、水污染物

①大气污染物当量值

大气污染物当量值见表 2-3。

每一排放口或者没有排放口的应税大气污染物，按照污染当量数从大到小排序，对前 3 项污染物征收环境保护税。

②第一类水污染物当量值

第一类水污染物当量值见表 2-4。

表 2-3　大气污染物当量值一览表

单位：kg

污染物	污染当量值	污染物	污染当量值
1.二氧化硫	0.95	23.二甲苯	0.27
2.氨氧化物	0.95	24.苯并[*a*]芘	0.000 002
3.一氧化碳	16.7	25.甲醛	0.09
4.氯气	0.34	26.乙醛	0.45
5.氯化氢	10.75	27.丙烯醛	0.06
6.氰化物	0.87	28.甲醇	0. 67
7.氰化氢	0.005	29.酚类	0.35
8.硫酸物	0.6	30.沥青烟	0.19
9.铬酸物	0.000 7	31.苯胺类	0.21
10.汞及其化合物	0.000 1	32.氯苯类	0.72
11.一般性粉尘	4	33.硝基苯	0.17
12.石棉尘	0.52	34.丙烯氢	0.22
13.玻璃棉尘	2.13	35.氯乙烯	0.55
14.炭黑尘	0.59	36.光气	0.04
15.铅及其化合物	0.02	37.硫化氢	0.29
16.镉及其化合物	0.03	38.氨	9.09
17.铍及其化合物	0.000 4	39.三甲胺	0.32
18.镍及其化合物	0.13	40.甲硫醇	0.04
19.锡及其化合物	0.27	41.二甲二硫	0.28
20.烟尘	2.18	42.二甲二烯	0.28
21.苯	0.05	43.苯乙烯	25
22.甲苯	0.18	44.二硫化碳	20

注：燃烧产生废气中的颗粒物，按照烟尘征收环境保护税。排放的扬尘、工业粉尘等颗粒物，除可以确定为烟尘、石棉尘、玻璃棉尘、炭黑尘的外，按照一般性粉尘征收环境保护税。

表 2-4　第一类水污染物当量值一览表

单位：kg

污染物	污染当量值	污染物	污染当量值
1.总汞	0.000 5	6.总铅	0.025
2.总镉	0.005	7.总镍	0.025
3.总铬	0.04	8.苯并[*a*]芘	0.000 000 3
4.六价铬	0.02	9.总铍	0.01
5.总砷	0.02	10.总银	0.02

③第二类水污染物当量值

第二类水污染物当量值见表 2-5。

表 2-5 第二类水污染物当量值一览表　　单位：kg

污染物	污染当量值	污染物	污染当量值
11.悬浮物（SS）	4	37.五氯酚及五氯酚钠（以五氯酚计）	0.25
12.五日生化需氧量（BOD_5）	0.5	38.三氯甲烷	0.04
13.化学需氧量（COD_{Cr}）	1	39.可吸附有机卤化物（AOX）（以 Cl 计）	0.25
14.总有机碳（TOC）	0.49	40.四氯化碳	0.04
15.石油类	0.1	41.三氯乙烯	0.04
16.动植物油	0.16	42.四氯乙烯	0.04
17.挥发酚	0.08	43.苯	0.2
18.总氰化物	0.05	44.甲苯	0.2
19.硫化物	0.125	45.乙苯	0.02
20.氨氮	0.8	46.邻二甲苯	0.02
21.氟化物	0.5	47.对二甲苯	0.02
22.甲醛	0.125	48.间二甲苯	0.02
23.苯胺类	0.2	49.氯苯	0.02
24.硝基苯类	0.2	50.邻二氯苯	0.02
25.阴离子表面活性剂（LAS）	0.2	51.对二氧苯	0.02
26.总铜	0.1	52.对硝基氧苯	0.02
27.总锌	0.2	53.2,4-二硝基氯苯	0.02
28.总锰	0.2	54.苯酚	0.02
29.彩色显影剂（CD-2）	0.2	55.间甲酚	0.02
30.总磷	0.25	56.2,4-二氯酚	0.02
31.元素磷（以 P 计）	0.05	57.4,6-三氯酚	0.02
32.有机磷农药（以 P 计）	0.05	58.邻苯二甲酸二丁酯	0.02
33.乐果	0.05	59.邻苯二甲酸二辛酯	0.02
34.甲基对硫磷	0.05	60.丙烯腈	0.125
35.马拉硫磷	0.05	61.总硒	0.02
36.对硫磷	0.05		

每一排放口的应税水污染物，区分第一类水污染物和其他类水污染物，按照污染当量数从大到小排序。

对第一类水污染物按照前 5 项征收环境保护税，对其他类水污染物按照前 3 项征收环境保护税。

④pH、色度、大肠菌群数、余氯量污染当量值

pH、色度、大肠菌群数、余氯量污染当量值见表 2-6。

表 2-6　pH、色度、大肠菌群数、余氯量污染当量值一览表

污染物		污染当量值	备注
1.pH	0～1，13～14	0.06 t 污水	pH 5～6 指大于等于 5，小于 6；pH 9～10 指大于 9，小于等于 10，其余类推
	1～2，12～13	0.125 t 污水	
	2～3，11～12	0.25 t 污水	
	3～4，10～11	0.5 t 污水	
	4～5，9～10	1 t 污水	
	5～6	5 t 污水	
2.色度		5 t 污水	
3.大肠菌群数（超标）		3.3 t 污水	大肠菌群数和总余氯只征收一项
4.余氯量（用氯消毒的医院废水）		3.3 t 污水	

《环境保护税法》所附《pH、色度、大肠菌群数、余氯量水污染物污染当量值》中“色度”的污染当量数，以污水排放量乘以色度超标倍数再除以污染当量值计算。

色度超标倍数：如印染厂排放标准为 80 倍，实际排放监测值为 320 倍，超标倍数为（320–80）/80=3。

⑤禽畜养殖业、小型企业和第三产业的污染当量值

禽畜养殖业、小型企业和第三产业的污染当量值见表 2-7。

（2）固体废物（产存处+综合利用）

《环境保护税法实施条例》第五条：“应税固体废物的计税依据，按照固体废物的排放量确定。固体废物的排放量为当期应税固体废物的产生量减去当期应税固体废物的贮存量、处置量、综合利用量的余额。

前款规定的固体废物的贮存量、处置量，是指在符合国家和地方环境保护标

准的设施、场所贮存或者处置的固体废物数量；固体废物的综合利用量，是指按照国务院发展改革、工业和信息化主管部门关于资源综合利用要求以及国家和地方环境保护标准进行综合利用的固体废物数量。”

表 2-7　禽畜养殖业、小型企业和第三产业的污染当量值一览表

类型		污染当量值	备注
禽畜养殖场	1.牛	0.1 头	仅对存栏规模大于 50 头牛、500 头猪、5 000 羽鸡鸭等的禽畜养殖场征收
	2.猪	1 头	
	3.鸡、鸭等家禽	30 羽	
4.小型企业		1.8 t 污水	—
5.饮食娱乐服务业		0.5 t 污水	—
6.医院	消毒	0.14 床	医院病床数大于20张的按本表计算污染当量
		2.8 t 污水	
	不消毒	0.07 床	
		1.4 t 污水	

（3）工业噪声

工业噪声按超过国家规定标准的分贝数确定每月税额，超过国家规定标准的分贝数是指实际产生的工业噪声与国家规定的工业噪声排放标准限值之间的差值。

①工业企业应税噪声以分贝为计税单位，每月应税噪声以本月昼（夜）间最高超标分贝数计算应纳税额，不足一分贝的按四舍五入原则计算。

②本月昼（夜）超标作业时间不足 15 昼（夜）的，减半计算应纳税额。

2.7.2.5　税收减免

（1）免征情形

①农业生产（不包括规模化养殖）排放应税污染物的；

②机动车、铁路机车、非道路移动机械、船舶和航空器等流动污染源排放应税污染物的；

③依法设立的城乡污水集中处理、生活垃圾集中处理场所排放相应应税污染物，不超过国家和地方规定的排放标准的；

④纳税人综合利用的固体废物，符合国家和地方环境保护标准的；

⑤国务院批准免税的其他情形。

（2）减征情形

①纳税人排放应税大气污染物或者水污染物的浓度值低于国家和地方规定的污染物排放标准 30%的，减按 75%征收环境保护税；

②纳税人排放应税大气污染物或者水污染物的浓度值低于国家和地方规定的污染物排放标准 50%的，减按 50%征收环境保护税。

（3）减征情形

《环境保护税法》第十条、第十三条所称“应税大气污染物或者水污染物的浓度值，是指纳税人安装使用的污染物自动监测设备当月自动监测的应税大气污染物浓度值的小时平均值再平均所得数值或者应税水污染物浓度值的日平均值再平均所得数值，或者监测机构当月监测的应税大气污染物、水污染物浓度值的平均值”。

假设一个污水处理厂某月 30 天排放处理过的污水，那么自动监测设备会有 30 个水污染物的日平均值，将 30 个数值再平均以后得到的数值即为当月水污染物的浓度值。

依照《环境保护税法》第十三条的规定，“减征环境保护税的，前款规定的应税大气污染物浓度值的小时平均值或者应税水污染物浓度值的日平均值，以及监测机构当月每次监测的应税大气污染物、水污染物的浓度值，均不得超过国家和地方规定的污染物排放标准”。

假设一个污水处理厂某月 30 天排放处理过的污水，那么自动监测设备会有 30 个水污染物的日平均值，将 30 个数值再平均以后得到的数值即为当月水污染物的浓度值。要想享受优惠，30 个数值都不得超过规定标准，且当月水污染物的浓度值还要低于规定幅度。

2.7.2.6　税收征管

（1）纳税义务发生时间

《环境保护税法》：

“第十六条　纳税义务发生时间为纳税人排放应税污染物的当日。”

（2）申报期限

《环境保护税法》：

“第十八条　环境保护税按月计算，按季申报缴纳。不能按固定期限计算缴纳的，可以按次申报缴纳。

第十九条　纳税人按季申报缴纳的，应当自季度终了之日起十五日内，向税务机关办理纳税申报并缴纳税款。纳税人按次申报缴纳的，应当自纳税义务发生之日起十五日内，向税务机关办理纳税申报并缴纳税款。”

（3）征税机关

征税机关是指应税污染物排放地的税务机关。应税污染物排放地是指：①应税大气污染物、水污染物排放口所在地；②应税固体废物产生地；③应税噪声产生地。

（4）管辖争议解决

纳税人跨区域排放应税污染物，税务机关对税收征收管辖有争议的，由争议各方按照有利于征收管理的原则协商解决；不能协商一致的，报请共同的上级税务机关决定。

2.7.2.7　部门合作

（1）数据传递与比对

《环境保护税法》规定：

“第十五条　生态环境主管部门应当将排污单位的排污许可、污染物排放数据、环境违法和受行政处罚情况等环境保护相关信息，定期交送税务机关。

税务机关应当将纳税人的纳税申报、税款入库、减免税额、欠缴税款以及风险疑点等环境保护税涉税信息，定期交送环境保护主管部门。

第二十条　税务机关应当将纳税人的纳税申报数据资料与生态环境主管部门交送的相关数据资料进行比对。税务机关发现纳税人的纳税申报数据资料异常或者纳税人未按照规定期限办理纳税申报的，可以提请生态环境主管部门进行复核，生态环境主管部门应当自收到税务机关的数据资料之日起十五日内向税务机关出具复核意见。税务机关应当按照生态环境主管部门复核的数据资料调整纳税人的应纳税额。”

（2）环保复核

《环境保护税法》规定：

“第二十条　税务机关发现纳税人的纳税申报数据资料异常或者纳税人未按照规定期限办理纳税申报的，可以提请环境保护主管部门进行复核，环境保护主管部门应当自收到税务机关的数据资料之日起十五日内向税务机关出具复核意见。税务机关应当按照生态环境主管部门复核的数据资料调整纳税人的应纳税额”。

关于提请复核情形：

（一）纳税人当期申报的应税污染物排放量与上一年同期相比明显偏低，且无正当理由。

（二）纳税人单位产品污染物排放量与同类型纳税人相比明显偏低，且无正当理由。

（三）纳税人未按照规定期限办理纳税申报。

（四）纳税人申报数据资料异常的其他情形。

提请复核情形中的正当理由主要包括：

（一）纳税人因不可抗力导致停产、半停产的（因纳税人未及时采取有效措施，导致环境污染扩大的除外）。

（二）纳税人因行政处罚、行政强制等原因处于限产、停产状态的。

（三）纳税人因市场原因致使产品产量、能源消耗下降的。

（四）纳税人对治污设施进行技术改造且正常使用的。

（五）纳税人享受减免税政策的。

（六）纳税人按规定进行废水接管的。

（七）税务部门和生态环境主管部门认定的其他正当理由。

（3）环保处罚信息处理

对环保税纳税人发生的环境违法行为，生态环境部门可查实违法行为发生时间、违法行为持续时间、违法排放的污染物种类和数量的，应当通过涉税信息共享平台，向税务机关传递上述违法事实和处理处罚信息。

按照《环境保护税法》第二十条的规定，税务机关应当将纳税人的纳税早报数据资料与生态环境主管部门交送的相关数据资料进行比对。税务机关发现纳税人的纳税申报数据资料异常或者纳税人未按照规定期限办理纳税申报的，可以提请生态环境主管部门进行复核，生态环境主管部门应当自收到税务机关的数据资料之日起十五日内向税务机关出具复核意见。税务机关应当按照生态环境主管部门复核的数据资料调整纳税人的应纳税额。

第 3 章　排污单位环境管理制度

3.1　废气污染环境管理

3.1.1　废气污染环境管理要求

《大气污染防治法》对工业污染防治有如下规定：

“第四十三条　钢铁、建材、有色金属、石油、化工等企业生产过程中排放粉尘、硫化物和氮氧化物的，应当采用清洁生产工艺，配套建设除尘、脱硫、脱硝等装置，或者采取技术改造等其他控制大气污染物排放的措施。

第四十四条　生产、进口、销售和使用含挥发性有机物的原材料和产品的，其挥发性有机物含量应当符合质量标准或者要求。

国家鼓励生产、进口、销售和使用低毒、低挥发性有机溶剂。

第四十五条　产生含挥发性有机物废气的生产和服务活动，应当在密闭空间或者设备中进行，并按照规定安装、使用污染防治设施；无法密闭的，应当采取措施减少废气排放。

第四十六条　工业涂装企业应当使用低挥发性有机物含量的涂料，并建立台账，记录生产原料、辅料的使用量、废弃量、去向以及挥发性有机物含量。台账保存期限不得少于三年。

第四十七条　石油、化工以及其他生产和使用有机溶剂的企业，应当采取措施对管道、设备进行日常维护、维修，减少物料泄漏，对泄漏的物料应当及时收集处理。

储油储气库、加油加气站、原油成品油码头、原油成品油运输船舶和油罐车、气罐车等，应当按照国家有关规定安装油气回收装置并保持正常使用。

第四十八条　钢铁、建材、有色金属、石油、化工、制药、矿产开采等企业，应当加强精细化管理，采取集中收集处理等措施，严格控制粉尘和气态污染物的排放。

工业生产企业应当采取密闭、围挡、遮盖、清扫、洒水等措施，减少内部物料的堆存、传输、装卸等环节产生的粉尘和气态污染物的排放。

第四十九条　工业生产、垃圾填埋或者其他活动产生的可燃性气体应当回收利用，不具备回收利用条件的，应当进行污染防治处理。

可燃性气体回收利用装置不能正常作业的，应当及时修复或者更新。在回收利用装置不能正常作业期间确需排放可燃性气体的，应当将排放的可燃性气体充分燃烧或者采取其他控制大气污染物排放的措施，并向当地生态环境主管部门报告，按照要求限期修复或者更新。”

3.1.2 废气污染防治

排污单位应建立废气管理制度，明确废气管理的部门与责任人，明确废气排放的目标指标，对各类废气排放源分别采取措施进行治理，确保废气稳定达标排放。同时要保持废气处理场所整洁，废气处理场所内不得从事与废气处理无关的加工作业或作为仓库，拆除与废气处理无关的管道。在废气处理场所应悬挂环保工作人员岗位职责、污染治理设施工艺流程图及环境安全事故应急预案等标牌。

3.1.2.1 废气收集系统

①废气收集应按照“应收尽收、分质收集”的原则，根据气体性质、流量、浓度、产生量、风速等因素综合设计，确保废气收集效果。优先选用风机后置、收集点位负压的收集方式。

②产生废气的工艺环节、设备，应采取密闭、负压等操作措施。含铬废气、含氰废气、氟化氢气体、含氨废气、有机废气等废气应设置独立的废气收集系统，并单独进行处理。

③废气收集管道宜根据废气理化特性选取合适的材料。含铬废气收集管道建议使用 PVC 材质，不使用 PP 材质。

④易产生积水的废气收集管道应设置排水管。易产生积灰的废气收集管道应设置清灰孔。

⑤废气收集管道应标示收集的废气种类和流向，安装应牢固固定。管道安装根据《通风管道技术规程》（JGJ/T 141）、《工业金属管道工程施工规范》（GB 50235）执行。

⑥外部排风罩、通风柜、密闭罩等不同废气捕集方式的排风罩可按照《排风罩的分类及技术条件》（GB/T 16758）设置。排放罩的控制风速参照《局部排风设施控制风速检测与评估技术规范》（WS/T 757）执行。

3.1.2.2　废气治理设施

①废气治理设施的场址选择与总图布置应遵从降低环境影响、方便施工及运行维护等原则，并按照消防要求留出消防通道和安全保护距离。同时应考虑主导风向的影响，以减少有害气体、噪声等对环境的影响。具体要求参照《工业企业总平面设计规范》（GB 50187）执行。

②废气治理设施宜选用耐腐蚀的材料，基础应平整稳固。

③废气治理设施应设标示牌。标示牌悬挂或粘贴于设备表面明显位置，注明设备的编号、名称、型号、主要参数。

④应根据废气的产生量、污染物的组分和性质、温度、压力等因素进行综合分析后选择成熟可靠的废气治理工艺路线。

⑤对于高浓度有机废气，应先采用冷凝（深冷）回收技术、变压吸附回收技术等对废气中的有机化合物回收利用，然后辅助以其他治理技术。对于中等浓度有机废气，应采用吸附技术回收有机溶剂或热力焚烧技术。对于低浓度有机废气，有回收价值时，应采用吸附技术；无回收价值时，宜采用吸附浓缩燃烧技术、蓄热式热力焚烧技术、生物净化技术或等离子等技术。连续生产的化工企业原则上应对可燃性有机废气采取回收利用或焚烧技术，间歇生产的化工企业宜采用焚烧、吸附或组合工艺。

⑥对于恶臭气体宜采用微生物净化技术、低温等离子技术、吸附或吸收技术、热力焚烧技术等。

⑦粉尘类废气应采用布袋除尘、静电除尘或以布袋除尘为核心的组合工艺。

⑧工业锅炉和工业炉窑废气优先采取清洁能源和高效净化工艺，并满足主要污染物减排要求。

3.1.2.3　废气排放口

①企业事业单位和其他生产经营者向大气排放污染物的，应当按照《排污口规范化整治技术要求》（环监〔1996〕470号）对废气排放口进行立标、建档管理，并规范化设置废气排放口，需重点注意采样位置、采样孔、采样平台、排气筒高度、废气排放口标志牌五大内容。

②采样位置、采样孔、采样平台的具体要求参照《固定污染源排气中颗粒物测定与气态污染物采样方法》（GB/T 16157）。

③排气筒高度应按相关污染物排放标准中与排气筒高度设置相关的要求设置。排气筒的具体高度以及与周围建筑物的相对高度应根据环境影响评价文件结论确定。

④废气排放口标志牌应放置距废气排放口或采样点较近且醒目处，并能长久保留。具体设置要求参照《环境保护图形标志　排放口（源）》（GB 15562.1）、《关于印发排放口标志牌技术规格的通知》（环办〔2003〕95号）执行。

3.1.2.4　运维管理要点

①定期检查废气收集系统是否与生产工艺设备同步运行，输送管道是否密闭、无破损、负压运行。

②定期检查采样平台、采样通道及排气筒是否破损、采样口是否堵塞。

③定期检查排放口标志牌是否完整，是否与排污证的排放口编号对应放置。

④酸碱废气等喷淋塔治理设施运行时，应定期检查循环泵及马达、风机运转、加药装置、洗涤塔吸收液pH、化学药品储罐液位是否正常。配有回收器的，还需定期检查回收器外观、回收管、液封器、贮液箱的液面是否正常。

⑤喷淋+UV光解+活性炭吸附有机废气治理设施运行时，应定期检查循环泵及马达、风机、UV光解设备前置过滤网、活性炭性状是否正常。

⑥沸石转轮+蓄热燃烧有机废气治理设施运行时，应定期检查风机运转、转轮吸附装置再生解吸温度、燃烧室温度是否正常，管路、废气处理设施是否有漏气

现场。

⑦蓄热催化燃烧有机废气治理设施运行时，应定期检查风机运转、转轮吸附装置再生解吸温度、催化燃烧室温度是否正常，管路、废气处理设施是否有漏气现场。

⑧袋式除尘治理设施运行时，应定期检查检查孔、密闭门、风管是否漏风或堵塞，布袋是否有破损、是否有结露情况，吹灰系统是否正常、排灰系统是否畅通。

⑨锅炉废气治理设施运行时，应定期检查法兰、接头连接、卸灰阀、阻火器是否正常，除尘器的气密性是否良好，排灰口及进排气口是否堵塞。

⑩建立废气治理设施运行状况、设施维护等的记录制度，主要记录内容包括：治理设施的启动、停止时间；吸附剂、过滤材料、催化剂、吸收剂等材料的采购量、使用量及更换时间；治理设施运行工艺控制参数；主要设备维修情况；运行事故及维修情况；定期检验、评价及评估情况等。

⑪定期检查大气污染治理设施或构筑物的外部结构及各种平台走道板、护栏、爬梯、阀门、支架、盖板、保温材料等，做好维修、防腐，并更换已损坏的部件。

⑫定期清理管道管件和处理设备的沉积物，特别是风管、水管、过滤材料、填料、静电极板、等离子电极、紫外灯管、吸附剂、其他用电设施等部件材料。

⑬定期检查管道管件，除尘装置、吸收塔、喷淋装置、吸附装置、燃烧装置、生物塔/床、光催化、低温等离子、冷凝器等处理设备或部件，及时更换破损管件、处理设备或部件。

⑭检查、清扫电气控制柜，保证运行接触良好、无短路。

⑮根据不同治理设施，定期分类检查所需耗材是否充足。

3.2　废水污染环境管理

3.2.1　废水污染环境管理要求

《中华人民共和国水污染防治法》对工业水污染防治有如下规定：

“第三十三条　禁止向水体排放油类、酸液、碱液或者剧毒废液。

禁止在水体清洗装贮过油类或者有毒污染物的车辆和容器。

第三十四条 禁止向水体排放、倾倒放射性固体废物或者含有高放射性和中放射性物质的废水。

向水体排放含低放射性物质的废水，应当符合国家有关放射性污染防治的规定和标准。

第三十五条 向水体排放含热废水，应当采取措施，保证水体的水温符合水环境质量标准。

第三十六条 含病原体的污水应当经过消毒处理；符合国家有关标准后，方可排放。

第三十七条 禁止向水体排放、倾倒工业废渣、城镇垃圾和其他废弃物。

禁止将含有汞、镉、砷、铬、铅、氰化物、黄磷等的可溶性剧毒废渣向水体排放、倾倒或者直接埋入地下。

存放可溶性剧毒废渣的场所，应当采取防水、防渗漏、防流失的措施。

第三十八条 禁止在江河、湖泊、运河、渠道、水库最高水位线以下的滩地和岸坡堆放、存贮固体废物和其他污染物。

第三十九条 禁止利用渗井、渗坑、裂隙、溶洞，私设暗管，篡改、伪造监测数据，或者不正常运行水污染防治设施等逃避监管的方式排放水污染物。

第四十条 化学品生产企业以及工业集聚区、矿山开采区、尾矿库、危险废物处置场、垃圾填埋场等的运营、管理单位，应当采取防渗漏等措施，并建设地下水水质监测井进行监测，防止地下水污染。

加油站等的地下油罐应当使用双层罐或者采取建造防渗池等其他有效措施，并进行防渗漏监测，防止地下水污染。

禁止利用无防渗漏措施的沟渠、坑塘等输送或者存贮含有毒污染物的废水、含病原体的污水和其他废弃物。

第四十一条 多层地下水的含水层水质差异大的，应当分层开采；对已受污染的潜水和承压水，不得混合开采。

第四十二条 兴建地下工程设施或者进行地下勘探、采矿等活动，应当采取防护性措施，防止地下水污染。

报废矿井、钻井或者取水井等，应当实施封井或者回填。

第四十三条 人工回灌补给地下水，不得恶化地下水质。

第四十四条　国务院有关部门和县级以上地方人民政府应当合理规划工业布局，要求造成水污染的企业进行技术改造，采取综合防治措施，提高水的重复利用率，减少废水和污染物排放量。

第四十五条　排放工业废水的企业应当采取有效措施，收集和处理产生的全部废水，防止污染环境。含有毒有害水污染物的工业废水应当分类收集和处理，不得稀释排放。

工业集聚区应当配套建设相应的污水集中处理设施，安装自动监测设备，与环境保护主管部门的监控设备联网，并保证监测设备正常运行。

向污水集中处理设施排放工业废水的，应当按照国家有关规定进行预处理，达到集中处理设施处理工艺要求后方可排放。

第四十六条　国家对严重污染水环境的落后工艺和设备实行淘汰制度。

国务院经济综合宏观调控部门会同国务院有关部门，公布限期禁止采用的严重污染水环境的工艺名录和限期禁止生产、销售、进口、使用的严重污染水环境的设备名录。

生产者、销售者、进口者或者使用者应当在规定的期限内停止生产、销售、进口或者使用列入前款规定的设备名录中的设备。工艺的采用者应当在规定的期限内停止采用列入前款规定的工艺名录中的工艺。

依照本条第二款、第三款规定被淘汰的设备，不得转让给他人使用。

第四十七条　国家禁止新建不符合国家产业政策的小型造纸、制革、印染、染料、炼焦、炼硫、炼砷、炼汞、炼油、电镀、农药、石棉、水泥、玻璃、钢铁、火电以及其他严重污染水环境的生产项目。

第四十八条　企业应当采用原材料利用效率高、污染物排放量少的清洁工艺，并加强管理，减少水污染物的产生。”

《长江保护法》中关于水污染防治有如下规定：

“第二条　在长江流域开展生态环境保护和修复以及长江流域各类生产生活、开发建设活动，应当遵守本法。

本法所称长江流域，是指由长江干流、支流和湖泊形成的集水区域所涉及的青海省、四川省、西藏自治区、云南省、重庆市、湖北省、湖南省、江西省、安徽省、江苏省、上海市，以及甘肃省、陕西省、河南省、贵州省、广西壮族自治区、广东省、浙江省、福建省的相关县级行政区域。

第十六条 国家鼓励、支持单位和个人参与长江流域生态环境保护和修复、资源合理利用、促进绿色发展的活动。

对在长江保护工作中做出突出贡献的单位和个人，县级以上人民政府及其有关部门应当按照国家有关规定予以表彰和奖励。

第二十六条 国家对长江流域河湖岸线实施特殊管制。国家长江流域协调机制统筹协调国务院自然资源、水行政、生态环境、住房和城乡建设、农业农村、交通运输、林业和草原等部门和长江流域省级人民政府划定河湖岸线保护范围，制定河湖岸线保护规划，严格控制岸线开发建设，促进岸线合理高效利用。

禁止在长江干支流岸线一公里范围内新建、扩建化工园区和化工项目。

禁止在长江干流岸线三公里范围内和重要支流岸线一公里范围内新建、改建、扩建尾矿库；但是以提升安全、生态环境保护水平为目的的改建除外。

第四十九条 禁止在长江流域河湖管理范围内倾倒、填埋、堆放、弃置、处理固体废物。长江流域县级以上地方人民政府应当加强对固体废物非法转移和倾倒的联防联控。

第八十四条 违反本法规定，有下列行为之一的，由有关主管部门按照职责分工，责令停止违法行为，给予警告，并处一万元以上十万元以下罚款；情节严重的，并处十万元以上五十万元以下罚款：

（一）船舶在禁止航行区域内航行的；

（二）经同意在水生生物重要栖息地禁止航行区域内航行，未采取必要措施减少对重要水生生物干扰的；

（三）水利水电、航运枢纽等工程未将生态用水调度纳入日常运行调度规程的；

（四）具备岸电使用条件的船舶未按照国家有关规定使用岸电的。

第八十五条 违反本法规定，在长江流域开放水域养殖、投放外来物种或者其他非本地物种种质资源的，由县级以上人民政府农业农村主管部门责令限期捕回，处十万元以下罚款；造成严重后果的，处十万元以上一百万元以下罚款；逾期不捕回的，由有关人民政府农业农村主管部门代为捕回或者采取降低负面影响的措施，所需费用由违法者承担。

第八十六条 违反本法规定，在长江流域水生生物保护区内从事生产性捕捞，或者在长江干流和重要支流、大型通江湖泊、长江河口规定区域等重点水域禁捕期间从事天然渔业资源的生产性捕捞的，由县级以上人民政府农业农村主管部门没收渔获物、违法所得以及用于违法活动的渔船、渔具和其他工具，并处一万元以上五万元以下罚款；采取电鱼、毒鱼、炸鱼等方式捕捞，或者有其他严重情节的，并处五万元以上五十万元以下罚款。

收购、加工、销售前款规定的渔获物的，由县级以上人民政府农业农村、市场监督管理等部门按照职责分工，没收渔获物及其制品和违法所得，并处货值金额十倍以上二十倍以下罚款；情节严重的，吊销相关生产经营许可证或者责令关闭。

第八十七条　违反本法规定，非法侵占长江流域河湖水域，或者违法利用、占用河湖岸线的，由县级以上人民政府水行政、自然资源等主管部门按照职责分工，责令停止违法行为，限期拆除并恢复原状，所需费用由违法者承担，没收违法所得，并处五万元以上五十万元以下罚款。

第八十八条　违反本法规定，有下列行为之一的，由县级以上人民政府生态环境、自然资源等主管部门按照职责分工，责令停止违法行为，限期拆除并恢复原状，所需费用由违法者承担，没收违法所得，并处五十万元以上五百万元以下罚款，对直接负责的主管人员和其他直接责任人员处五万元以上十万元以下罚款；情节严重的，报经有批准权的人民政府批准，责令关闭：

（一）在长江干支流岸线一公里范围内新建、扩建化工园区和化工项目的；

（二）在长江干流岸线三公里范围内和重要支流岸线一公里范围内新建、改建、扩建尾矿库的；

（三）违反生态环境准入清单的规定进行生产建设活动的。

第八十九条　长江流域磷矿开采加工、磷肥和含磷农药制造等企业违反本法规定，超过排放标准或者总量控制指标排放含磷水污染物的，由县级以上人民政府生态环境主管部门责令停止违法行为，并处二十万元以上二百万元以下罚款，对直接负责的主管人员和其他直接责任人员处五万元以上十万元以下罚款；情节严重的，责令停产整顿，或者报经有批准权的人民政府批准，责令关闭。

第九十条　违反本法规定，在长江流域水上运输剧毒化学品和国家规定禁止通过内河运输的其他危险化学品的，由县级以上人民政府交通运输主管部门或者海事管理机构责令改正，没收违法所得，并处二十万元以上二百万元以下罚款，对直接负责的主管人员和其他直接责任人员处五万元以上十万元以下罚款；情节严重的，责令停业整顿，或者吊销相关许可证。

第九十一条　违反本法规定，在长江流域未依法取得许可从事采砂活动，或者在禁止采砂区和禁止采砂期从事采砂活动的，由国务院水行政主管部门有关流域管理机构或者县级以上地方人民政府水行政主管部门责令停止违法行为，没收违法所得以及用于违法活动的船舶、设备、工具，并处货值金额二倍以上二十倍以下罚款；货值金额不足十万元的，并处二十万元以上二百万元以下罚款；已经取得河道采砂许可证的，吊销河道采砂许可证。”

3.2.2　废水污染防治

排污单位应建立废水管理制度，明确废水管理的部门与责任人。明确废水排放的指标，建立废水收集、处理设施管理台账，加强废水处理设施的现场管理，规范收集、运营和排放，定期监测废水排放情况，对照相关排放标准进行合规性评价，确保废水稳定达标排放。同时，保持废水处理场所整洁，废水处理场所内不得从事与废水处理无关的加工作业或作为仓库，拆除与废水处理无关的管道。在废水处理场所应悬挂环保工作人员岗位职责、污染治理设施工艺流程图及环境安全事故应急预案等标牌。

3.2.2.1　废水收集系统

①企业应严格实行雨污分流、清污分流，并做好雨水的收集及监控排放管理工作。

②工业废水应按分质、分类的原则进行收集。从车间源头至废水处理设施的不同类型废水排污管道需采用不同颜色进行标识，并采用带箭头的长方形识别色标牌标明废水主要污染物及流向。具体要求参照《工业管道的基本识别色、识别符号和安全标识》（GB 7231）。

③排污管道应采用明管敷设。采用地下管沟的，应防止雨水进入，管沟盖板的设置应便于检修、维护；采用高架管道的，应设置管架固定装置，管道布置整齐，标识清楚。

④每个车间排出的同类型废水只允许设一根排污管道，同类型废水进入废水处理设施前应汇入同一管道。含有毒有害水污染物的工业废水应当分类收集。

⑤输送腐蚀性废水的管渠必须采用耐腐蚀性材料，其接口附属构筑物必须采用相应的防腐蚀措施。

⑥工业污染雨水管道、生活污水管道应在地面用白色标识标明走向，并设置检查井；当雨、污管道相交时，应将污水管道敷设在下方。管道设计参数，铺设要求，检查井位置，井盖标识，雨水口的形式、数量、布置等具体要求参照《室外排水设计标准》（GB 50014）。

⑦工业废水收集池、沉淀池等构筑物的设计数据应通过试验或参照同类工程实例确定。

⑧锅炉、自备电站冷却水应收集后进入废水处理系统处理达标后排放。

3.2.2.2　废水处理设施

①废水处理设施的选址和总体布置应符合相关规定，宜靠近生产车间，利于废水收集且具有良好的排放条件。具体要求参照《室外排水设计标准》（GB 50014）。

②废水处理设施总体布局按照处理工艺和流程布置建（构）筑物及设施，构（建）筑物应集中布置，间距应紧凑、合理，并满足消防、施工的要求。

③废水处理设施应将管理区布置在夏季主导风向上风侧，将污泥区和进水区布置在夏季主导风向下风侧。

④废水处理设施内各处理单元及废水站地面以及产生废水的车间地面均按照《建筑防腐蚀工程施工规范》（GB 50212）的规定做好防腐、防渗。

⑤当废水需要提升时应设置泵站，水泵机组的选择应根据设计流量和所需扬程等因素确定，各类泵均应与对应的吸水池液位连锁，并保证最低液位自动停泵。具体要求参照《泵站设计规范》（GB/T 50265）和《室外排水设计标准》（GB 50014）。

⑥水质、水量变化大的废水处理站，宜在废水处理设施之前设置调节池。调节池容积应依据废水水量、水质变化范围及要求的均和程度确定，应满足水量、水质变化一个周期以上全部废水的调节要求。具体要求参照《水污染治理工程技术导则》（HJ 2015）。

⑦废水处理主要工艺设备（设施）和材料应根据处理基本工艺流程设计和选型。调节池宜设置搅拌系统，定期清理，并按要求采取加盖、排泥、通风、除臭及防爆等措施；药剂与废水混合反应过程中，如产生有害气体，则混合池和反应池应加盖密闭，设通风设施及废气收集处理系统；药剂溶解池、溶液池内壁应根据药剂的性质采取相应的防腐措施，池底应有坡度并设排渣管和排空管。具体构筑物设计要求参照《室外给水设计标准》（GB 50013）。

⑧污泥处理构筑物和设备的设置应符合《室外排水设计标准》（GB 50014）。

⑨污泥脱水应采用厢式或板框压滤机等污泥脱水设备进行机械脱水，压滤机的选用应符合《环境保护产品技术要求　箱式压滤机和板式压滤机》（HJ/T 283）的规定，压滤机的设计工作时间每班不宜大于 6 h。

⑩流量计电源线必须直接连接，不准设开关或插座，设施的电源线管、气管线、自来水管必须分类标识清楚，按“横平竖直”要求码齐。

⑪废水处理设施内各构筑物需在四周明显位置设置标牌。

3.2.2.3　废水排放口

①排放口设置要求：排放口应符合“一明显，二合理，三便于”的要求，即环保标志明显；排放口设置合理，污染物排放去向合理；便于采集样品，便于监测计量，便于公众参与监督管理。

②在饮用水水源保护区内，禁止设置排污口。

③各排污单位各独立厂区只允许设污水和“清下水”排污口各一个，因特殊原因需要增加排污口的，须报当地有管辖权的生态环境部门备案。

④污水排放口位置应根据实际地形和排放污染物的种类情况确定，原则应设置一段长度不小于 1 m 的明渠。

⑤企业应按照排污许可要求在排放口设置采样点，如工厂总排放口、污水处理设施的进水和出水口等。

⑥凡排放含第一类水污染物的单位，还应在产生该污染物的车间或车间污水处理设施出水口专门增设规范的排污口。

⑦生活污水排放口、生产废水排放口、雨水排放口设置排放标志牌，并定期检查。排污口标志牌设置必须按照《环境保护图形标志》（GB 15562.1、GB 15562.2）

的规定。

⑧排污单位所有排放口（含雨水排放口）均应设置观察井。观察井应设置在厂外，厂外确不具备条件的，可在厂内排放口处设置。

3.2.2.4　运维管理要点

①废水治理设施的运行人员应经过岗位安全培训和技能培训，运行操作人员应持证上岗。

②废水管线应重点检查废水管线、阀门、连接处等是否存在破损、堵塞及渗漏等情况，通电前还应检查供电线路，确保用电安全。

③机泵设备主要检查其机械密封性能，还有泵口是否堵塞，使用前需注意置换出泵体与管道中的空气。

④鼓风机在运行中，巡检人员应重点检查鼓风机及电机的温度、油压、风量、电流、电压、进出风差压、水冷却系统等。

⑤药剂系统方面，检查药剂泵送系统是否正常，排除计量系统和机泵设备故障、容器破损、管线堵塞等情况；确认药剂桶内残留的药剂是否可以正常使用，如不可以则需要重新配置。对易沉淀药剂，需重新搅拌 30 min 以上才可以正常使用。

⑥污泥脱水设备需定期把设备清洗干净，防止污泥板结，同时初始开机后需现场人员加强巡检，避免污泥泵堵塞导致无法自动上料。

⑦废水处理单元方面，重点检查搅拌系统、曝气系统运行是否正常，了解剩余污泥量、活性污泥的活性和浓度等；检查进入厌氧系统的废水的温度和有害化学品浓度，以免影响厌氧菌活性。

⑧企业应按照排污许可证确定排放口的监测因子、监测频次、监测技术手段和监测设施，制定监测方案，定期开展监测，并保留监测记录。

⑨废水处理工作人员每月对药剂使用情况、污水处理情况及污泥产生情况等信息进行记录，填写水处理情况月报表。

⑩制定完善的水污染防治设施操作规程，设施现场应设置污染设施处理工艺流程示意图。

⑪废水处理设施按要求配备相应的医药箱、应急喷淋装置、操作人员防护必

用品、处理设施维修等应急物资，在存在有毒有害等危险的场所设置各类安全警示牌等。

⑫排放口标志牌应保持清晰、完整。当发现形象损坏、颜色污染或有变化、褪色等情况，应及时修复或更换，检查频率每年至少一次。

⑬排污企业要将规范化排污口的有关设置纳入设备管理，负责日常的维护保养，并制定相应的管理规章和制度。

⑭建设单位在江河、湖泊新建、改建、扩建排污口的，应当取得水行政主管部门或者流域管理机构同意；涉及通航、渔业水域的，生态环境主管部门在审批环境影响评价文件时，应当征求交通、渔业主管部门的意见。

⑮废水治理设施应在满足设计工况的条件下运行，并根据工艺要求定期对各类工艺、电气、自控设备仪表、空气阀门、曝气设备、空气管道、进水闸门及废水处理设施的护栏、楼梯、栏板、支架进行检查和维护，如有损坏必须及时修复或更换，并填写水污染防治设施保养记录表。

⑯设备各运转部位应保持良好的润滑状态，及时添加润滑油、除锈；发现漏油、渗油情况，应及时解决。

⑰泵体、闸阀、管道的堵塞物、鼓风机空气过滤器需及时清除、清理和检修，停运的鼓风机应关闭进、出气阀，并定期进行维护保养。

⑱池内漂浮物及时打捞，防止泵体引起堵塞。

⑲除正常计划检修外，每 3 年放空、清理曝气池一次，同时检修曝气装置（包括曝气头、曝气管、潜水推进器、内循环泵等系列设备）。

⑳污泥进料、出料泵、投药泵停用后，必须进行保养一次。

㉑冲洗、滤筒的喷嘴和集水槽应经常清洗或疏通或更换喷嘴、高压水管。

㉒企业需按照要求自行或委托第三方对自动监控设备进行维护，保证自动监测设备正常运行。

㉓自动监测设备运维台账包含在线监控仪清单、在线监控仪验收台账、定期比对报告、自检报告、废液处置手续、药剂及易损件更换记录等。

㉔企业应建立排污口基础资料档案和管理档案，对排污口及其监测计量装置、仪器设备和环保图形标志牌等环境保护设施制定相应的管理办法和维护保养制度。

3.3　固体废物污染环境管理

3.3.1　一般工业固体废物

3.3.1.1　一般工业固体废物的管理要求

（1）一般工业固体废物的概念及分类

一般工业固体废物是指企业在工业生产过程中产生且不属于危险废物的工业固体废物。

根据浸出液判定方法可分为第 I 类一般工业固体废物和第 II 类一般工业固体废物。

第 I 类一般工业固体废物：按照《固体废物浸出毒性浸出方法　水平振荡法》（HJ 557）规定的方法获得的浸出液中任何一种特征污染物浓度均未超过《污水综合排放标准》（GB 8978）最高允许排放浓度（第二类污染物最高允许排放浓度按照一级标准执行），且 pH 在 6～9 的一般工业固体废物为第 I 类一般工业固体废物。

第 II 类一般工业固体废物：按照《固体废物浸出毒性浸出方法　水平振荡法》（HJ 557）规定的方法获得的浸出液中有一种或一种以上的特征污染物浓度超过《污水综合排放标准》（GB 8978）最高允许排放浓度（第二类污染物最高允许排放浓度按照一级标准执行），或 pH 在 6～9 范围之外的一般工业固体废物。

（2）一般工业固体废物的管理原则

一般工业固体废物为生产过程中产生的“废物”，但也可能是下游产业的“粮食”。根据第二次全国污染源普查公报，我国 2017 年一般工业固体废物产生量为 38.68 亿 t，综合利用率为 53.3%，其产生规模庞大，且综合利用率偏低，导致出现一般工业固体废物“埋不了、烧不掉、没人要”的局面。

根据《固体废物污染环境防治法》，“固体废物污染环境防治须坚持减量化、资源化和无害化原则。通过重视源头减排，开展废物减量化改造、厂（场）内综合利用处置，较少废物的产生量和转移量。与危险废物严格区分并分类收集、暂存和处置，实施无害化管理”。

（3）收集及贮存场所要求

一般工业固体废物收集和暂存过程中，严禁与危险废物和生活垃圾一并收集。企业对收集、贮存、运输、处置一般工业固体废物的设施、设备和场所，应加强管理和维护，保证其正常运行和使用。一般工业固体废物暂存场所须采取防扬散、防流失、防渗漏以及其他防止污染环境的措施，严禁擅自倾倒、堆放、丢弃、遗撒一般工业固体废物。运输一般工业固体废物，必须采取防止污染环境的措施，并遵守国家有关固体废物运输管理的规定。

《一般工业固体废物贮存和填埋污染控制标准》（GB 18599—2020）中对一般工业固体废物贮存场所提出了如下要求：

①一般工业固体废物贮存场的选址应符合环境保护法律法规及相关法定规划要求；

②贮存场的位置与周围居民区的距离应依据环境影响评价文件及审批意见确定；

③贮存场不得选在生态保护红线区域、永久基本农田集中区域和其他需要特别保护的区域内；

④贮存场应避开活动断层、溶洞区、天然滑坡或泥石流影响区以及湿地等区域；

⑤贮存场不得选在江河、湖泊、运河、渠道、水库最高水位线以下的滩地和岸坡，以及国家和地方长远规划中的水库等人工蓄水设施的淹没区和保护区之内。

（4）运输管理

①运输单位应按照承运废物特性，配备相应运输车辆，运输车辆应配备 GPS 和视频记录仪。运输过程要做好防扬散、防渗漏等措施，严防二次污染。驾驶员、押运员等从业人员应由运输单位负责定期组织开展从业人员培训，了解、掌握一般工业固体废物知识、事故应对技能及相关管理制度。

②在废物交接环节，运输单位应与产生单位核实所承运的一般工业固体废物的具体信息，填好交接记录单。交接记录单要随车运行，严禁将承运的一般工业固体废物交由合同规定单位以外的个人或单位，并严防运输途中“跑、冒、滴、漏”。利用处置单位在接收时，要查验核对交接记录单信息，查验接收的一般工业固体废物的类别和数量等，不得接受非法委托。

（5）处置和利用

①从事一般工业固体废物利用处置的单位，对照环评及验收文件依法开展生产活动，并严格落实各项污染物排放要求。严格执行一般工业固体废物经营记录制度，按照废物实际入厂、生产等情况如实登记，做到废物的交接记录与利用处置记录相一致。要切实加强运行安全管理，制订培训计划，定期开展管理人员、操作人员和技术人员培训；制定应急预案，根据生产经营废物实际情况，有针对性地开展应急演练。根据不同废物的特性，做好安全防护，加强监测和巡查，严防安全事故发生。

②一般工业固体废物利用处置单位须严格落实环评批复、验收文件中关于污染防治的各项要求，妥善运行污染防治设施，严防二次污染。生产设施、污染防治设施设备要定期进行检测检验，严防破损，杜绝事故性排放。要制订污染物排放自行监测计划，并按计划开展自行监测。

③一般工业固体废物利用处置单位应在废物出入口、贮存场所、利用处置设施建立交接记录制度，在内部“三点一线”（废物出入口、贮存场所、利用设施和转运路线）等关键环节，设立视频监控，实现在线实时跟踪。鼓励一般工业固体废物利用处置单位通过企业网站等渠道，公开废物接收处置、污染物排放等相关信息。

（6）产生一般固体废物单位终止后的责任范围

产生一般工业固体废物的企业需要终止生产的，应当事先对工业固体废物的贮存、处置设施、场所采取污染防治措施，并对未处置的工业固体废物作出妥善处置，防止污染环境。企业发生变更的，变更后的单位和个人应当按照国家有关环境保护的规定对未处置的工业固体废物及其贮存、处置设施、场所进行安全处置或者采取措施保证该设施、场所安全运行。

（7）企业一般固体废物暂存场所标识

①标识标牌设置

根据《环境保护图形标志　固体废物贮存（处置）场》（GB 15562.2），针对一般工业固体废物贮存、处置场图形符号分为提示图形符号和警告图形符号两种。具体见表 3-1。

表 3-1 一般工业固体废物贮存、处置场图形及说明

类别	图形符号	形状	背景颜色	图形颜色	标志牌尺寸
提示标志		正方形边框	绿色	白色	平面固定式标志牌：480 mm×300 mm；立式固定式标志牌：420 mm×420 mm
警告		三角形边框	黄色	黑色	平面固定式标志牌：边长 420 mm；立式固定式标志牌：边长 560 mm

②标志牌的使用与维护

a. 标志牌的设置

标志牌应设置在与之功能相应的醒目处。

b. 检查与维修

标志牌必须保持清晰、完整。当发现形象损毁、颜色污染或有变化、褪色等不符合标准的情况下，应及时修复或更换。检查频次至少每年一次。

3.3.1.2 一般固体废物管理法律依据

《固体废物污染环境防治法》对一般固体废物管理的要求如下：

“第四条　固体废物污染环境防治坚持减量化、资源化和无害化的原则。任何单位和个人都应当采取措施，减少固体废物的产生量，促进固体废物的综合利用，降低固体废物的危害性。

第五条　固体废物污染环境防治坚持污染担责的原则。产生、收集、贮存、运输、利用、处置固体废物的单位和个人，应当采取措施，防止或者减少固体废物对环境的污染，对所造成的环境污染依法承担责任。

第三十六条　产生工业固体废物的单位应当建立健全工业固体废物产生、收集、贮存、运输、利用、处置全过程的污染环境防治责任制度，建立工业固体废物管理台账，如实记录产生工业固体废物的种类、数量、流向、贮存、利用、处置等信息，实现工业固体废物可追溯、可查询，并采取防治工业固体废物污染环境的措施。禁止向生活垃圾收集设施中投放工业固体废物。

第三十七条　产生工业固体废物的单位委托他人运输、利用、处置工业固体废物的，应当对受托方的主体资格和技术能力进行核实，依法签订书面合同，在合同中约定污染防治要求。受托方运输、利用、处置工业固体废物，应当依照有关法律法规的规定和合同约定履行污染防治要求，并将运输、利用、处置情况告知产生工业固体废物的单位。

第三十八条　产生工业固体废物的单位应当依法实施清洁生产审核，合理选择和利用原材料、能源和其他资源，采用先进的生产工艺和设备，减少工业固体废物的产生量，降低工业固体废物的危害性。

第三十九条　产生工业固体废物的单位应当取得排污许可证。产生工业固体废物的单位应当向所在地生态环境主管部门提供工业固体废物的种类、数量、流向、贮存、利用、处置等有关资料，以及减少工业固体废物产生、促进综合利用的具体措施，并执行排污许可管理制度的相关规定。

第四十条　产生工业固体废物的单位应当根据经济、技术条件对工业固体废物加以利用；对暂时不利用或者不能利用的，应当按照国务院生态环境等主管部门的规定建设贮存设施、场所，安全分类存放，或者采取无害化处置措施。贮存工业固体废物应当采取符合国家环境保护标准的防护措施。建设工业固体废物贮存、处置的设施、场所，应当符合国家环境保护标准。

第四十一条　产生工业固体废物的单位终止的，应当在终止前对工业固体废物的贮存、处置的设施、场所采取污染防治措施，并对未处置的工业固体废物作出妥善处置，防止污染环境。”

3.3.1.3　一般固体废物管理相关违法法律责任及处罚依据

《固体废物污染环境防治法》对一般固体废物的相关违法责任规定如下：

“第一百零二条　违反本法规定，有下列行为之一，由生态环境主管部门责令改正，处以罚款，没收违法所得；情节严重的，报经有批准权的人民政府批准，可以责令停业或者关闭：

（一）产生、收集、贮存、运输、利用、处置固体废物的单位未依法及时公开固体废物污染环境防治信息的；

（二）在生态保护红线区域、永久基本农田集中区域和其他需要特别保护的区域内，建设工业固体废物、危险废物集中贮存、利用、处置的设施、场所和生活垃圾填埋场的；

（三）转移固体废物出省、自治区、直辖市行政区域贮存、处置未经批准的；

（四）转移固体废物出省、自治区、直辖市行政区域利用未报备案的；

（五）擅自倾倒、堆放、丢弃、遗撒工业固体废物，或者未采取相应防范措施，造成工业固体废物扬散、流失、渗漏或者其他环境污染的；

（六）产生工业固体废物的单位未建立固体废物管理台账并如实记录的；

（七）产生工业固体废物的单位违反本法规定委托他人运输、利用、处置工业固体废物的；

（八）贮存工业固体废物未采取符合国家环境保护标准的防护措施的；

（九）单位和其他生产经营者违反固体废物管理其他要求，污染环境、破坏生态的。

有前款第一项、第六项行为之一，处五万元以上二十万元以下的罚款；有前款第二项、第三项、第四项、第七项、第八项、第九项行为之一，处十万元以上一百万元以下的罚款；有前款第五项行为，处所需处置费用一倍以上三倍以下的罚款，所需处置费用不足十万元的，按十万元计算。”

3.3.2 危险废物

3.3.2.1 危险废物管理要求

（1）危险废物的概念及分类

危险废物是指列入国家危险废物名录或根据国家规定的危险废物鉴别标准和鉴别方法认定的具有危险特性的废物。

1）国家危险废物名录

国家定期公布危险废物名录，《国家危险废物名录（2021 年版）》（以下简称《名录》）于 2020 年 11 月 27 日公布，自 2021 年 1 月 1 日起实施。《名录》明确，具有下列情形之一的固体废物（包括液态废物）纳入危险废物范畴：

（一）具有毒性、腐蚀性、易燃性、反应性或者感染性一种或者几种危险特性的；

（二）不排除具有危险特性，可能对生态环境或者人体健康造成有害影响，需要按照危险废物进行管理的。

《名录》针对列入附录《危险废物豁免管理清单》中的危险废物，在所列的豁免环节，且满足相应的豁免条件时，可以按照豁免内容的规定实行豁免管理；危险废物与其他物质混合后的固体废物，以及危险废物利用处置后的固体废物的属性判定，按照国家规定的危险废物鉴别标准执行。

危险废物的危险特性，是指对生态环境和人体健康具有有害影响的毒性（Toxicity，T）、腐蚀性（Corrosivity，C）、易燃性（Ignitability，I）、反应性（Reactivity，R）和感染性（Infectivity，In）。

《名录》结合危险废物来源，将危险废物分为 50 个类别，并以附录形式明确了 32 种情形下的危险废物豁免管理清单。

2）危险废物鉴别和认定

危险废物鉴别分为两步，首先鉴别是否属于固体废物，再在固体废物的基础上鉴别是否属于危险废物。凡列入《国家危险废物名录》的固体废物，属于危险废物，不需要进行危险特性鉴别。

①固体废物鉴别。对生产、生活或其他活动中产生的丧失原有利用价值或者虽未丧失利用价值但被抛弃或者放弃的固态、半固态和置于容器中的气态的物品、物质以及法律、行政法规规定纳入固体废物管理的物品、物质按照《固体废物鉴别标准　通则》（GB 34330）进行鉴别的过程。判定待鉴别的物品、物质是否属于固体废物，不属于固体废物的，则不属于危险废物。

②废物鉴别。根据《危险废物鉴别标准　通则》（GB 5085.7），经判断属于固体废物但未列入《国家危险废物名录》，且不排除具有腐蚀性、毒性、易燃性、反应性的固体废物，依据《危险废物鉴别标准　腐蚀性鉴别》（GB 5085.1）、《危险

废物鉴别标准　急性毒性初筛》（GB 5085.2）、《危险废物鉴别标准　浸出毒性鉴别》（GB 5085.3）、《危险废物鉴别标准　易燃性鉴别》（GB 5085.4）、《危险废物鉴别标准　反应性鉴别》（GB 5085.5）和《危险废物鉴别标准　毒性物质含量鉴别》（GB 5085.6），以及《危险废物鉴别技术规范》（HJ 298）进行鉴别。凡具有腐蚀性、毒性、易燃性、反应性中一种或一种以上危险特性的固体废物，属于危险废物。

③认定。对未列入《国家危险废物名录》且根据危险废物鉴别标准无法鉴别，但可能对人体健康或生态环境造成有害影响的固体废物，由国务院生态环境主管部门组织专家认定。

3）危险废物混合后判定规则

①具有毒性、感染性中一种或两种危险特性的危险废物与其他物质混合，导致危险特性扩散到其他物质中，混合后的固体废物属于危险废物。

②仅具有腐蚀性、易燃性、反应性中一种或一种以上危险特性的危险废物与其他物质混合，混合后的固体废物经鉴别不再具有危险特性的，不属于危险废物。

③危险废物与放射性废物混合，混合后的废物应按照放射性废物管理。

4）危险废物利用处置后判定规则

①仅具有腐蚀性、易燃性、反应性中一种或一种以上危险特性的危险废物利用过程和处置后产生的固体废物，经鉴别不再具有危险特性的，不属于危险废物。

②具有毒性危险特性的危险废物利用过程产生的固体废物，经鉴别不再具有危险特性的，不属于危险废物。除国家有关法规、标准另有规定的外，具有毒性危险特性的危险废物处置后产生的固体废物，仍属于危险废物。

③除国家有关法规、标准另有规定的外，具有感染性危险特性的危险废物利用处置后，仍属于危险废物。

（2）危险废物管理原则

针对危险废物产生单位，《固体废物污染环境防治法》提出固体废物污染环境防治须坚持减量化、资源化和无害化原则。

（3）收集及贮存场所要求

1）一般性要求

①所有危险废物产生者和危险废物经营者应建造专用的危险废物贮存设施，也可利用原有构筑物改建成危险废物贮存设施。

②在常温常压下易爆、易燃及排出有毒气体的危险废物必须进行预处理，使之稳定后贮存，否则，按易爆、易燃危险品贮存。

③在常温常压下不水解、不挥发的固体危险废物可在贮存设施内分别堆放。

④除③款规定外，必须将危险废物装入容器内。

⑤禁止将不相容（相互反应）的危险废物在同一容器内混装。

⑥无法装入常用容器的危险废物可用防漏胶袋等盛装。

⑦装载液体、半固体危险废物的容器内须留出足够空间，容器顶部与液体表面之间保留 100 mm 以上的空间。

⑧盛装危险废物的容器上必须粘贴符合标准的标签。

⑨危险废物贮存设施在施工前应进行环境影响评价。

2）危险废物贮存设施的选址与设计原则

①地质结构稳定，地震烈度不超过 7 度的区域内。

②设施底部必须高于地下水最高水位。

③应依据环境影响评价结论确定危险废物集中贮存设施的位置及其与周围人群的距离，并经具有审批权的生态环境主管部门批准，并可作为规划控制的依据。在对危险废物集中贮存设施场址进行环境影响评价时，应重点考虑危险废物集中贮存设施可能产生的有害物质泄漏、大气污染物（含恶臭物质）的产生与扩散以及可能的事故风险等因素，根据其所在地区的环境功能区类别，综合评价其对周围环境、居住人群的身体健康、日常生活和生产活动的影响，确定危险废物集中贮存设施与常住居民居住场所、农用地、地表水体以及其他敏感对象之间合理的位置关系。

④应避免建在溶洞区或易遭受严重自然灾害（如洪水、滑坡、泥石流、潮汐等）影响的地区。

⑤应在易燃、易爆等危险品仓库、高压输电线路防护区域以外。

⑥应位于居民中心区常年最大风频的下风向。

⑦集中贮存的废物堆选址除满足以上要求外，须满足基础防渗要求，防渗层为至少 1 m 厚黏土层（渗透系数≤10^{-7} cm/s），或 2 mm 厚高密度聚乙烯，或至少 2 mm 厚的其他人工材料，渗透系数≤10^{-10} cm/s。

3）危险废物贮存设施（仓库式）的设计原则

①地面与裙脚要用坚固、防渗的材料建造，建筑材料必须与危险废物相容。

②必须有泄漏液体收集装置、气体导出口及气体净化装置。

③设施内要有安全照明设施和观察窗口。

④用以存放装载液体、半固体危险废物容器的地方，必须有耐腐蚀的硬化地面，且表面无裂隙。

⑤应设计堵截泄漏的裙脚，地面与裙脚所围建的容积不低于堵截最大容器的最大储量或总储量的 1/5。

⑥不相容的危险废物必须分开存放，并设有隔离间隔断。

4）危险废物的堆放

①堆放危险废物的高度应根据地面承载能力确定。

②衬里放在一个基础或底座上；衬里要能够覆盖危险废物或其溶出物可能涉及的范围；衬里材料与堆放危险废物相容；在衬里上设计、建造浸出液收集清除系统。

③应设计建造径流疏导系统，保证能防止 25 年一遇的暴雨不会流到危险废物堆里。

④危险废物堆内设计雨水收集池，并能收集 25 年一遇的暴雨 24 h 降水量。

⑤危险废物堆要防风、防雨、防晒。

⑥产生量大的危险废物可以散装方式堆放贮存在按上述要求设计的废物堆里。

⑦不相容的危险废物不能堆放在一起。

⑧总贮存量不超过 300 kg（L）的危险废物要放入符合标准的容器内，加上标签，容器放入坚固的柜或箱中，柜或箱应设多个直径不少于 30 mm 的排气孔。不相容危险废物要分别存放或存放在不渗透间隔分开的区域内，每个部分都应有防漏裙脚或储漏盘，防漏裙脚或储漏盘的材料要与危险废物相容。

5）危险废物贮存设施的运行与管理

①从事危险废物贮存的单位，必须得到有资质单位出具的该危险废物样品物理和化学性质的分析报告，认定可以贮存后，方可接收。

②危险废物贮存前应进行检验，确保同预定接收的危险废物一致，并登记注册。

③不得接收未粘贴符合规定的标签或标签没按规定填写的危险废物。

④盛装在容器内的同类危险废物可以堆叠存放。

⑤每个堆间应留有搬运通道。

⑥不得将不相容的废物混合或合并存放。

⑦危险废物产生者和危险废物贮存设施经营者均须做好危险废物情况的记录，记录上须注明危险废物的名称、来源、数量、特性和包装容器的类别、入库日期、存放库位、废物出库日期及接收单位名称。危险废物的记录和货单在危险废物回取后应继续保留 3 年。

⑧必须定期对所贮存的危险废物包装容器及贮存设施进行检查，发现破损，应及时采取措施清理更换。

⑨泄漏液、清洗液、浸出液必须符合《污水综合排放标准》（GB 8978）的要求方可排放，气体导出口排出的气体经处理后，应满足《大气污染物综合排放标准》（GB 16297）和《恶臭污染物排放标准》（GB 14554）的要求。

（4）危险废物转移

①危险废物产生单位内部自行从事危险废物收集、贮存、运输活动应遵照国家相关管理规定，建立健全规章制度及操作指南，确保该过程安全、可靠。

②危险废物转移过程应按《危险废物转移联单管理办法》执行。

③危险废物收集、贮存、运输单位应建立规范的管理和技术人员培训制度，定期针对管理和技术人员进行培训。培训内容至少包括危险废物鉴别要求、危险废物经营许可证管理、危险废物转移联单管理、危险废物包装和标识、危险废物运输要求、危险废物事故应急方法等。

④危险废物收集、贮存、运输单位应编制应急预案。

⑤危险废物收集、贮存、运输过程中一旦发生意外事故，收集、贮存、运输单位及相关部门应根据风险程度采取相应的措施。

（5）处置和利用

1）危险废物处置方法

危险废物的处置分为焚烧和安全填埋。焚烧是指在氧气充足的情况下，使物质燃烧，彻底氧化、产生热量的化学过程。安全填埋是指对危险废物在安全填埋场进行的填埋处置。

危险废物预处理技术包括物理法、化学分和固化/稳定化等方法；处置技术包括焚烧处置技术、非焚烧处置技术和安全填埋技术。

2）危险废物综合利用

对已产生的危险废物首先考虑回收利用，减少后续处理处置的负荷。回收利用过程中应达到国家和地方有关规定的要求，避免二次污染。

生产过程中产生的危险废物，应积极推行生产系统内的回收利用。生产系统内无法回收利用的危险废物，通过系统外的危险废物交换、物质转化、再加工、能量转化等措施实现回收利用。

（6）企业危险废物暂存场所标识

1）标识标牌设置

①危险废物暂存场所标识。根据《环境保护图形标志　固体废物贮存（处置）场》，危险废物贮存、处置场图形仅设置警告图形符号，具体见表 3-2。

表 3-2　危险废物贮存、处置场图形及说明

类别	图形符号	形状	背景颜色	图形颜色	标志牌尺寸
警告		三角形边框	黄色	黑色	平面固定式标志牌：边长 420 mm；立式固定式标志牌：边长 560 mm

②危险废物种类及属性标识。通过设置危险废物种类及属性标志牌，可对贮存的危险废物基本信息进行公示，适用于张贴于室内外的标签、张贴于储存容器的标签分别见图 3-1 和图 3-2。

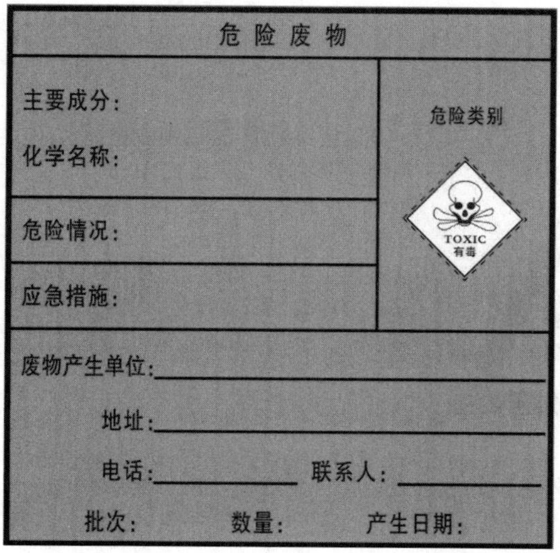

说　明

1. 危险废物标签尺寸、颜色
　　尺　　寸：40 cm×40 cm
　　底　　色：醒目的橘黄色
　　字　　体：黑体字
　　字体颜色：黑色
2. 危险类别：按危险废物种类选择。
3. 适用于：危险废物贮存设施为房屋的；或建有围墙或防护栅栏，且高度高于 100 cm 时。

图 3-1　适合于室内外悬挂的危险废物标签

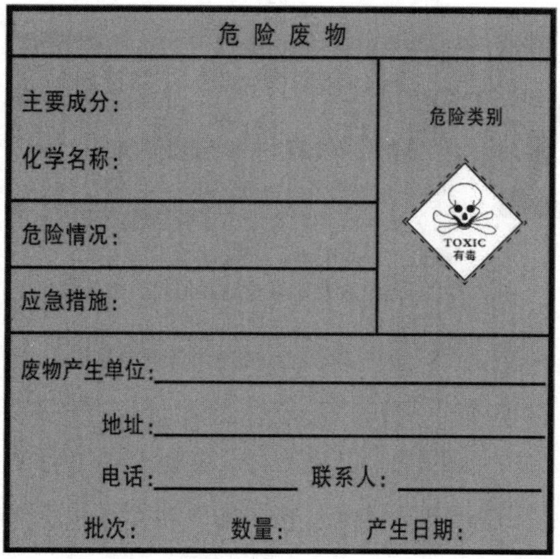

说　明

1. 危险废物标签尺寸、颜色
　　尺　　寸：20 cm×20 cm
　　底　　色：醒目的橘黄色
　　字　　体：黑体字
　　字体颜色：黑色
2. 危险类别：按危险废物种类选择。
3. 材料为不干胶印刷品。

图 3-2　适合于危险废物储存容器外张贴的危险废物标签

③悬挂或指示标志牌相关要求

危险废物暂存场所标志牌悬挂、指示要求见图 3-3～图 3-5。

说　明

1. 危险废物警告标志牌规格颜色
形状：等边三角形，边长 40 cm
颜色：背景为黄色，图形为黑色
2. 警告标志外延 2.5 cm。
3. 适用于：危险废物贮存设施为房屋的；或建有围墙或防护栅栏，且高度高于 100 cm 时；部分危险废物利用、处置场所。

图 3-3　适合于室内外悬挂的危险废物警告牌规格及指示要求

说　明

1. 主标识要求同图 3-3。
2. 主标识背面以螺丝固定，以调整支杆高度，支杆底部可以埋于地下，也可以独立摆放，标识牌下沿距地面 120 cm。
3. 适用于：
（1）危险废物贮存设施建有围墙或防护栅栏，且高度不足 100cm 时；
（2）危险废物贮存设施其他箱、柜等独立摆放时；
（3）所产生的危险废物密封不外排存放，需独立摆放时；
（4）部分危险废物利用、处置场所。

图 3-4　室内外独立摆放或竖立的危险废物警告标志示意

说　明

1. 危险废物警告标志要求同图 3-3。
2. 危险废物标签要求同图 3-1。
3. 支杆距地面 120 cm（长 100 cm、宽 40 cm），不含外延。
4. 适用于：
（1）危险废物贮存设施建有围墙或防护栅栏，且高度不足 100 cm 时；
（2）危险废物贮存设施其他箱、柜等独立贮存设施的，其箱、柜上不便于悬挂时；
（3）危险废物贮存于库房一隅的，需独立摆放时；
（4）所产生的危险废物密封不外排存放，需独立摆放时。

图 3-5　室内外独立竖立或摆放的危险废物标签示意

2）标志牌的使用与维护

①标志牌的设置。标志牌应设置在与之功能相对应的醒目之处。

②检查与维修。标志牌必须保持清晰、完整。当发现形象损毁、颜色污染或有变化、褪色等不符合标准的情况时，应及时修复或更换。检查频次至少每年一次。

3.3.2.2　危险废物管理法律依据

《固体废物污染环境防治法》对危险废物管理作出如下要求：

“第七十八条　产生危险废物的单位，应当按照国家有关规定制定危险废物管理计划；建立危险废物管理台账，如实记录有关信息，并通过国家危险废物信息管理系统向所在地生态环境主管部门申报危险废物的种类、产生量、流向、贮存、处置等有关资料。危险废物管理计划应当报产生危险废物的单位所在地生态环境主管部门备案。产生危险废物的单位已经取得排污许可证的，执行排污许可管理制度的规定。

第七十九条　产生危险废物的单位，应当按照国家有关规定和环境保护标准要求贮存、利用、处置危险废物，不得擅自倾倒、堆放。

第八十条　从事收集、贮存、利用、处置危险废物经营活动的单位，应当按照国家有关规定申请取得许可证。禁止无许可证或者未按照许可证规定从事危险废物收集、贮存、利用、处置的经营活动。禁止将危险废物提供或者委托给无许可证的单位或者其他生产经营者从事收集、贮存、利用、处置活动。

第八十一条　收集、贮存危险废物，应当按照危险废物特性分类进行。禁止混合收集、贮存、运输、处置性质不相容而未经安全性处置的危险废物。贮存危险废物应当采取符合国家环境保护标准的防护措施。禁止将危险废物混入非危险废物中贮存。从事收集、贮存、利用、处置危险废物经营活动的单位，贮存危险废物不得超过一年；确需延长期限的，应当报经颁发许可证的生态环境主管部门批准。

第八十二条　转移危险废物的，应当按照国家有关规定填写、运行危险废物电子或者纸质转移联单。

第八十四条　收集、贮存、运输、利用、处置危险废物的场所、设施、设备和容器、包装物及其他物品转作他用时，应当按照国家有关规定经过消除污染处理，方可使用。

第八十五条　产生、收集、贮存、运输、利用、处置危险废物的单位，应当依法制定意外事故的防范措施和应急预案，并向所在地生态环境主管部门和其他负有固体废物污染环境防治监督管理职责的部门备案。

第八十六条　因发生事故或者其他突发性事件，造成危险废物严重污染环境的单位，应当立即采取有效措施消除或者减轻对环境的污染危害，及时通报可能受到污染危害的单位和居民，并向所在地生态环境主管部门和有关部门报告，接受调查处理。

第八十八条　重点危险废物集中处置设施、场所退役前，运营单位应当按照国家有关规定对设施、场所采取污染防治措施。退役的费用应当预提，列入投资概算或者生产成本，专门用于重点危险废物集中处置设施、场所的退役。

第八十九条　禁止经中华人民共和国过境转移危险废物。”

3.3.2.3　危险废物管理相关违法法律责任及处罚依据

《固体废物污染环境防治法》对危险废物管理相关违法责任规定如下：

“第一百一十二条　违反本法规定，有下列行为之一，由生态环境主管部门责令改正，处以罚款，没收违法所得；情节严重的，报经有批准权的人民政府批准，可以责令停业或者关闭：

（一）未按照规定设置危险废物识别标志的；

（二）未按照国家有关规定制定危险废物管理计划或者申报危险废物有关资料的；

（三）擅自倾倒、堆放危险废物的；

（四）将危险废物提供或者委托给无许可证的单位或者其他生产经营者从事经营活动的；

（五）未按照国家有关规定填写、运行危险废物转移联单或者未经批准擅自转移危险废物的；

（六）未按照国家环境保护标准贮存、利用、处置危险废物或者将危险废物混入非危险废物中贮存的；

（七）未经安全性处置，混合收集、贮存、运输、处置具有不相容性质的危险废物的；

（八）将危险废物与旅客在同一运输工具上载运的；

（九）未经消除污染处理，将收集、贮存、运输、处置危险废物的场所、设施、设备和容器、包装物及其他物品转作他用的；

（十）未采取相应防范措施，造成危险废物扬散、流失、渗漏或者其他环境污染的；

（十一）在运输过程中沿途丢弃、遗撒危险废物的；

（十二）未制定危险废物意外事故防范措施和应急预案的；

（十三）未按照国家有关规定建立危险废物管理台账并如实记录的。

有前款第一项、第二项、第五项、第六项、第七项、第八项、第九项、第十二项、第十三项行为之一，处十万元以上一百万元以下的罚款；有前款第三项、第四项、第十项、第十一项行为之一，处所需处置费用三倍以上五倍以下的罚款，所需处置费用不足二十万元的，按二十万元计算。

第一百一十三条 违反本法规定，危险废物产生者未按照规定处置其产生的危险废物被责令改正后拒不改正的，由生态环境主管部门组织代为处置，处置费用由危险废物产生者承担；拒不承担代为处置费用的，处代为处置费用一倍以上三倍以下的罚款。

第一百一十四条 无许可证从事收集、贮存、利用、处置危险废物经营活动的，由生态环境主管部门责令改正，处一百万元以上五百万元以下的罚款，并报经有批准权的人民政府批准，责令停业或者关闭；对法定代表人、主要负责人、直接负责的主管人员和其他责任人员，处十万元以上一百万元以下的罚款。

未按照许可证规定从事收集、贮存、利用、处置危险废物经营活动的，由生态环境主管部门责令改正，限制生产、停产整治，处五十万元以上二百万元以下的罚款；对法定代表人、主要负责人、直接负责的主管人员和其他责任人员，处五万元以上五十万元以下的罚款；情节严重的，报经有批准权的人民政府批准，责令停业或者关闭，还可以由发证机关吊销许可证。”

3.4 噪声污染环境管理

3.4.1 噪声污染环境管理要求

在城市范围内向周围生活环境排放工业噪声的，应当符合国家规定的工业企业厂界环境噪声排放标准。在工业生产中因使用固定的设备造成环境噪声污染的工业企业，必须按照国务院生态环境主管部门的规定，向所在地的县级以上地方人民政府生态环境主管部门申报拥有的造成环境噪声污染的设备的种类、数量以及在正常作业条件下所发出的噪声值和防治环境噪声污染的设施情况，并提供防治噪声污染的技术资料。产生环境噪声污染的工业企业，应当采取有效措施，减轻噪声对周围生活环境的影响。

3.4.2　噪声污染治理设施运维要点

①向周围环境排放噪声的工业企业，应当通过合理布局固定设备、使用低噪声设备、调整作业时间、改进生产工艺等方式，并按照规定配置吸声、消声、隔声、隔振、减振等有效的噪声污染防治设施，防止环境噪声污染。

②在工业生产中因使用固定的设备造成环境噪声污染的单位，必须向市生态环境主管部门申报拥有造成环境噪声污染的设备的种类、数量以及在正常作业条件下所发出的噪声值和防治环境噪声污染的设施情况。

③噪声污染防治的基本原则是优先源强控制；其次应尽可能靠近污染源采取传输途径的控制技术措施；必要时再考虑敏感点防护措施。

④根据各种设备噪声、振动的产生机理，合理采用各种针对性的降噪减振技术，尽可能选用低噪声设备和减振材料，以减少或抑制噪声与振动的产生。

⑤对固定噪声源进行隔声处理时，宜尽可能靠近噪声源设置隔声设施，如各种设备隔声罩、风机隔声箱，以及空压机和柴油发电机的隔声机房等建筑隔声结构。隔声设施应充分密闭，避免缝隙孔洞造成的漏声（特别是低频漏声）；其内壁应采用足够的吸声处理。

⑥对噪声传播途径进行隔声处理时，可采用具有一定高度的隔声墙或隔声屏障（如利用路堑、土堤、房屋建筑等）；必要时应同时采用上述几种结构相结合的形式。

⑦对敏感点采取隔声防护措施时，宜采用隔声间（室）的结构形式，如隔声值班室、隔声观察窗等；对临街居民建筑可安装隔声窗或通风隔声窗。

⑧具体技术要求可参考《民用建筑隔声设计规范》（GB 50118）。

⑨企业应根据噪声防治设备使用环境的卫生条件、介质属性等要素，制定相应的运行、维护、操作规章制度，定期维护、保养，定期进行噪声控制设备外观检查和防腐维护，配置相应的管理人员、必要的设备，确保其性能和使用寿命。

⑩根据设备说明书和相关技术规范操作和维护生产设备，定期检查其活动机构（如铰链、锁扣等）和密封机构（材料）的磨损情况，及时保养、更换。

⑪定期储备噪声控制设备中的易损设备、配件和通用材料，如钢弹簧、橡胶、树脂胶合玻璃纤维纸、软木、毡板、阻尼、软管接头、耳塞、头盔等。

⑫对于大型噪声综合治理工程应制订大、中检修计划，应急预案，保存检修和检查结果记录。

⑬企业应根据排污许可证要求定期开展监测，并保留监测记录，当厂界噪声超标时，应该分析超标原因，明确引起超标的声源，检修噪声污染治理设施，严格将噪声控制在标准范围内。

3.5 排污单位自行监测

排污单位应当按照排污许可证规定和有关标准规范，依法开展自行监测，并保存原始监测记录。原始监测记录保存期限不得少于 5 年。排污单位应当对自行监测数据的真实性、准确性负责，不得篡改、伪造。

《排污单位自行监测技术指南　总则》（HJ 819）提出了排污单位自行监测的一般要求、监测方案制定、监测质量保证和质量控制、信息记录和报告的基本内容和要求。排污单位参照该标准在生产运行阶段对其排放的废水、废气、噪声以及对其周边环境质量影响开展监测。

排污单位以自证监测数据的质量，对提交的监测数据的真实性、完整性负责，依法接受生态环境主管部门的监督检查。

3.5.1 制定监测方案

排污单位应查清所有污染源，确定主要污染源及主要监测指标，制定《监测方案》。《监测方案》内容包括：企业基本情况、监测点位和示意图、监测频次、监测指标、执行排放标准及其限值、监测方法和仪器、监测质量控制、监测结果公开时限等。新建排污单位应当在投入生产或使用并产生实际排污行为之前完成自行监测方案的编制及相关准备工作。

对于无行业排污单位自行监测指南的，按照《排污单位自行监测指南　总则》（HJ 819）和行业排污许可核发的技术规范制定《监测方案》；对于有行业排污单位自行监测指南的，按照行业排污单位自行监测指南制定《监测方案》，行业自行监测技术指南中未规定的内容按《排污单位自行监测指南　总则》（HJ 819）执行。

3.5.2　设置监测设施

排污单位应当按照排污许可证规定，安装或者使用符合国家有关环境监测、计量认证规定的监测设备，按照规定维护监测设施。

3.5.2.1　自动监测设施

实行排污许可重点管理的排污单位，应当依法安装、使用、维护污染物排放自动监测设备，并与生态环境主管部门的监控设备联网。排污单位发现污染物排放自动监测设备传输数据异常的，应当及时报告生态环境主管部门，并进行检查、修复。

重点管理的排污单位应按照《固定污染源烟气（SO_2、NO_x、颗粒物）排放连续监测技术规范》（HJ/T 75）、《固定污染源烟气（SO_2、NO_x、颗粒物）排放连续监测系统技术要求及检测方法》（HJ/T 76）、《水污染源自动监测系统（COD_{Cr}、NH_3-N 等）安装技术规范》（HJ/T 353）、《水污染源自动监测系统（COD_{Cr}、NH_3-N 等）验收技术规范》（HJ/T 354）、《水污染源自动监测系统（COD_{Cr}、NH_3-N 等）数据有效性判别技术规范》（HJ/T 356）等技术规范的规定建设自动监测站房、安装监测系统，并进行技术指标调试、检测、技术验收，以及进行日常运行管理、保证日常运行质量、进行数据审核和处理。

污染源自动监测系统属于排污单位污染防治设施的一部分，必须与主体工程同时设计、同时施工、同时投产使用；对于上级生态环境主管部门要求新增的自动监测因子，自联网之日起 45 天内完成验收。安装污染源自动监测设备的排污单位，应当对相关设备进行有效管理，建立设备基础信息档案，提出对监控设备运行管理要求、信息传输检查要求等内容，以保证监控设备稳定运行，监测数据有效传输。

3.5.2.2　手工监测设施

与监测本单位排放污染物相适应的采样、分析等专业设备、设施。

3.5.2.3 辅助设施

设置满足开展监测所需要的辅助设施，废水排放口、废气（采样）监测平台、监测断面和监测孔的设置应符合监测规范要求。监测平台应便于开展监测活动，应能保证监测人员的安全。

3.5.3 开展自行监测

排污单位应按照排污许可证规定的监测因子、监测频次、监测设备和相关监测技术规范要求开展自行监测活动，并保存原始监测记录。可根据自身条件和能力，利用自有人员、场所和设备自行监测；也可委托监测，企业自行监测采用委托监测的，应当委托经省级生态环境主管部门认定的社会检测机构或生态环境主管部门所属环境监测机构进行监测。

3.5.3.1 自动监测

对于相关管理规定要求采用自动监测的指标，应采用自动监测技术；对于监测频次高、自动监测技术成熟的监测指标，应优先选用自动监测技术。

排污单位可以自行开展在线监控设备的相关运维工作并保持原始记录；排污单位也可以委托第三方开展运维工作，排污单位需对第三方进行审核，并负主体责任，第三方负相应责任。

运维单位应根据自动监测系统使用说明书和技术规范的要求编制仪器运行管理规程，确定系统运行操作人员和管理维护人员的工作职责。运维人员应当熟练掌握自动监测仪器设备的原理、使用和维护方法。自动监测系统日常运行管理应包括以下 4 个方面。

（1）日常巡检

自动监测系统运维单位应根据本标准和仪器使用说明中的相关要求制定巡检规程，并严格按照规程开展日常巡检工作并做好记录。日常巡检记录应包括检查项目、检查日期、被检项目的运行状态等内容，每次巡检应记录并归档。巡检记录应包含该系统运行状况、系统辅助设备运行状况、系统校准工作等必检项目和记录，以及仪器使用说明书中规定的其他检查项目和校准、维护保养、维修记录。

（2）日常维护保养

应根据自动监测系统说明书的要求对自动监测系统的保养内容、保养周期或耗材更换周期等作出明确规定，每次保养情况应记录并归档。每次进行备件或材料更换时，更换的备件或材料的品名、规格、数量等应记录并归档。如更换有证标准物质或标准样品，还需记录新标准物质或标准样品的来源、有效期和浓度等信息。对日常巡检或维护保养中发现的故障或问题，系统管理维护人员应及时处理并记录。

（3）校准和校验

应根据规范标准中规定的方法和质量保证规定的周期制定自动监测系统的日常校准和校验操作规程。当自动监测系统不能满足技术指标而失控时，应及时采取纠正措施，并应缩短下一次校准、维护和校验的间隔时间。现场校验可自动校准或手工校准。校准和校验记录应及时归档。

（4）其他规定

对监控数据传输情况进行跟踪管理，发现异常数据应及时报告，查找原因，并实施整改。自动监测设备需要停用、拆除或者更换的，应当事先报经生态环境部门批准。运维单位发现故障或接到故障通知，应在 24 h 内赶赴现场进行处理。

3.5.3.2　手工监测

排污单位应根据本单位自行监测的工作需求，设置监测机构，梳理监测方案制定、样品采集、样品分析、监测结果报出、样品留存、相关记录的保存等监测的各个环节中，为保证监测工作质量应制定的工作流程、管理措施与监督措施，建立自行监测质量体系。质量体系应包括对以下内容的具体描述：监测机构，人员，出具监测数据所需仪器设备，监测辅助设施和实验室环境，监测方法技术能力验证，监测活动质量控制与质量保证等。

委托其他有资质的检（监）测机构代其开展自行监测的，排污单位不用建立监测质量体系，但应对检（监）测机构的资质进行确认。

（1）监测机构

监测机构应具有与监测任务相适应的技术人员、仪器设备和实验室环境，明确监测人员和管理人员的职责、权限和相互关系，有适当的措施和程序保证监测结果准确可靠。

（2）监测人员

应配备数量充足、技术水平满足工作要求的技术人员，规范监测人员录用、培训教育和能力考核等活动，建立人员档案，并对监测人员实施监督和管理，规避人员因素对监测数据正确性和可靠性的影响。

（3）监测设施和环境

根据仪器使用说明书、监测方法和规范等的要求，配备必要的如除湿机、空调、干湿度温度计等辅助设施，以使监测工作场所条件得到有效控制。

（4）监测仪器设备和实验试剂

应配备数量充足、技术指标符合相关监测方法要求的各类监测仪器设备、标准物质和实验试剂。监测仪器性能应符合相应方法标准或技术规范要求，根据仪器性能实施自校准或者检定、运行和维护、定期检查。标准物质、试剂、耗材的购买和使用情况应建立台账予以记录。

（5）监测方法技术能力验证

应组织监测人员按照其所承担监测指标的方法步骤开展实验活动，测试方法的检出浓度、校准（工作）曲线的相关性、精密度和准确度等指标，实验结果满足方法相应的规定以后，方可确认该人员实际操作技能满足工作需求，能够承担测试工作。

（6）监测质量控制

编制监测工作质量控制计划，选择与监测活动类型和工作量相适应的质控方法，包括使用标准物质、采用空白试验、平行样测定、加标回收率测定等，定期进行质控数据分析。

（7）监测质量保证

按照监测方法和技术规范的要求开展监测活动，若存在相关标准规定不明确但又影响监测数据质量的活动，可编写《作业指导书》予以明确。编制工作流程等相关技术规定，规定任务下达和实施，分析用仪器设备购买、验收、维护和维修，监测结果的审核签发、监测结果录入发布等工作的责任人和完成时限，确保监测各环节无缝衔接。设计记录表格，对监测过程的关键信息予以记录并存档。

定期对自行监测工作开展的时效性、自行监测数据的代表性和准确性、管理部门检查结论和公众对自行监测数据的反馈等情况进行评估，识别自行监测存在的问题，及时采取纠正措施。管理部门执法监测与排污单位自行监测数据不一致的，以管理部门执法监测结果为准，作为判断污染物排放是否达标、自动监测设施是否正常运行的依据。

3.5.4　信息记录

3.5.4.1　手工监测的记录

①采样记录：采样日期、采样时间、采样点位、取样的样品数量、采样器名称、采样人姓名等。

②样品保存和交接：样品保存方式、样品传输交接记录。

③样品分析记录：分析日期、样品处理方式、分析方法、质控措施、分析结果、分析人姓名等。

④质控记录：质控结果报告单。

3.5.4.2　自动监测运维记录

自动监测运维记录包括：自动监测系统运行状况、系统辅助设备运行状况、系统校准、校验工作等；仪器说明书及相关标准规范中规定的其他检查项目；校准、维护保养、维修记录等。

3.5.5　监测数据的填报和信息公开

排污单位应做好与监测相关的数据记录和保存，将自行监测工作开展情况及监测结果向社会公众公开，公开内容应包括以下几点。

①基础信息：企业名称、法定代表人、所属行业、地理位置、生产周期、联系方式、委托监测机构名称等。

②自行监测方案。

③自行监测结果：全部监测点位、监测时间、污染物种类及浓度、标准限值、达标情况、超标倍数、污染物排放方式及排放去向。

④未开展自行监测的原因。

⑤污染源监测年度报告。

企业应将上述内容在“全国污染源监测信息管理与共享平台”上公开发布，自觉接受公众监督。

企业自行监测信息按以下要求的时限公开：

①企业基础信息应随监测数据一并公布，基础信息、自行监测方案如有调整变化时，应于变更后的 5 日内公布最新内容；

②手工监测数据应于每次监测完成后的次日公布；

③自动监测数据应实时公布监测结果，其中废水自动监测设备为每 2 h 均值，废气自动监测设备为每 1 h 均值；

④每年 1 月底前公布上年度自行监测年度报告。

3.5.6 排放浓度合规判定方法

3.5.6.1 废气排放浓度合规判定

（1）正常情况

废气有组织排放口污染物排放浓度或生产设施、生产单元、厂界无组织污染物排放浓度达标均是指“任一小时浓度均值均满足许可排放浓度要求”。排放标准中浓度限值非小时均值的污染物，其排放浓度达标是指按相关监测规范要求测定的排放浓度满足许可排放浓度要求。生态环境部发布在线监测数据达标判定方法的，从其规定。

1）执法监测

按照监测规范要求获取的执法监测数据超标的，即视为不合规。根据《固定污染源排气中颗粒物测定与气态污染物采样方法》（GB/T 16157）、《固定源废气监测技术规范》（HJ/T 397）、《大气污染物无组织排放监测技术导则》（HJ/T 55）确定监测要求。相关标准中对采样频次和采样时间有规定的，按相关标准的规定执行。

2）排污单位自行监测

①自动监测。按照监测规范要求获取的自动监测数据计算得到的有效小时浓度均值与许可排放浓度进行对比，超过许可排放浓度的，即视为不合规。对于应当采用自动监测的排放口或污染物项目而未采用的以及自动监测设备不符合规定

的，即视为不合规。

②手工监测。对于未采用自动监测的排放口或污染物，应进行手工监测，按照自行监测方案、监测规范要求获取的监测数据计算得到的有效小时浓度均值超标的，即视为不合规。

③其他。若同一时段既有执法监测数据又有排污单位自行监测数据，优先使用执法监测数据。

（2）非正常情况

若多台设施采用混合方式排放废气，且其中一台处于启停时段，排污单位可自行提供废气混合前各台设施污染物有效监测数据的，按照提供数据进行合规判定。其他非正常情况导致污染物超标排放的，应立即停产整改。

（3）无组织排放合规判定

无组织排放满足污染物排放标准中排放浓度限值要求及污染控制措施要求的，即视为合规，其他情形则视为不合规。

3.5.6.2　废水排放浓度合规判定

排污单位废水排放口污染物排放浓度达标是指任一有效日均值（除 pH 外）满足许可排放浓度要求。排放标准中浓度限值非日均值的污染物，其排放浓度达标是指按相关监测规范要求测定的排放浓度满足许可排放浓度要求。生态环境部发布在线监测数据达标判定方法的，从其规定。

（1）执法监测

按照监测规范要求获取的执法监测数据超标的，即视为不合规。根据《污水监测技术规范》（HJ 91.1）确定监测要求。相关标准中对采样频次和采样时间有规定的，按相关标准规定执行。

（2）排污单位自行监测

1）自动监测

按照监测规范要求获取的自动监测数据计算得到有效日均浓度（除 pH 外）与许可排放浓度进行对比，超过许可排放浓度的，即视为不合规。对于应当采用自动监测的排放口或污染物项目而未采用的以及自动监测设备不符合规定的，即视为不合规。

2）手工监测

对于未要求采用自动监测的排放口或污染物，排污单位应按照自行监测方案、监测规范进行手工监测，当日各次监测数据平均值或当日混合样监测数据（除 pH 外）超标的，即视为不合规。

3）其他

若同一时段既有执法监测数据又有排污单位自行监测数据，优先使用执法监测数据。

3.5.7 相关法律责任

3.5.7.1 关于排污口的法律要求及法律责任

（1）法律要求

《排污许可管理条例》有如下规定：

“第十八条　排污单位应当按照生态环境主管部门的规定建设规范化污染物排放口，并设置标志牌。污染物排放口位置和数量、污染物排放方式和排放去向应当与排污许可证规定相符。实施新建、改建、扩建项目和技术改造的排污单位，应当在建设污染防治设施的同时，建设规范化污染物排放口。”

（2）法律责任

《排污许可管理条例》有如下规定：

“第三十六条　违反本条例规定，排污单位有下列行为之一的，由生态环境主管部门责令改正，处 2 万元以上 20 万元以下的罚款；拒不改正的，责令停产整治：（一）污染物排放口位置或者数量不符合排污许可证规定；（二）污染物排放方式或者排放去向不符合排污许可证规定……”

3.5.7.2 关于自行监测、自动监测的法律要求及法律责任

（1）法律要求

《排污许可管理条例》有如下规定：

“第十七条　排污许可证是对排污单位进行生态环境监管的主要依据。排污单位应当遵守排污许可证规定，按照生态环境管理要求运行和维护污染防治设施，

建立环境管理制度，严格控制污染物排放。

第十九条 排污单位应当按照排污许可证规定和有关标准规范，依法开展自行监测，并保存原始监测记录。原始监测记录保存期限不得少于 5 年。排污单位应当对自行监测数据的真实性、准确性负责，不得篡改、伪造。

第二十条 实行排污许可重点管理的排污单位，应当依法安装、使用、维护污染物排放自动监测设备，并与生态环境主管部门的监控设备联网。排污单位发现污染物排放自动监测设备传输数据异常的，应当及时报告生态环境主管部门，并进行检查、修复。”

（2）法律责任

《排污许可管理条例》有如下规定：

“第三十四条 违反本条例规定，排污单位有下列行为之一的，由生态环境主管部门责令改正或者限制生产、停产整治，处 20 万元以上 100 万元以下的罚款；情节严重的，吊销排污许可证，报经有批准权的人民政府批准，责令停业、关闭：（一）超过许可排放浓度、许可排放量排放污染物；（二）通过暗管、渗井、渗坑、灌注或者篡改、伪造监测数据，或者不正常运行污染防治设施等逃避监管的方式违法排放污染物。

第三十五条 违反本条例规定，排污单位有下列行为之一的，由生态环境主管部门责令改正，处 5 万元以上 20 万元以下的罚款；情节严重的，处 20 万元以上 100 万元以下的罚款，责令限制生产、停产整治：（一）未按照排污许可证规定控制大气污染物无组织排放；（二）特殊时段未按照排污许可证规定停止或者限制排放污染物。

第三十六条 违反本条例规定，排污单位有下列行为之一的，由生态环境主管部门责令改正，处 2 万元以上 20 万元以下的罚款；拒不改正的，责令停产整治……（三）损毁或者擅自移动、改变污染物排放自动监测设备；（四）未按照排污许可证规定安装、使用污染物排放自动监测设备并与生态环境主管部门的监控设备联网，或者未保证污染物排放自动监测设备正常运行；（五）未按照排污许可证规定制定自行监测方案并开展自行监测；（六）未按照排污许可证规定保存原始监测记录……（八）发现污染物排放自动监测设备传输数据异常或者污染物排放超过污染物排放标准等异常情况不报告……

第三十八条 排污单位违反本条例规定排放污染物，受到罚款处罚，被责令改正的，生态环境主管部门应当组织复查，发现其继续实施该违法行为或者拒绝、阻挠复查的，依照《中华人民共和国环境保护法》的规定按日连续处罚。

第四十四条 排污单位有下列行为之一，尚不构成犯罪的，除依照本条例规定予以处罚外，对其直接负责的主管人员和其他直接责任人员，依照《中华人民共和国环境保护法》的规定处以拘留：……（二）通过暗管、渗井、渗坑、灌注或者篡改、伪造监测数据，或者不正常运行污染防治设施等逃避监管的方式违法排放污染物。”

3.6 环境管理台账记录

3.6.1 环境管理台账记录

3.6.1.1 环境管理台账记录依据

排污单位应按照《排污单位环境管理台账及排污许可证执行报告技术规范 总则（试行）》（HJ 944）要求，建立环境管理台账记录制度，落实环境管理台账记录的责任单位和责任人，明确工作职责，并对台账的真实性、完整性和规范性负责。台账记录涉及排污单位的生产、运维、采购、仓储及财务等相关部门。

3.6.1.2 环境管理台账记录主要内容和频次

排污单位应当建立环境管理台账记录制度，按照排污许可证规定的格式、内容和频次，如实记录主要生产设施、污染防治设施运行情况以及污染物排放浓度、排放量。环境管理台账记录保存期限不得少于5年。

排污单位发现污染物排放超过污染物排放标准等异常情况时，应当立即采取措施消除、减轻危害后果，如实进行环境管理台账记录，并报告生态环境主管部门，说明原因。超过污染物排放标准等异常情况下的污染物排放计入排污单位的污染物排放量。

台账记录内容和频次要求如表3-3所示。

表 3-3　环境管理台账记录内容和频次一览表

<table>
<tr><th>类别</th><th colspan="4">记录内容</th><th>记录频次</th></tr>
<tr><td rowspan="3">基本信息</td><td colspan="2">排污单位基本信息</td><td colspan="2">排污单位名称、生产经营场所地址、行业类别、法定代表人、统一社会信用代码、环保投资情况、环境影响评价审批意见文号、排污权交易文件及排污许可证编号等</td><td rowspan="3">未发生变化的，每年记录 1 次；发生变化的，在变化时记录 1 次</td></tr>
<tr><td colspan="2">生产设施基本信息</td><td colspan="2">生产设施（设备）名称、编码、设施规格型号、主要技术参数及设计值等</td></tr>
<tr><td colspan="2">污染治理设施基本信息</td><td colspan="2">治理设施名称、编码、设施规格型号、主要技术参数及设计值等；对于防渗漏、防泄漏等污染防治措施，还应记录落实情况及问题整改情况等</td></tr>
<tr><td rowspan="7">生产设施运行管理信息</td><td rowspan="6">正常工况</td><td>运行状态</td><td>是否正常运行，主要参数名称及数值</td><td rowspan="6">对于无实际产品、燃料消耗、非正常工况的辅助工程及储运工程的相关生产设施，仅记录正常工况下的运行状态和生产负荷信息</td><td rowspan="6">按日或批次记录；周期性生产的，按照生产周期记录</td></tr>
<tr><td>生产负荷</td><td>实际生产能力与设计生产能力之比</td></tr>
<tr><td>产品产量</td><td>名称、产量</td></tr>
<tr><td>原辅料</td><td>名称、用量、硫元素占比、有毒有害物质及成分占比（如有）</td></tr>
<tr><td>燃料</td><td>名称、用量、硫元素占比、热值等</td></tr>
<tr><td>其他</td><td>用电量等</td></tr>
<tr><td>非正常工况</td><td colspan="3">起止时间、产品产量、原辅料及燃料消耗量、事件原因、应对措施、是否报告等</td><td>按工况期记录，每工况期记录 1 次</td></tr>
<tr><td rowspan="4">污染防治设施运行管理信息</td><td rowspan="3">正常情况</td><td>有组织废气治理设施</td><td colspan="2">记录环保设施废气处理能力（m^3/h）、运行参数（包括运行工况等）、废气排放量、药剂使用量及运行费用等</td><td rowspan="4">①污染治理设施运行状况：每班次记录 1 次。非正常工况每工况期记录 1 次。②污染物产排情况：连续排放的，每班次记录 1 次；非连续排放污染物的，每个产排阶段记录 1 次。③药剂添加情况：采用批次投放的，每投放批次记录 1 次，采用连续加药方式的，每班次记录 1 次</td></tr>
<tr><td>无组织废气治理设施</td><td colspan="2">记录原辅料储库、燃料储库、成品库、物料输送系统等无组织废气污染治理措施相应的运行、维护、管理等</td></tr>
<tr><td>废水治理设施</td><td colspan="2">记录废水处理能力（t/d）、运行参数（包括运行工况等）、废水排放量、废水回用量、污泥产生量及运行费用（元/t）、出水水质（各因子浓度和水等）、排水去向及受纳水体、排入的污水处理厂名称等</td></tr>
<tr><td>异常情况</td><td colspan="3">发生故障的污染治理设施、异常原因、故障期间污染物排放浓度以及应对措施</td></tr>
</table>

<table>
<tr><th>类别</th><th colspan="2">记录内容</th><th>记录频次</th></tr>
<tr><td>监测记录信息</td><td colspan="2">当按照排污许可证中手工监测要求记录手工监测的日期、时间、污染物排放口和监测点位、监测方法、监测频次、监测仪器及型号、采样方法等。按照《排污单位自行监测技术指南　总则》（HJ 819）及各行业自行监测技术指南规定执行；监测质量控制按照《固定污染源监测质量保证与质量控制技术规范（试行）》（HJ/T 373）和《排污单位自行监测技术指南　总则》（HJ 819）等的规定执行</td><td>按照《排污单位自行监测技术指南　总则》（HJ 819）及各行业自行监测技术指南的规定执行</td></tr>
<tr><td rowspan="2">其他环境管理信息</td><td>特殊时段记录重污染天气应对期间和冬防期间等特殊时段</td><td>管理要求、执行情况（包括特殊时段生产设施运行管理信息和污染治理设施运行管理信息）等</td><td>特殊时段的台账记录频次原则上与正常生产记录频次要求一致</td></tr>
<tr><td>其他信息</td><td>法律法规及标准规范确定的其他信息，排污单位自主记录的信息等</td><td>依据法律法规、标准规范或实际生产运行规律等确定记录频次</td></tr>
</table>

3.6.1.3 环境管理台账记录的形式与保存期限

台账记录形式分为纸质台账和电子台账两种形式。

（1）纸质台账

应将纸质台账存放于保护袋、卷夹或保护盒等保存介质中；由专人签字、定点保存；应采取防光、防热、防潮、防细菌及防污染等措施；如有破损应及时修补，并留存备查，保存时间原则上不低于 5 年。

（2）电子台账

应存放于电子存储介质中，并进行数据备份；可在排污许可管理信息平台填报并保存；由专人定期维护管理；保存时间原则上不低于 5 年。

3.6.2 相关法律责任

（1）法律要求

《排污许可管理条例》有如下规定：

“第二十一条　排污单位应当建立环境管理台账记录制度，按照排污许可证规定的格式、内容和频次，如实记录主要生产设施、污染防治设施运行情况以及污染物排放浓度、排放量。环境管理台账记录保存期限不得少于 5 年。排污单位发现污染物排放超过污染物排放标准等异常情况时，应当立即采取措施消除、减轻危害后果，如实进行环境管理台账记录，并报告生态环境主管部门，说明原因。超过污染物排放标准等异常情况下的污染物排放计入排污单位的污染物排放量。”

（2）法律责任

《排污许可管理条例》有如下规定：

“第三十七条　违反本条例规定，排污单位有下列行为之一的，由生态环境主管部门责令改正，处每次 5 千元以上 2 万元以下的罚款；法律另有规定的，从其规定：(一)未建立环境管理台账记录制度，或者未按照排污许可证规定记录；(二)未如实记录主要生产设施及污染防治设施运行情况或者污染物排放浓度、排放量……”

3.7　排污许可执行报告

排污单位应按照排污许可证规定的关于执行报告内容和频次的要求，在全国排污许可证管理信息平台上填报、提交排污许可证执行报告并公开，包括年度执行报告、季度执行报告和月执行报告。

排污单位应对提交的排污许可证执行报告中各项内容和数据的真实性、有效性负责，并自愿承担相应的法律责任；应自觉接受生态环境主管部门监管和社会公众监督，如提交的内容和数据与实际情况不符，应积极配合调查，并依法接受处罚。排污单位应对上述要求作出承诺，并将承诺书纳入执行报告中。

3.7.1　执行报告编制流程

执行报告编制流程包括资料收集与分析、报告编制、质量控制、提交 4 个阶段（图 3-6）。

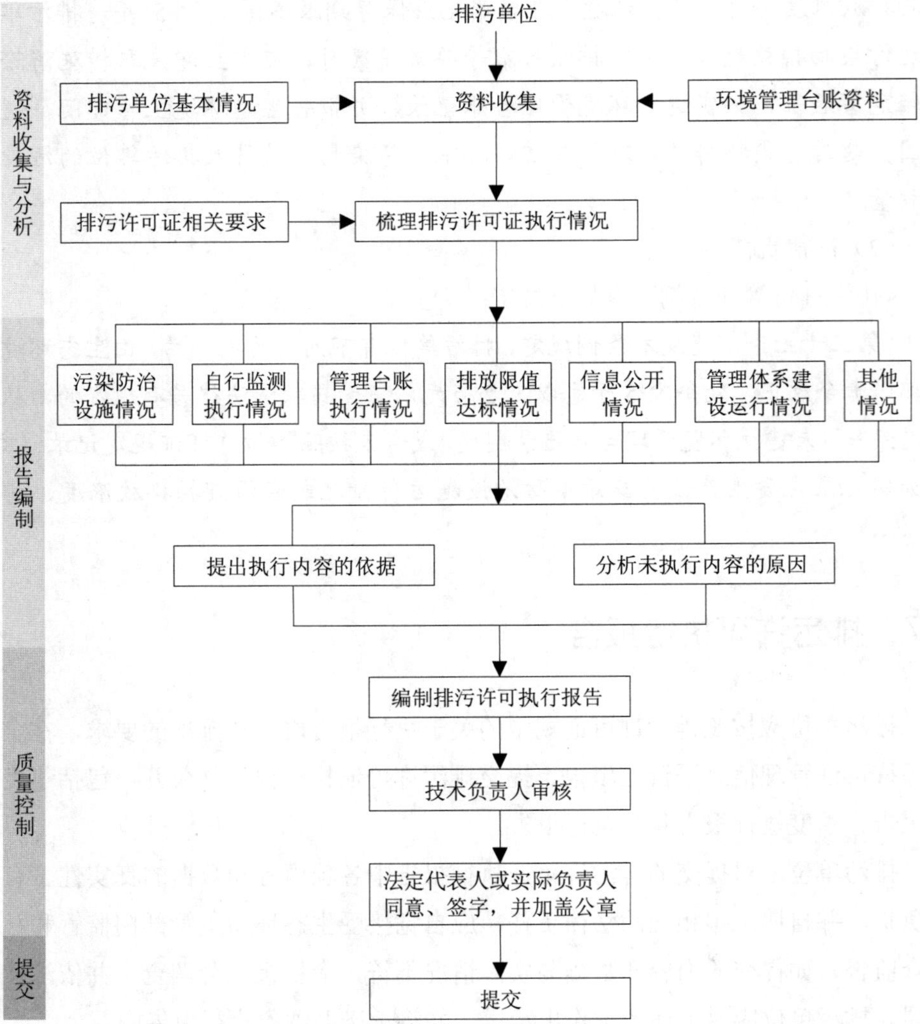

图 3-6 排污许可证年度执行报告编制流程

第一阶段：资料收集与分析

收集排污许可证及申请材料、历史排污许可证执行报告、环境管理台账等相关资料，全面梳理排污单位在报告周期内的执行情况。

第二阶段：报告编制

针对排污许可证执行情况，汇总梳理依证排污的依据，分析违证排污的情形及原因，提出整改计划，在全国排污许可证管理信息平台填报相关内容。

第三阶段：质量控制

开展报告质量审核，确保执行报告内容真实、有效，并经排污单位技术负责人签字确认。

第四阶段：提交

排污单位在全国排污许可证管理信息平台提交电子版执行报告，同时向有排污许可证核发权的生态环境主管部门提交通过平台印制的经排污单位法定代表人或实际负责人签字并加盖公章的书面执行报告。电子版执行报告与书面执行报告应保持一致。

3.7.2　执行报告编制内容

3.7.2.1　重点管理排污单位执行报告编制内容

年度执行报告包括排污单位基本情况、污染防治设施运行情况、自行监测执行情况、环境管理台账执行情况、实际排放情况及合规判定分析、信息公开情况、排污单位内部环境管理体系建设与运行情况、其他排污许可证规定的内容执行情况、其他需要说明的问题、结论、附图附件等。对于排污单位信息有变化和违证排污等情形，应分析与排污许可证内容的差异，并说明原因。

季度、月度执行报告至少包括污染物实际排放浓度和排放量，合规判定分析，超标排放或污染防治设施异常情况说明等内容。其中，季度执行报告还应包括各月度生产小时数、主要产品及其产量、主要原料及其消耗量、新水用量及废水排放量、主要污染物排放量等信息。

（1）排污单位基本情况

①说明排污许可证执行情况，包括排污单位基本信息、产排污节点、污染物及污染防治设施、环境管理要求等。

②按照生产单元或主要工艺，分析排污单位的生产状况，说明平均生产负荷、原辅料及燃料使用等情况；说明取水及排水情况；对于报告期内有污染防治投资的，还应说明防治设施建成运行时间、计划总投资、报告周期内累计完成投资等。

③说明排放口规范性整改情况（如有）。

④新（改、扩）建项目环境影响评价及其批复、竣工环境保护验收等情况。

⑤其他需要说明的情况，包括排污许可证变更情况，以及执行过程中遇到的困难和问题等。

（2）污染防治设施运行情况

①正常情况说明。分别说明有组织废气、无组织废气、废水等污染防治设施的处理效率、药剂添加、催化剂更换、固体废物产生、副产物产生、运行费用等情况，以及防治设施运行维护情况。

②异常情况说明。排污单位拆除、停运污染防治设施，应说明实施拆除、停运的原因、起止日期等情况，并提供生态环境主管部门的同意文件；因故障等紧急情况停运污染防治设施，或污染防治设施运行异常的，排污单位应说明故障原因、废水废气等污染物排放情况、报告提交情况及采取的应急措施。

③如发生污染事故，排污单位应说明发生事故次数、事故等级、事故发生时采取的措施、污染物排放、处理情况等信息。

（3）自行监测执行情况

①说明自行监测要求执行情况，并附监测布点图。

②对于自动监测，说明是否满足《固定污染源烟气（SO_2、NO_x、颗粒物）排放连续监测技术规范》（HJ 75）、《固定污染源烟气（SO_2、NO_x、颗粒物）排放连续监测系统技术要求及检测方法》（HJ 76）、《水污染源在线监测系统（COD_{Cr}、NH_3-N 等）安装技术规范》（HJ 353）、《水污染源在线监测系统（COD_{Cr}、NH_3-N 等）验收技术规范》（HJ 354）、《水污染源在线监测系统（COD_{Cr}、NH_3-N 等）运行技术规范》（HJ 355）、《水污染源在线监测系统（COD_{Cr}、NH_3-N 等）数据有效性判别技术规范》（HJ 356）、《固定污染源监测质量保证与质量控制技术规范（试行）》（HJ/T 373）、《污染源在线自动监控（监测）数据采集传输仪技术要求》（HJ 477）等相关规范要求。说明自动监测系统发生故障时，向生态环境主管部门提交补充监测和事故分析报告的情况。

③对于手工监测，说明是否满足《固定污染源排气中颗粒物测定与气态污染物采样方法》（GB/T 16157）、《大气污染物无组织排放监测技术导则》（HJ/T 55）、《污水监测技术规范》（HJ 91.1）、《固定污染源监测质量保证与质量控制技术规范（试行）》（HJ/T 373）、《固定源废气监测技术规范》（HJ/T 397）等相关标准与规范

要求。

④对于非正常工况，说明废气有效监测数据数量、监测结果等。

⑤对于特殊时段，说明废气有效监测数据数量、监测结果等。

⑥对于有周边环境质量监测要求的，说明监测点位、指标、时间、频次、有效监测数据数量、监测结果等内容，并附监测布点图。

⑦对于未开展自行监测、自行监测方案与排污许可证要求不符、监测数据无效等情形，说明原因及措施。

（4）环境管理台账执行情况

说明是否按排污许可证要求记录环境管理台账的情况。

（5）实际排放情况及合规判定分析

①以自行监测数据为基础，说明各排放口的实际排放浓度范围、有效数据数量等内容。

②按照《排污许可证申请与核发技术规范　总则》和行业排污许可证申请与核发技术规范，核算排污单位实际排放量，给出计算方法、所用的参数依据来源和计算过程，并与许可排放量进行对比分析。

③对于非正常工况，说明发生的原因、次数、起止时间、防治措施等。

④对于特殊时段，说明各污染物的排放浓度及达标情况等。

⑤对于废气污染物超标排放，应逐时说明；对于废水污染物超标排放，应逐日说明；说明内容包括排放口、污染物、超标时段、实际排放浓度、超标原因等，以及向生态环境部门报告及接受处罚的情况。

⑥说明实际排放量与生产负荷之间的关系。

（6）信息公开情况

说明信息公开的方式、内容、频率及时间节点等信息。

（7）排污单位内部环境管理体系建设与运行情况

①说明环境管理机构及人员设置情况、环境管理制度建立情况、排污单位环境保护规划、环保措施整改计划等。

②说明环境管理体系的实施、相关责任的落实情况。

（8）其他排污许可证规定的内容执行情况

说明排污许可证中规定的其他内容执行情况。

（9）其他需要说明的问题

对于违证排污的情况，提出相应的整改计划。

（10）结论

总结排污单位在报告周期内排污许可证执行情况，说明执行过程中存在的问题，以及下一步需进行整改的内容。

（11）附图、附件

①附图包括自行监测布点图等。执行报告附图应清晰、要点明确。

②附件包括污染物实际排放量计算过程、非正常工况证明材料，以及支持排污许可证执行报告的其他材料。

3.7.2.2 简化管理排污单位执行报告编制内容

实行简化管理的排污单位，应按照排污许可证规定的时间提交执行报告，其中，年度执行报告内容应至少包括排污单位基本情况、污染防治设施运行情况、自行监测执行情况、环境管理台账执行情况、实际排放情况及合规判定分析、结论等；季度执行报告至少包括污染物实际排放浓度和排放量，合规判定分析，超标排放或污染防治设施异常情况说明等内容。

（1）排污单位基本情况

①说明排污许可证执行情况，包括排污单位基本信息、产排污节点、污染物及污染防治设施、环境管理要求等。

②说明排放口规范性整改情况（如有）。

（2）污染防治设施运行情况

①正常情况说明。分别说明有组织废气、无组织废气、废水等污染防治设施的运行时间、污水处理量、脱硫脱硝剂用量、运行费用等情况。

②异常情况说明。排污单位拆除、停运污染防治设施，应说明实施拆除、停运的原因、起止日期等情况，并提供生态环境主管部门的同意文件；因故障等紧急情况停运污染防治设施，或污染防治设施运行异常的，排污单位应说明故障原因、废水废气等污染物排放情况、报告提交情况及采取的应急措施。

③如发生污染事故，排污单位应说明发生事故次数、事故等级、事故发生时采取的措施、污染物排放、处理情况等信息。

（3）自行监测执行情况

①说明自行监测要求执行情况，并附监测布点图。

②对于自动监测，说明是否满足《固定污染源烟气（SO_2、NO_x、颗粒物）排放连续监测技术规范》（HJ 75）、《固定污染源烟气（SO_2、NO_x、颗粒物）排放连续监测系统技术要求及检测方法》（HJ 76）、《水污染源在线监测系统（COD_{Cr}、NH_3-N 等）安装技术规范》（HJ 353）、《水污染源在线监测系统（COD_{Cr}、NH_3-N 等）验收技术规范》（HJ 354）、《水污染源在线监测系统（COD_{Cr}、NH_3-N 等）运行技术规范》（HJ 355）、《水污染源在线监测系统（COD_{Cr}、NH_3-N 等）数据有效性判别技术规范》（HJ 356）、《固定污染源监测质量保证与质量控制技术规范（试行）》（HJ/T 373）、《污染源在线自动监控（监测）数据采集传输仪技术要求》（HJ 477）等相关规范要求。说明自动监测系统发生故障时，向生态环境主管部门提交补充监测和事故分析报告的情况。

③对于手工监测，说明是否满足《固定污染源排气中颗粒物和气态污染物采样方法》（GB/T 16157）、《大气污染物无组织排放监测技术导则》（HJ/T 55）、《污水监测技术规范》（HJ 91.1）、《固定污染源监测质量保证与质量控制技术规范（试行）》（HJ/T 373）、《固定源废气监测技术规范》（HJ/T 397）等相关标准与规范要求。

④对于非正常工况，说明废气有效监测数据数量、监测结果等。

⑤对于特殊时段，说明废气有效监测数据数量、监测结果等。

⑥对于有周边环境质量监测要求的，说明监测点位、指标、时间、频次、有效监测数据数量、监测结果等内容，并附监测布点图。

⑦对于未开展自行监测、自行监测方案与排污许可证要求不符、监测数据无效等情形，说明原因及措施。

（4）环境管理台账执行情况

说明是否按排污许可证要求记录环境管理台账的情况。

（5）实际排放情况及合规判定分析

①以自行监测数据为基础，说明各排放口的实际排放浓度范围、有效数据数量等内容。

②按照《排污许可证申请与核发技术规范　总则》和行业排污许可证申请与核发技术规范，核算排污单位实际排放量，给出计算方法、所用的参数依据来源

和计算过程，并与许可排放量进行对比分析。

③对于非正常工况，说明发生的原因、次数、起止时间、防治措施等。

④对于特殊时段，说明各污染物的排放浓度及达标情况等。

⑤对于废气污染物超标排放，应逐时说明；对于废水污染物超标排放，应逐日说明；说明内容包括排放口、污染物、超标时段、实际排放浓度、超标原因等，以及向环境保护主管部门报告及接受处罚的情况。

⑥说明实际排放量与生产负荷之间的关系。

（6）结论

总结排污单位在报告周期内排污许可证执行情况，说明执行过程中存在的问题，以及下一步需进行整改的内容。

3.7.3 执行报告提交周期

排污单位按照排污许可证规定的时间提交执行报告，应每年提交一次排污许可证年度执行报告；同时，还应依据法律法规、标准等文件的要求，提交季度执行报告或月度执行报告。

①对于持证时间超过 3 个月的年度，编制年度执行报告；对于持证时间不足 3 个月的年度，当年可不提交年度执行报告。

②对于持证时间超过 1 个月的季度，编制季度执行报告；对于持证时间不足 1 个月的季度，该报告周期内可不提交季度执行报告。

③对于持证时间超过 10 日的月份，编制月度执行报告；对于持证时间不足 10 日的月份，该报告周期内可不提交月度执行报告。

建设项目竣工环境保护验收报告中与污染物排放相关的主要内容，应当由排污单位记载在该项目验收完成当年排污许可证年度执行报告中。

3.7.4 实际排放量核算方法和合规性判定方法

3.7.4.1 一般原则

排污单位应核算废气和废水主要排放口的污染物实际排放量。实际排放量为正常情况和非正常情况实际排放量之和。排污单位废气、废水污染物实际排放量的核算方法包括实测法、物料衡算法和产排污系数法等。

（1）实测法

根据监测数据测算污染物实际排放量的方法，分为自动监测和手工监测。对于排污许可证载明的要求采用自动监测的污染物项目，应采用符合监测规范的有效自动监测数据核算污染物实际排放量；对于排污许可证载明的未要求采用自动监测的污染物项目，可采用自动监测数据或手工监测数据核算污染物实际排放量。

（2）物料衡算法

根据质量守恒定律，利用物料数量或元素数量在输入端与输出端之间的平衡关系，核算污染物实际排放量。

（3）产排污系数法

根据单位产品污染物的产生量和排放量，核算污染物实际排放量。相关产排污系数参考污染源普查产排污系数手册或《未纳入排污许可管理行业适用的排污系数、物料衡算方法（试行）》的相关内容。

3.7.4.2　废气实际排放量核算

（1）正常情况

1）采用自动监测数据核算

①一般要求。

废气自动监测实测法应采用符合监测规范的有效自动监测数据污染物的小时平均排放浓度、小时烟气量、运行时间核算污染物实际排放量，核算方法见下式：

$$M_{j\text{主要排放口}} = \sum_{i=1}^{n} c_i \times q_i \times 10^{-9}$$

$$E_{\text{主要排放口}} = \sum_{j=1}^{m} M_{j\text{主要排放口}}$$

式中，$M_{j\text{主要排放口}}$——核算时段内第 j 个主要排放口污染物的实际排放量，t；

c_i——第 j 个主要排放口污染物在第 i 小时的实测平均排放浓度（标态），mg/m^3；

q_i——第 j 个主要排放口在第 i 小时的排气量（标态），m^3/h；

n——核算时段内的污染物排放时间，h；

$E_{主要排放口}$——核算时段内主要排放口污染物的实际排放量，t。

②特殊要求——二氧化硫。

要求采用自动监测的排放口或污染物项目而未采用的以及自动监测设备不符合规定的，采用物料衡算法核算二氧化硫排放量，根据原辅燃料消耗量、含硫率，按直排进行核算，核算方法见下式：

$$E = \left[\sum_{i}^{n} m_i \times \frac{s_{m_i}}{100} - p_i \times \frac{s_{p_i}}{100} - d_i \times \frac{s_{d_i}}{100} \right] \times 2$$

式中，E——核算时段内二氧化硫排放量，t；

m_i——核算时段内第 i 种原辅料及燃料使用量，t；

s_{m_i}——核算时段内第 i 种原辅料及燃料含硫率，%；

p_i——核算时段内第 i 种产品产量，t；

s_{p_i}——核算时段内第 i 种产品含硫率，%；

d_i——核算时段内第 i 种废物收集量，t；

s_{d_i}——核算时段内第 i 种废物含硫率，%。

③特殊要求——颗粒物、氮氧化物、挥发性有机物。

要求采用自动监测的排放口或污染物项目而未采用的以及自动监测设备不符合规定的，采用产排污系数法核算颗粒物、氮氧化物、挥发性有机物等污染物实际排放量，根据单位产品污染物的产生量，按直排进行核算，核算方法见下式：

$$E = M \times \beta \times 10^{-3}$$

式中，E——核算时段内污染物的排放量，t；

M——核算时段内某工序或生产设施产品产量，t；

β——产污系数，kg/t。

④其他规定。

对于因自动监控设施发生故障以及其他情况导致数据缺失的按照《固定污染源烟气（SO_2、NO_x、颗粒物）排放连续监测技术规范》（HJ 75）进行补遗。二氧化硫、氮氧化物、颗粒物在线监测数据缺失时段超过 25%的，自动监测数据不能作为核算实际排放量的依据，实际排放量按照“要求采用自动监测的排放口或污染物项目而未采用”的相关规定进行核算，其他污染物在线监测数据缺失情形可参照核算，生态环境部另有规定的从其规定。

对于出现在线数据缺失或数据异常等情况的排污单位，若排污单位能提供材料充分证明不是其责任的，可按照排污单位提供的手工监测数据等核算实际排放量，或者按照上一个半年申报期间的稳定运行期间自动监测数据的小时浓度均值和半年平均烟气量，核算数据缺失时段的实际排放量。

2）采用手工监测数据核算

废气手工监测实测法应采用每次手工监测时段内污染物的小时平均排放浓度、小时烟气量、运行时间核算污染物实际排放量，核算方法见下式：

$$M_{j主要排放口}=\sum_{i=1}^{n}c_i\times q_i\times 10^{-9}\times T$$

$$E_{主要排放口}=\sum_{j=1}^{m}M_{j主要排放口}$$

式中，$M_{j\,主要排放口}$——核算时段内第 j 个主要排放口污染物的实际排放量，t；

c_i——第 j 个主要排放口污染物在第 i 小时的实测平均排放浓度（标态），mg/m^3；

q_i——第 j 个主要排放口在第 i 小时的排气量（标态），m^3/h；

T——第 i 个监测时段内主要排放口累计运行时间，h；

$E_{\,主要排放口}$——核算时段内主要排放口污染物的实际排放量，t。

排污单位应将手工监测时段内生产负荷与核算时段内的平均生产负荷进行对比，并给出对比结果。监测时段内有多组监测数据时，应加权平均。

手工监测数据包括核算时间内的所有执法监测数据和排污单位自行或委托其他有资质的检（监）测机构的有效手工监测数据，若同一时段既有执法监测数据又有手工监测数据，优先使用执法监测数据。排污单位采用手工监测数据核算实际排放量时，排污单位自行或委托的手工监测频次、监测期间生产工况、数据有效性等须符合相关规范文件等要求。

（2）非正常情况

非正常情况下污染物排放量优先采用实测法核定，其次采用物料衡算法和产排污系数法。

3.7.4.3　废水实际排放量核算

（1）正常情况

①采用自动监测数据核算

废水自动监测实测法应采用符合监测规范的有效自动监测数据污染物的日平均排放浓度、日废水量、运行时间核算污染物年排放量，核算方法见下式：

$$E_{废水} = \sum_{i=1}^{n} c_i \times q_i \times 10^{-6}$$

式中，$E_{废水}$——核算时段内主要排放口污染物的实际排放量，t；

c_i——污染物在第 i 日的实测平均排放浓度，mg/L；

q_i——第 i 日的流量，m^3/d；

n——核算时段内的污染物排放时间，d。

对要求采用自动监测的排放口或污染物项目，在自动监测数据由于某种原因出现中断或其他情况，应按照《水污染源在线监测系统（COD_{Cr}、NH_3-N 等）数据有效性判别技术规范》（HJ 356）补遗。

要求采用自动监测的排放口或污染物项目而未采用的以及自动监测设备不符合规定的，采用产排污系数法核算化学需氧量、氨氮等污染物实际排放量，按直排进行核算，核算方法见下式：

$$E = M \times \beta \times 10^{-6}$$

式中，E——核算时段内污染物的排放量，t；

M——核算时段内某工序或生产设施产品产量，t；

β——产污系数，kg/t。

②采用手工监测数据核算

废水手工监测实测法应采用每次手工监测时段内污染物的日平均排放浓度、日废水量、运行时间核算污染物年排放量，核算方法见下式：

$$E_{废水} = \sum_{i=1}^{n} c_i \times q_i \times 10^{-6} \times T$$

式中，$E_{废水}$——核算时段内主要排放口污染物的实际排放量，t；

c_i——第 i 个监测时段的污染物实测日均排放浓度，mg/L；

q_i——第 i 个监测时段的流量，m^3/d；

T——第 i 个监测时段内主要排放口累计运行时间，d。

排污单位应将手工监测时段内生产负荷与核算时段内的平均生产负荷进行对比，并给出对比结果。监测时段内有多组监测数据时，应加权平均。

手工监测数据包括核算时间内的所有执法监测数据和排污单位自行或委托其他有资质的检（监）测机构的有效手工监测数据，若同一时段既有执法监测数据又有手工监测数据，优先使用执法监测数据。排污单位采用手工监测数据核算实际排放量时，排污单位自行或委托的手工监测频次、监测期间生产工况、数据有效性等须符合相关规范文件等要求。

（2）非正常情况

废水处理设施非正常情况下的排水，如无法满足排放标准要求时，不应直接排入外环境，待废水处理设施恢复正常运行后方可排放。如造成污染治理设施未正常运行超标排放污染物的或偷排偷放污染物的，采用产排污系数法按直排核算非正常排放期间实际排放量。

3.7.4.4　排放量合规判定方法

污染物排放量合规是指：

①排污单位污染物年实际排放量满足年许可排放量要求；

②对于特殊时段有许可排放量要求的排污单位，实际排放量之和不得超过特殊时段许可排放量。

3.7.5　相关法律责任

3.7.5.1　关于执行报告的法律要求及法律责任

（1）法律要求

《排污许可管理条例》有如下规定：

“第二十二条　排污单位应当按照排污许可证规定的内容、频次和时间要求，向审批部门提交排污许可证执行报告，如实报告污染物排放行为、排放浓度、排放量等。排污许可证有效期内发生停产的，排污单位应当在排污许可证执行报告中如实报告污染物排放变化情况并说明原因。排污许可证执行报告中报告的污染物排放量可以作为年度生态环境统计、重点污染物排放总量考核、污染源排放清单编制的依据。”

（2）法律责任

《排污许可管理条例》有如下规定：

“第三十七条　违反本条例规定，排污单位有下列行为之一的，由生态环境主管部门责令改正，处每次 5 000 元以上 2 万元以下的罚款；法律另有规定的，从其规定……（三）未按照排污许可证规定提交排污许可证执行报告；（四）未如实报告污染物排放行为或者污染物排放浓度、排放量。”

3.7.5.2 关于信息公开的法律要求及法律责任

（1）法律要求

《排污许可管理条例》有如下规定：

“第二十三条　排污单位应当按照排污许可证规定，如实在全国排污许可证管理信息平台上公开污染物排放信息。污染物排放信息应当包括污染物排放种类、排放浓度和排放量，以及污染防治设施的建设运行情况、排污许可证执行报告、自行监测数据等；其中，水污染物排入市政排水管网的，还应当包括污水接入市政排水管网位置、排放方式等信息。”

（2）法律责任

《排污许可管理条例》有如下规定：

“第三十六条　违反本条例规定，排污单位有下列行为之一的，由生态环境主管部门责令改正，处 2 万元以上 20 万元以下的罚款；拒不改正的，责令停产整治……（七）未按照排污许可证规定公开或者不如实公开污染物排放信息……”

3.8 突发环境事件应急管理

3.8.1 环境污染事故的防范

3.8.1.1 危险源的监控与预警

为了及时掌握危险源的情况，对危险事故做到早发现、早处理，降低或避免危险事故造成的危害，必须对事故征兆和事故苗头进行及时排查，同时建立健全危险源监控体系，具体工作内容包括以下方面：

①企业值班人员定期对企业环保设施进行巡查（建议每周一次），若发现环保设施运行故障及时通知企业内部应急指挥办公室备案登记，并监督企业修复或者更替新设备；

②值班人员定期对企业应急物资库进行巡查，确保其正常运行，检查应急物资库内应急物资的充足、有效且包装完整；

③企业定期对厂内雨污管网进行维护，确保雨污管网的完好性；

④企业定期对事故池、废水收集池等集水池进行维护，确保水池结构稳定；

⑤企业运输装置设置监测系统，有值班人员定时进行巡检，确保第一时间发现异常并采取紧急措施；

⑥定期对企业员工进行环保知识培训和应急知识培训，提高员工的环保意识，加强对环保设施的维护，减少环境污染事故的发生。

3.8.1.2 危险化学品的管理

（1）生产过程控制

危险化学品生产的安全管理，从生产特点和事故发生情况分析，其重点是生产过程的安全管理和设备、设施及其检修的安全管理，在生产现场主要防范的是中毒伤害事故和火灾爆炸事故。

1）化学品生产安全管理要求

①生产运行安全管理要求。

生产运行安全管理要求包括：编制安全技术规程，编写岗位操作法，保存运行记录、维护安全附件、连锁装置和报警系统，标示危险区域，执行中应严格安全纪律，培训员工正确判断和处理异常情况。

②危险化学品生产开车安全管理要求。

编制开车方案，检查相关部位设备与装置情况，保证消防设施完好，通信联络畅通，按照开车装置的不同以及其危险程度，做好现场防备工作。

培训员工处理开车异常现象的及时处理能力，情况紧急时应终止开车，严禁强行开车。

③危险化学品生产停车安全管理要求。

正常停车必须编制停车方案，要求降温、降压的系统确保按照先高压、后低压的顺序进行。传动设备必须先停主机，后停辅机。清除周围环境中易燃、易爆、有毒等危险化学品因素。冬季停车采取防冻保温措施。

④危险化学品生产紧急处理安全管理要求。

根据本单位生产特点，编制重大事故应急救援预案，并定期组织演练，提高处置突发事件的能力。

⑤生产危险要害区域（岗位）安全管理要求。

凡符合《建筑设计防火规范》产生的火灾危险性甲类物质和《职业性接触毒物危害程度分级》中极度危害和高度危害毒物的装置、仓库、罐区、岗位等，以及公司供配电、供水等生产区域，为生产危险要害区域（岗位）范围。

危险要害区域界区周围设置统一的明显标志。要害岗位人员必须经过严格的安全培训，要害岗位施工、检修时必须编制严密的安全防范措施，认真做好详细记录。

编制修订危险要害区域（岗位）重大事故应急救援预案，定期组织有关人员演习，提高处置突发事故的能力。

2）设备检修的安全管理

①设备检修作业前的安全管理要求。

根据设备检修项目要求制定设备的检修方案，落实组织、安全、检修、记录责任人。根据《检修任务书》和《设备检修安全作业证》进行作业。

特种作业人员必须持证上岗，应对检修过程中可能存在和出现的不安全因素进行分析，提前采取预防措施。专业特种设备检修必须由具备相应检修资质的单位进行。

②设备检修中的安全管理要求。

根据《检修任务书》和《设备检修安全作业证》的要求，生产单位要按步骤由专人负责对检修的设备管道进行工艺处理。检修单位与生产单位确认检查情况后共同办理交接手续。检修的设备、管道与生产区域的设施、管道中间必须有效隔离。在检修区域内，对各种机动车辆要进行严格管理。

检修使用的工具、设备保证安全可靠。电气设备须切断电源，使用的移动式电气工器具，应配备漏电保护装置。每次检修作业前，记录作业现场及周围环境有无改变情况，邻近的生产装置有无异常。凡距坠落高度基准面 2 m 以上，有可能坠落的高处进行的作业，按《厂区高处作业安全规程》（HG 23014）执行。检修现场环境应符合检修安全要求，需用的防护器具、消防器材应准备齐全。

③设备检修后的安全管理要求。

检修完毕后必须做到：安全设施恢复正常，做好记录备案，检修任务书归档保存，保持现场整洁，开车前检查维修部位和安全部件，办理交接手续。

3）生产装置的安全管理

①生产装置的安排布置。

工艺设备及建筑物的防火间距不应小于有关规定要求。设备、建筑物、构筑物宜布置在同一地平面上，当受地形限制时，中间贮罐宜布置在较低的平面上，控制室、变配电所、化验室、生活间等布置在较高的地平面上，控制室或化验室内不得安装可燃气体、液化烃、可燃液体的在线分析一次仪表。在可能散发比空气重的可燃气体的装置内，控制室、变配电所、化验室的地面应比室外地面高 0.6 m 以上。

明火加热设备宜集中布置在装置边缘，也可以用非燃烧材料的实体墙与之相隔，其防火间距不应小于 15 m，防火墙的高度不宜低于 3 m，以防止可燃气体窜入炉体。凡是操作压力超过 3.5 MPa 的压力设备，宜布置在装置的一端或一侧。高压、超高压、有爆炸危险的反应设备，宜布置在防爆构筑物内。

装置内的贮存、装卸甲类化学危险品的设施，应布置在装置的边缘。可燃气体、助燃气体钢瓶，应存放在位于装置边缘的敞篷仓库内，并应远离明火，以及操作温度等于或高于自燃点的设备。

②危险化学品生产的通风措施。

危险化学品生产厂房内的采暖、通风和空调设计应符合《建筑设计防火规范（2018 年版）》（GB 50016）和《民用建筑供暖、通风与空气调节设计规范附条文说明（另册）》（GB 50736）的规定。

（2）贮存过程控制

化学品仓库是贮存易燃易爆、有毒有害等危险化学品的场所，仓库选址必须适当，建筑物必须符合规范要求，做到科学管理，确保其贮存、保管安全，要把安全放在首位。

1）危险化学品贮存条件的要求

《危险化学品经营企业安全技术基本要求》（GB 18265）对危险化学品的贮存提出了具体明确的要求。危险化学品的库房应符合《建筑设计防火规范（2018 年版）》（GB 50016）第 4 章的要求。危险化学品仓库贮存的危险化学品应符合《常用化学危险品贮存通则》（GB 15603）、《易燃易爆性商品储存养护技术条件》（GB 17914）、《腐蚀性商品储存养护技术条件》（GB 17915）、《毒害性商品储存养护技术条件》（GB 17916）的规定。

入库的危险化学品应符合产品标准。收货保管员应严格按照《危险货物包装标志》（GB 190）的规定验收内外标志、包装、容器等，并做到账、货、卡相符。

库存危险化学品应根据其化学性质分区、分类、分库贮存，禁忌物料不能混存。灭火方法不同的危险化学品不能同库贮存。

2）危险化学品分类贮存的安全要求

①爆炸性物质贮存的安全要求。爆炸性物质的贮存按公安等部门关于《民用爆炸物品安全管理条例》的规定办理。

②压缩气体和液化气体贮存的安全要求。压缩气体和液化气体不得与其他物质共同贮存；易燃气体不得与助燃气体、剧毒气体共同贮存；易燃气体和剧毒气体不得与腐蚀性物质混合贮存；氧气不得与油脂混合贮存。液化石油气贮罐区应布置在通风良好且远离明火或散发火花的露天地带。不宜与易燃、可燃液体贮罐同组布置，更不应设在一个土堤内。液化石油气罐既可以单独布置，也可以成组

布置。成组布置时，组内贮罐不应超过两排。一组贮罐的总容量不应超过 6 000 m^2。贮罐与贮罐组的四周可设防火堤。

两个相邻防火堤外侧的基脚线之间的距离不应小于 7 m，堤高不超过 0.6 m。液化石油气贮罐的罐体基础的外露部分及贮罐组的地面应为非燃烧材料，罐上应设有安全阀、压力计、液面计、温度计，以及超压报警装置。无绝热措施时，应设淋水冷却设施。贮罐的安全阀及放空管应接入全厂性火炬。独立贮罐的放空管应通往安全地点放空。安全阀和贮罐之间安装有截止阀，应常开并加铅封。贮罐应设置静电接地及防雷设施，罐区内的电气设备应防爆。

③易燃液体贮存的安全要求。易燃液体应贮存于通风阴凉处，并与明火保持一定的距离，在一定区域内严禁烟火。易燃、可燃液体桶装库应设计为单层仓库，可采用钢筋混凝土排架结构，设防火墙分隔数间，每间应有安全出口。桶装的易燃液体不宜露天堆放。沸点低于或接近夏季气温的易燃液体，应贮存于有降温设施的库房或贮罐内。盛装易燃液体的容器应保留不少于 5%容积的空隙，夏季不可暴晒。易燃液体的包装应无渗漏，封口要严密。铁桶包装不宜堆放太高，防止发生碰撞、摩擦而产生火花。贮罐应设置安全阀并有冷却降温设施。闪点较低的易燃液体，应注意控制库温。气温较低时容易凝结成块状的易燃液体，受冻后易使容器胀裂，故应注意防冻。贮罐应设置安全阀并有冷却降温设施。贮罐高度超过 17 m 时，应设置固定的冷却和灭火设备；低于 17 m 时，可采用移动式灭火设备。贮罐的进料管应从罐体下部接入，以防止液体冲击飞溅产生静电火花引起爆炸。贮罐及其有关设施必须设有防雷击、防静电的功能，并采用防爆电气设备。

④易燃固体贮存的安全要求。贮存易燃固体的仓库要求阴凉、干燥，要有隔热措施，忌阳光照射，易挥发、易燃固体应密封堆放，仓库要求严格防潮。易燃固体多属于还原剂，应与氧和氧化剂分开贮存。有很多易燃固体有毒，故贮存中应注意防毒。

⑤自燃物质贮存的安全要求。自燃物质不能与易燃液体、易燃固体、遇湿燃烧物质混放贮存，也不能与腐蚀性物质混放贮存。自燃物质在贮存中，对温度、湿度的要求比较严格，必须贮存于阴凉、通风、干燥的仓库中，并注意做好防火、防毒工作。

⑥遇湿燃烧物质贮存的安全要求。遇湿燃烧物质的贮存应选在地势较高的地方，在夏季的暴雨季节保证不进水，堆垛时要用干燥的枕木或垫板。贮存遇湿燃烧物质的库房要求干燥，要严防雨雪的侵袭。库房的门窗可以密封。库房的相对湿度一般保持在75%以下，最高相对湿度不超过80%。钾、钠等物质应贮存于不含水分的矿物油或液状石蜡中。

⑦氧化剂贮存的安全要求。一级无机氧化剂与有机氧化剂不能混放贮存，不能与其他弱氧化剂混放贮存，不能与压缩气体、液化气体混放贮存，氧化剂与有毒物质不得混放贮存。有机氧化剂不能与溴、过氧化氢、硝酸等酸性物质混放贮存。硝酸盐与硫酸、发烟硫酸、氯碱酸接触时均会发生化学反应，不能混放贮存。贮存氧化剂时，应严格控制库房的温度和湿度。可以采取整库密封、分垛密封与自然通风相结合的方法。在不能通风的情况下，可以采用吸潮和人工降温的方法。

⑧有毒物质贮存的安全要求。有毒物质应贮存在阴凉通风的干燥场所，要避免露天存放，不能与酸类物质接触。严禁与食品同存一库。包装封口必须严密，无论是瓶装、盒装、箱装或其他包装，外面均应贴（印）有明显的名称和标志。工作人员应按规定穿戴防毒用具，禁止用手直接接触有毒物质。贮存有毒物质的仓库应有中毒急救、清洗、中和、消毒等药物备用。

⑨腐蚀性物质贮存的安全要求。腐蚀性物质均须贮存在冬暖夏凉的库房里，并保持库房通风、干燥、防潮、防热。不能与易燃物质混合贮存，可用墙分隔同库贮存不同的腐蚀性物质。采用相应的耐腐蚀容器盛装腐蚀性物质，且包装封口要严密。贮存时应注意控制腐蚀性物质的贮存温度，防止受热或受冻造成容器胀裂。

（3）运输过程控制

《危险化学品安全管理条例》规定的主要内容有：

①运输危险化学品的船舶及其配载的容器，应当按照国家船舶检验规范进行生产，并经海事管理机构认定的船舶检验机构检验合格，方可投入使用。

②从事危险化学品道路运输、水路运输的，应当分别依照有关道路运输、水路运输的法律、行政法规的规定，取得危险货物道路运输许可、危险货物水路运输许可，并向工商行政管理部门办理登记手续。危险化学品道路运输企业、水路运输企业应当配备专职安全管理人员。

③危险化学品道路运输企业、水路运输企业的驾驶人员、船员、装卸管理人员、押运人员、申报人员、集装箱装箱现场检查员应当经交通运输主管部门考核合格，取得从业资格。具体办法由国务院交通运输主管部门制定。

④运输危险化学品，应当根据危险化学品的危险特性采取相应的安全防护措施，并配备必要的防护用品和应急救援器材。用于运输危险化学品的槽罐以及其他容器应当封口严密，能够防止危险化学品在运输过程中因温度、湿度或者压力的变化发生渗漏、洒漏；槽罐以及其他容器的溢流和泄压装置应当设置准确、起闭灵活。

（4）使用过程控制

由于化学品普遍具有易燃易爆、有毒有害的特性，因此在化学品的使用过程中，需要加强安全管理，并且采取积极的技术措施，防止化学品（尤其是危险化学品）对作业人员以及其他人员造成伤害。

为了加强对化学品（尤其是危险化学品）使用的安全管理，预防事故的发生，国务院于 2002 年 5 月 12 日批准公布并施行了《使用有毒物品作业场所劳动保护条例》（国务院令　第 352 号）。除该条例外，《安全生产法》《职业病防治法》《危险化学品安全管理条例》《工作场所安全使用化学品规定》等法律、法规与相关要求，都对使用化学品及危险化学品的安全管理作了规定。

3.8.2　突发环境事件应急响应要求

3.8.2.1　事故报告

根据《国家突发环境事件应急预案》（国办函〔2014〕119 号）的相关要求，突发环境事件发生后，涉事企业事业单位或其他生产经营者必须采取应对措施，并立即向当地生态环境主管部门和相关部门报告，同时通报可能受到污染危害的单位和居民。因生产安全事故导致突发环境事件的，安全监管等有关部门应当及时通报同级生态环境主管部门。生态环境主管部门通过互联网信息监测、环境污染举报热线等多种渠道，加强对突发环境事件的信息收集，及时掌握突发环境事件发生情况。

《突发环境事件信息报告办法》（环境保护部令　第 17 号）对突发环境事件的

报告有如下要求：

“第十二条 突发环境事件的报告分为初报、续报和处理结果报告。

初报在发现或者得知突发环境事件后首次上报；续报在查清有关基本情况、事件发展情况后随时上报；处理结果报告在突发环境事件处理完毕后上报。

第十三条 初报应当报告突发环境事件的发生时间、地点、信息来源、事件起因和性质、基本过程、主要污染物和数量、监测数据、人员受害情况、饮用水水源地等环境敏感点受影响情况、事件发展趋势、处置情况、拟采取的措施以及下一步工作建议等初步情况，并提供可能受到突发环境事件影响的环境敏感点的分布示意图。

续报应当在初报的基础上，报告有关处置进展情况。

处理结果报告应当在初报和续报的基础上，报告处理突发环境事件的措施、过程和结果，突发环境事件潜在或者间接危害以及损失、社会影响、处理后的遗留问题、责任追究等详细情况。”

3.8.2.2 指挥与协调

重大环境污染事故的应急往往由多个部门共同完成，统一指挥和协调是有效开展应急救援的关键。建立统一的应急指挥、协调和决策程序，便于对事故进行初始评估，确认事故的级别，从而可迅速有效地进行应急响应，建立现场工作区域，确定重点保护区城和优先应急行动，指挥和协调现场各救援队伍展开救援，合理高效地调配和使用应急资源等。

（1）通信

应急通信是保障有效协调和指挥及有效开展应急响应的重要保证。指挥现场的应急行动，及时把现场的应急状况向外部通报，接受外部的应急指示以及向外部应急组织求援等，都离不开通信保障。必须充分考虑紧急状态的通信能力和保障，建立备用的通信系统，保证全天候持续工作的通信能力。各级环境应急相关专业部门应建立和完善环境安全应急指挥系统、环境应急处置全国联动系统和环境安全科学预警系统。配备必要的有线、无线通信器材，确保应急预案启动时环境应急指挥部和有关部门及现场各专业应急分队间的联络畅通。

应急通信主要包括：应急队员之间，事故应急指挥者与应急队员之间，应急救援系统各机构之间，应急指挥机构与外部应急组织之间，应急指挥机构与伤员家庭之间，应急指挥机构与新闻媒体之间的通信联络。

在应急行动中，所有直接参与或者支持应急行动的组织都必须按照已建立的程序进行通信联络，必要时启动备用的通信系统，保持通信设备的清洁，并进行必要的维修和维护。

不同的应急组织有可能使用不同的无线频率，为保证所有组织之间在应急过程中准确和有效的通信，应当作出特别规定。可以考虑建立统一的“现场”指挥无线频率，至少应该在执行类似功能的组织之间建立一个无线通信网络。在易燃易爆危险物发生事故时，也应保证所有的通信设备安全有效。

在制定通信预案时，应描述在应急过程中使用的通信系统，并罗列必要的通信对象，例如，重要人员的家庭电话号码、办公电话号码和手机号码，事故应急中可能涉及的关键部门的名称和电话列表等。

（2）指挥和协调机制

Ⅰ级响应时，由国务院有关部门和部际联席会议成立环境应急指挥部，负责指导、协调突发环境事件的应对工作。Ⅱ级响应、Ⅲ级响应、Ⅳ级响应时，分别由省（区、市）、市、县人民政府成立环境应急指挥部，负责指导、协调突发环境事件的应对工作。

环境应急指挥部根据突发环境污染事故的情况通知有关部门及其应急机构、救援队伍和事件所在地毗邻省（区、市）、市、县人民政府应急救援指挥机构。各应急机构接到事件信息通报后，应立即派出有关人员和队伍赶赴事发现场，在现场救援指挥部统一指挥下，按照各自的预案和处置规程，相互协同，密切配合，共同实施环境应急和紧急处置行动。现场应急救援指挥部成立前，各应急救援专业队伍必须在当地政府和事发单位的协调指挥下坚决、迅速地实施先期处置，果断控制或切断污染源，全力控制事件势态，严防二次污染和次生、衍生事件发生。

应急状态时，专家组组织有关专家迅速对事故信息进行分析、评估，提出应急处置方案和建议，供指挥部领导决策参考。根据事故进展情况和发展势态，提出相应的对策和意见：对突发环境污染事故的危害范围、发展趋势作出科学预测，为环境应急领导机构的决策和指挥提供科学依据；参与污染程度、危害范围、事故等级的判定，对污染区域的隔离与解禁、人员撤离与返回等重大防护措施的决策提供技术依据；指导各应急分队进行应急处理与处置；指导环境应急工作的评价，进行事故的中长期环境影响评估。

发生环境污染事故的有关部门、单位要及时、主动向环境应急指挥部提供应急救援有关的基础资料，生态环境、海洋、交通、水利等有关部门提供事故发生前的有关监管检查资料，供环境应急指挥部研究救援和处置方案时参考。

（3）指挥协调的主要内容

环境应急指挥部指挥协调的主要内容包括：

①提出现场应急行动原则要求；

②派出有关专家和人员参与现场应急救援指挥部的应急指挥工作；

③协调各级、各专业应急力量实施应急支援行动；

④协调受威胁的周边地区危险源的监控工作；

⑤协调建立现场警戒区和交通管制区域，确定重点防护区域；

⑥根据现场监测结果，确定被转移、疏散群众返回时间；

⑦及时向国务院/地方政府（省、市、县）报告应急行动的进展情况。

（4）企业最初应急响应与指挥

企业值班操作人员（含污染治理设施值班操作人员）是最初的应急组织。如发现污染事故的苗头，应及时报告值班主管，评价状况，确定应急级别，同时报告企业应急总指挥，成立应急小组。根据企业应急总指挥的指示，报告企业管理层，同时向政府相关部门做最初的通报。根据企业应急总指挥的指挥，对所有纠正和防护行动进行连续评价和控制，严格监控事态的发展。

（5）企业全体应急响应与指挥

当污染继续扩大，应启动企业全体应急，如必要，建议主管部门采取防护行动以保护邻近区公众的安全和健康。企业应急操作指挥应向企业应急总指挥提供行动计划或启动应急的建议，企业事故现场指挥协调各部门间的行动，指挥应急小组行动，减轻事故影响和进行恢复。企业应急总指挥召集全体应急反应组织采取行动，消除污染事故，指定专门人员与现场的最初反应小组保持联络，请求救援和企业外机构增援。当事故得到紧急控制，企业应急总指挥可降低事故级别。一般企业全体应急反应组织包括：企业应急总指挥、企业通信联络负责人、企业应急操作指挥、企业事故现场指挥、公共信息负责人等。

3.8.2.3　警报、通报与信息发布

（1）警报

由于环境污染事故常常会波及周边地区，对公众和环境可能造成威胁，所以告之公众是必需的，告之方式是警报和公告。告诉公众污染事故的性质、对健康的影响、自我保护措施、注意事项等，以保证公众能够及时作出自我防护响应。针对大气污染事故，应急预案应规定如何向公众发出警报，包括什么时候、谁有权决定启动警报系统，各种警报信号的不同含义，警报系统的协调使用，可使用的警报装置的类型和位置，以及警报装置覆盖的地理区域。在警报器发出警报的同时，应进行应急广播，向公众发出紧急公告，传递紧急事故的有关重要信息，包括如何实施疏散、使用的疏散路线和庇护所等。

在应急状态情况下，保卫人员应该确保电视和电台的记者若非允许不得进入应急指挥部等实施采访。尤其是无关人员，不能进入应急指挥中心或应急人员正在控制险情的地方。应急组织中要有专门负责处理公众事务和媒体事务的部门，防止媒体错误报道。

（2）通报

参照《国家突发环境事件应急预案》，对事件的通报应包括以下内容：

①特别重大和重大环境污染事故（Ⅰ级、Ⅱ级）发生的省（自治区、直辖市）人民政府相关部门，在应急响应的同时，应当及时向毗邻和可能波及的省（自治区、直辖市）相关部门通报突发环境事件的情况。

②接到特别重大和重大环境污染事故（Ⅰ级、Ⅱ级）通报的省（自治区、直辖市）人民政府相关部门，应当视情况及时通知本行政区域内有关部门采取必要措施，并向本级人民政府报告。

③按照国务院的指示，全国环境保护部际联席会议及时向国务院有关部门和各省、自治区、直辖市人民政府生态环境部门以及军队有关部门通报特别重大环境污染事故（Ⅰ级）的情况。

④县级以上地方人民政府有关部门，对已经发生的环境污染事故或者发现可能引发环境污染事故的情形，及时向同级人民政府生态环境主管部门通报。

⑤发生环境污染事故的有关单位，应及时向毗邻单位和可能波及范围内的环

境敏感点通报，并向所在地县级以上生态环境主管部门或有关主管部门报告。

（3）信息发布

全国环境保护部际联席会议负责特别重大环境污染事故（Ⅰ级）信息对外统一发布工作。必要时，由国务院新闻办公室组织协调特别重大环境污染事故信息的对外统一发布工作，有关类别环境污染事故由专业主管部门负责提供环境污染事故的有关信息。

突发环境污染事故发生后，要及时发布准确、权威的信息，正确引导社会舆论。对于较为复杂的事故，可分阶段发布，先简要发布基本事实。对于一般性事故，主动配合新闻宣传部门做好宣传引导工作。对灾害造成的直接经济损失数字的发布，应征求评估部门的意见。对影响重大的突发事故处理结果，根据需要及时发布。

对于重大环境事件（Ⅱ级）、较大环境事件（Ⅲ级）和一般环境事件（Ⅳ级）可分别由省、市、县地方政府发布信息。

3.8.2.4 应急救援

应急救援是在发生火灾、爆炸和有毒物质泄漏等造成重大环境污染事故时必须采取的紧急行动，它包括应急疏散、事故处置、现场救护、现场处置、减缓污染事故后果等。

应急救援是事故应急的首要任务，应根据事先制定的各种事故状态下的应急处置预案，在应急时按照公众、员工和应急救援人员的安全优先，防止事故扩大、污染物蔓延优先，保护环境优先等原则顺序组织实施。

（1）预警

出现预警信息是组织救援的信号和动员令。预警信息主要来源包括企业直接报告发生突发性爆炸、井喷、火灾、泄漏等，群众举报（“12369”“110”“119”）发现人员死亡、中毒、不适，鱼、虾等动物或植物出现反常或死亡，空气颜色发生变化或感官视觉、嗅觉发现异常，或重点污染源的监测与监控数据异常，重点流域断面监测数据发生急剧变化，大气监测站监测数据发生急剧变化。

拥有危险源的企业应根据自身的特点、采用的工艺流程、环境危险源的分布情况、环境风险评价结果、污染治理设施、环境监测和监控条件，参照国家相关标准设定本企业预警条件。如果企业发生爆炸、火灾、泄漏等突发事故而产生环境污染，应立即启动相应的环境污染事故应急预案。

（2）警戒与治安

在发生火灾、爆炸和有毒物质泄漏等造成重大大气环境污染事故时，必须实行警戒与治安管制，其目的是保障现场应急救援工作的顺利开展，维护现场治安秩序，防止与救援无关的人员进入事故现场，保障救援队伍、物资运输和人群疏散等的交通畅通，避免发生不必要的人员中毒或伤亡。

警戒与治安内容包括：

①实施交通管制，对危险区外围的交通路口实施定向、定时封锁，严格控制进出事故现场的人员，避免不必要的人员伤亡或引起混乱。

②指挥危险区域内人员的撤离和疏散，确定疏散路线，保障车辆的顺利通行，及时疏通交通堵塞。

③维护撤离区和人员安置区场所的社会治安工作，保卫撤离区内和各封锁路口附近的重要目标和财产安全。

④除上述职责外，警戒人员还应该协助发出警报、现场紧急疏散、人员清点、传达紧急信息以及事故调查等。

上述任务一般由公安、交通、武警部门负责完成，环境应急人员提供相应的建议和污染物的扩散数据，确定撤离和疏散的范围。

（3）应急疏散

《美国职业安全与健康管理局提示的应急预案要点》中对人群疏散方案作了详细的论述，并规定了应急预案应包括的内容。

就人群疏散所做的规定和应做的准备包括：

①针对不同的疏散规模或现场紧急情况的严重程度，明确谁有权发布疏散命令。

②明确进行人群疏散时可能出现的紧急情况和相应的疏散方法。

③关于预防性疏散的规定。

④列举有可能需要疏散的地区（例如，位于生产、使用、运输、存贮危险物品企业周边地区等）。

⑤对疏散人群数量、所需的警报时间、疏散时间以及可用的疏散时间的估测。

⑥对疏散路线、交通工具、搭乘点、目的地（及其备用方案）所作的安排，以及保证人群疏散路线的道路、桥梁等的结构安全。

⑦对疏散人群的交通控制、引导、自身防护措施、治安、避免恐慌情绪所作的安排。

⑧对需要特殊援助的群体（如老人、残疾人、学校、幼儿园、医院、疗养院、监管所等）的考虑。

⑨对人群疏散进行跟踪、记录（疏散通知、疏散数量、在人员安置场所的疏散人数等）。

关于工作场所的应急疏散程序包括：

①人员疏散的策略和程序。

②紧急逃生的程序和逃生路线的分配，包括平面图、工作场所布置图、安全避险区位置等。

③本单位内、外的紧急联系人的姓名、职务、部门和电话号码。

④留守岗位操纵或关闭关键设备、操作灭火器材，或从事其他必需工作的员工的疏散程序。

⑤指定一处作为疏散后人员的集中点，并确定清点人数的程序。

此外，应急预案中还需包括：

①选定一处作为应对火灾或爆炸事故的备用通信中心场所。

②在现场内选定一安全场所，用来存放财务账册、法律文件、紧急情况下员工的联系人（家属、亲友）名单等重要文件资料。

③确定通知员工（包括残障员工）进行疏散或采取其他必要行动，以及报警的方法。

④声、光警报必须清晰可辨，全体员工据此作为撤离工作区或采取预案所确定行动的信号。有线广播系统、对讲机等应急通信系统必须安排到位，以便与当地执法、消防等部门联系，并需准备应急电源。

⑤随时更新关键人物（厂长、车间主任、医护人员等）名单，按其在处理突发事件中的主次作用，顺序排列，以便能在非工作时间发生突发事件时与之联络。

无序的疏散会造成混乱和人身及财物损伤。因此，在应急预案中必须包括以下几点：

①确定在何种情况下必须进行人员疏散。

②确定一条环节明晰的指挥链，并授权专人发布人员疏散或停产的命令；指定“疏散协理员”协助他人疏散并在疏散后清点人数。

③确定具体的疏散程序，包括疏散路线和安全出口；并将疏散程序和标有疏散路线及安全出口的地图张贴在全体员工均能看到的地方。

④确定协助残疾人或有语言障碍的人进行疏散的程序。

⑤确定在疏散过程中，需要员工继续进行的或要停止的关键作业环节；这些员工必须有能力对在何时停止工作并撤离岗位作出判断。

⑥确定疏散结束后，对员工进行清点的方法；如果是整个社区进行疏散，则须考虑安排运送员工的交通工具。

应急预案中还需确定首选和备用疏散路线和安全出口，在有条件的情况下，要确保疏散路线和安全出口满足下列条件：

①标记明显，照明充足。

②宽度足以容纳全部疏散人员。

③随时保持路面平整、无障碍。

④疏散中的人员不会遭受其他不安全因素的危害。

疏散完毕后，立即清点人数至关重要。人员集合地点发生混乱，容易延误对尚未疏散的人员进行救助，或导致进行不必要而且危险的搜救行动。因此，为了确保以最快的速度准确无误地清点疏散的员工，应急预案须包括下列几点：

①指定员工疏散后的集合地点。

②疏散后立即清点人数，确认未到场员工的姓名以及有人知道的他（们）于疏散结束前所处地点，并将此情况报告有关负责人。

③确定清点外来人员（如供应商、客户等）的方法。

④确定在事态扩大的情况下，进一步疏散人员的程序：让员工回家，或将他们运送到远离现场的某一地点。

对大规模人群疏散，必须妥善照顾已疏散人群，政府应负责为已疏散人群提供安全的临时安置场所，并保障其基本生活需求。该部分应明确：

①什么条件下需要启用临时安置场所，谁有权启用。

②可用的临时安置场所。

③为临时安置场所的食品、水、电和通信等保障所做的安排。

④对需要安置的人群进行数量估测。

⑤对临时安置场所的治安、医疗、消毒和卫生服务安排，考虑需要特殊照顾的人群。

⑥保证每个临时安置场所都有清晰、可识别的标志和符号。

（4）人员安全防护和救护

1）人员安全防护

人员安全防护包括应急人员的安全防护和受灾群众的安全防护。

应急人员应根据不同类型环境污染事故的特点，配备相应的专业防护装备，采取安全防护措施，严格执行应急人员出入事发现场程序。

受灾群众的安全防护由现场应急救援指挥部负责组织，主要工作内容如下：

①根据突发环境事件的性质、特点，告知群众应采取的安全防护措施。

②根据事发时当地的气象、地理环境、人员密集度等，确定群众疏散的方式，指定有关部门组织群众安全疏散撤离。

③在事发地安全边界以外，设立紧急避难场所。

现场防护装置是为了保护突发环境污染事故现场工作人员免受化学、生物与放射性污染危害而设计的装备，包括防护服、防护眼面护具、防护手套和呼吸用品等，以预防现场环境中有毒、有害物质对人体健康的危害。

环境应急人员的安全防护主要措施如下所述。

①有毒、有害气体：采用呼吸道防护的方法，使用正压式氧气面具（空气呼吸器)、防毒面具、防尘面具、浸水的棉织物等。

②不易挥发的有毒液体：采用隔绝服防护。

③易挥发的有毒、有害液体：采用全身防护。

④易燃液体、气体：采用阻燃服、呼吸道防护。

⑤辐射：采用防辐射专用服防护。

2）人员的救护

现场急救的组织与实施是决定事故应急救援成功与否的关键环节。现场急救成败的关键除高超的技术、完善的设备外，更重要的是时间；急救队伍应快速集结、快速反应、分秒必争地投入救援行动，在最短的时间内使伤员得到救助，以达到挽救生命、稳定病情、减少伤残、减轻痛苦的目的。及时有效的现场急救和转送医院治疗，是减少事故现场人员伤亡的关键。

现场救护基本程序如下所述。

①现场救护：i. 将染毒者迅速撤离现场，转移到上风或侧上风方向空气无污染地区：ii. 有条件时应立即进行呼吸道及全身防护，防止继续吸入染毒；iii. 对呼吸、心跳停止者，应立即进行人工呼吸和心脏按压，采取心肺复苏措施，并给予氧气；iv. 立即脱去被污染者的服装；v. 皮肤被污染者，用流动清水或肥皂水彻底冲洗；vi. 眼睛被污染者，用大量流动清水彻底冲洗。

②使用特效药物治疗。

③对症治疗。

④严重者送医院观察治疗。

环境污染事故应急预案中应明确针对该地区可能发生的重大污染事故，为现场急救、伤员运送、治疗及卫生监测等所做的准备和安排，应急预案应包括：

①可用的急救资源列表，如急救中心、救护车和急救人员。

②医院的列表。

③抢救药品、医疗器械和消毒、解毒药品等的区域内外来源和供给。

④建立与上级及外部医疗机构的联系与协调，包括疾控中心、危险化学品应急抢救中心、毒物控制中心等。

⑤建立现场急救站，设置明显的标志，并保证现场急救站的位置安全，以及空间、水、电等基本条件保障。

⑥建立对受伤人员进行分类急救、运送和转送医院的标准操作程序，建立受伤人员治疗跟踪卡，保证受伤人员都能得到正确及时的救治，并合理转送到相应的医院。

⑦记录、汇总伤亡情况表。

⑧建立和维护现场通信，保持与现场总指挥的通信联络，与其他应急队伍（环保、消防、公安、公共工程等）的协调工作。

⑨环保、卫生（如水、食物污染等）和传染病源监测机构（如卫生防疫站、疾控中心、检疫机构、预防医学中心等）及可用的监测设备和检测方案。

环境污染事故中要估计到下列 3 种类型的伤员：

①没有受到污染但受到物理伤害的伤员。

②没有或有很小的物理伤害，但已经受到化学品的污染。

③受到严重伤害以及化学品污染的人。

伤员的分类，除最初的评估外，根据化学品和污染的方式，应急医疗服务人员应该经常地再评估那些等待治疗的伤员；应急医疗服务人员应该对在事故中所涉及的化学品的化学特性及物理特性和在不同的暴露水平下的症状予以确认。

3.8.2.5 应急处置

根据《国家突发环境事件应急预案》(国办函〔2014〕119 号）的相关要求，涉事企业事业单位或其他生产经营者要立即采取关闭、停产、封堵、围挡、喷淋、转移等措施，切断和控制污染源，防止污染蔓延扩散。做好有毒有害物质和消防废水、废液等的收集、清理和安全处置工作。

3.8.2.6 环境监察

（1）监察应急职责

环境污染事故应急现场监察指挥通常是环境监察队长负责，在环境应急过程中，其负责的工作有：

①调集环境应急人员、设备、物资等，通知各应急小组迅速赶赴现场，展开工作。

②指挥应急处置小组进行现场处置、调查、取证工作。

③指挥应急监测小组开展应急监测，确定污染物种类、范围、程度。

④协助有关部门指导污染区域的警戒工作。

⑤根据现场调查、取证结果并参考专家意见，制定环境污染事故处置的技术措施。

⑥负责对外组织协调、分析事件原因、向应急领导小组报告现场处置情况。

⑦组织环境监察人员进行污染事故应急处置相关知识、技能的培训。

应急现场指挥组下设应急处置小组，该小组由环境监察人员组成，其主要职责有：

①负责污染现场控制。

②划定紧急隔离区。

③提出现场处置建议措施，经应急现场指挥组同意后组织实施。

④配合有关部门，积极采取措施控制污染事态的发展。

⑤及时向应急现场指挥组报告现场情况，进行事件调查、取证、分析、报告等工作。

⑥依法对发生污染事故的责任单位和个人的违法行为立案调查，提出处理建议。

（2）监察应急工作程序

1）快速出击

接到环境监察应急任务后，环境监察队长负责集合人员，环境监察小组按要求携带相关仪器设备，迅速集合赶赴现场。

2）现场控制

环境监察小组到达现场后，迅速展开现场调查，依法进行取证，做好现场勘验工作。根据现场勘验情况，积极配合有关部门、单位采取合理处置措施，减少污染物排放，防止污染物扩散。

3）情况上报

环境监察小组及时将现场调查情况报告队长，队长根据污染事故发展的动态，决定是否请示生态环境局增调有关人员、设备、物资前往现场增援。

4）污染跟踪

环境监察小组根据有关资料和现场调查情况，按照应急指挥部的指示精神，配合有关部门对污染状况进行跟踪调查，按时向应急指挥部报告污染事故处理情况，并按上级的指示及时调整对策，直到污染事故警报解除。

5）事故分析

环境监察小组根据现场调查取证情况分析事故原因，确定事故责任单位和个人，对环境违法行为提出处理建议。

6）结案归档

污染事故处理完毕后，形成环境监察总结报告，按时上报生态环境局并存档。

3.8.2.7 应急终止

应急终止也是应急的一环，要按一定的要求进行，而非无条件草草收场。

（1）应急终止基本条件要求

对于环境污染事故的终止，应考虑以下基本条件：

①事故现场得到控制，事件条件已经消除。

②污染源的泄漏或释放已降至规定限值以内。

③事故所造成的危害已被彻底消除，无继发可能。

④事故现场的各种专业应急处置行动已无继续的必要。

⑤应采取一切必要的防护措施以保护公众再次免受危害，并使事故可能引起的中长期影响趋于合理且尽量低的水平。

（2）应急终止的程序

应急终止须按照一定的程序进行：

①现场救援指挥部确认终止时机，或事故责任单位提出，经现场救援指挥部批准。

②现场救援指挥部向所属各专业应急救援队伍下达应急终止命令。

③应急状态终止后，相关类别环境污染事故专业应急指挥部应根据有关指示和实际情况，继续进行环境监测和评价工作，直至自然过程或其他补救措施无须继续进行为止。

（3）应急终止后的行动

应急终止后还需要采取一定的后续行动：

①应急过程评价。由生态环境部门组织有关专家，会同事发地人民政府组织实施应急过程评价。评价的基本依据是：a. 环境应急过程记录；b. 现场处置组及各专业应急救援队伍的总结报告；c. 现场应急救援指挥部掌握的应急情况；d. 环境应急救援行动的实际效果及产生的社会影响；e. 公众的反映等。

评价结论应包括以下内容：a. 事故等级；b. 应急总任务及部分任务完成情况；c. 是否符合保护公众、保护环境的总要求；d. 采取的重要防护措施与方法是否得当；e. 出动环境应急队伍的规模、仪器装备的使用、环境应急程度与速度是否与任务相适应；f. 环境应急处置中对利益与代价、风险、困难关系的处理是否科学合理；g. 发布的公告及公众信息的内容是否真实，时机是否得当，对公众心理产生了何种影响；h. 成功或失败的典型事例；i. 需要得出的其他结论等。

②指导有关部门及事故单位查找事件原因，防止类似问题重复出现。

③编制环境应急总结报告，并上报备案。

④根据实战经验，对应急预案进行评估，并及时修订环境污染事故应急预案，报上级审批。

⑤参加应急行动的部门负责组织、指导环境应急队伍维护、保养应急仪器设备，使之始终保持良好的技术状态。

3.8.3　相关法律责任

根据《突发环境事件应急管理办法》（环境保护部令　第 34 号），突发环境事件相关罚则如下：

“第三十七条　企业事业单位违反本办法规定，导致发生突发环境事件，《中华人民共和国突发事件应对法》《中华人民共和国水污染防治法》《中华人民共和国大气污染防治法》《中华人民共和国固体废物污染环境防治法》等法律法规已有相关处罚规定的，依照有关法律法规执行。

较大、重大和特别重大突发环境事件发生后，企业事业单位未按要求执行停产、停排措施，继续违反法律法规规定排放污染物的，环境保护主管部门应当依法对造成污染物排放的设施、设备实施查封、扣押。

第三十八条　企业事业单位有下列情形之一的，由县级以上环境保护主管部门责令改正，可以处一万元以上三万元以下罚款：

（一）未按规定开展突发环境事件风险评估工作，确定风险等级的；

（二）未按规定开展环境安全隐患排查治理工作，建立隐患排查治理档案的；

（三）未按规定将突发环境事件应急预案备案的；

（四）未按规定开展突发环境事件应急培训，如实记录培训情况的；

（五）未按规定储备必要的环境应急装备和物资；

（六）未按规定公开突发环境事件相关信息的。”

3.9 环境保护税申报

3.9.1 环境保护税申报指南

3.9.1.1 环境保护税知识链条梳理

环境保护税知识链条梳理如图 3-7 所示。

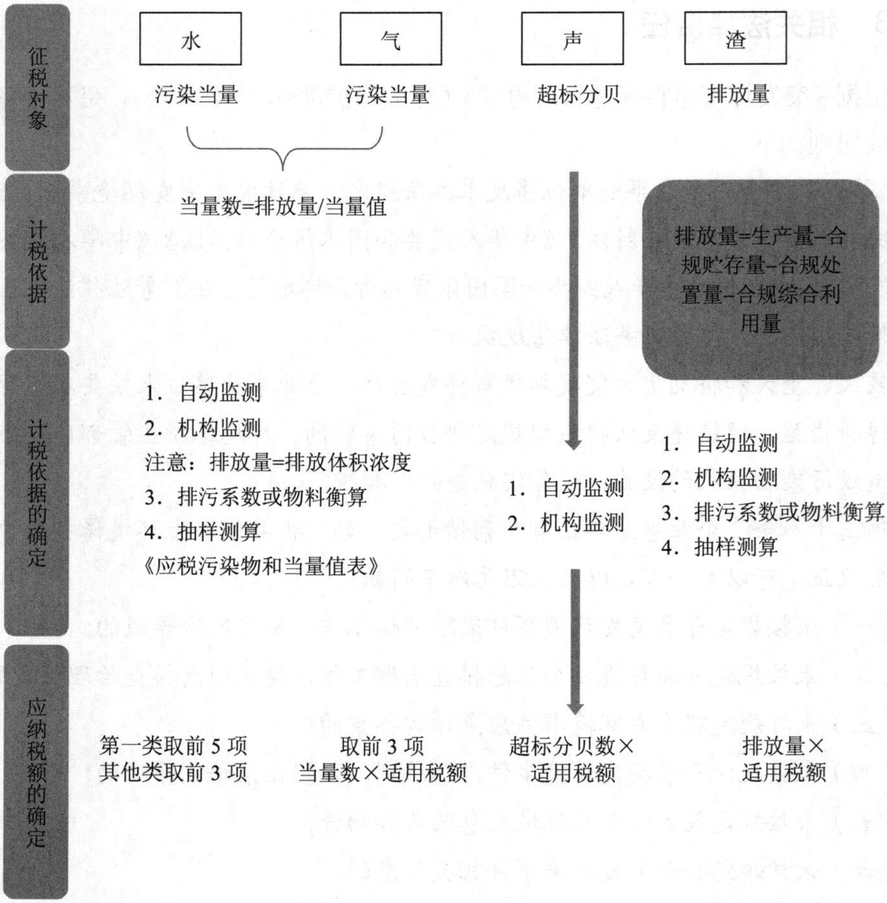

图 3-7 环保税知识链条梳理

3.9.1.2　环境保护税如何申报

（1）确定应税污染物的种类

《中华人民共和国环境保护税法》附件 2《应税污染物和当量值表》明确了应税大气污染物、应税水污染物、应税固体废物和噪声的种类。纳税人应当注意的是，并不是所有污染物都是需要缴税的应税污染物。

纳税人必须准确判断自身排放的应税污染物种类。应税水污染物和有组织排放的应税大气污染物及噪声可以通过监测的方法确定。无组织排放的应税大气污染物的种类，则要通过分析物料的种类、生产工艺的反应原理等方式确定。

无论采取何种手段，应税污染物的种类确定方式必须是有据可查、有法可依的。例如，采用监测的方法确定水污染物种类，就应该监测全部应税水污染物，并将应税水污染物按污染当量数从大到小排序，对一类水污染物按前五项征收，对其他类按前三项征收；对没有排放口进行无组织排放的应税大气污染物，可以按某车间的生产工艺流程涉及的物料种类及反应过程，判断应税污染物的种类。

（2）计算应税污染物数量

计算应税污染物的数量，请详见 3.9.2.3 节。

3.9.1.3　制作合规纳税凭证

环境保护税核算申报工作并不仅仅是计算应纳税额，还需要制作大量合规的纳税凭证，包括监测记录、污染防治设施的运行记录、危险废物处置单位的资质及转移贮存情况、一般固体废物综合利用情况等，这些纳税凭证要统一保存，以备税务部门检查。

环境保护税是一个专业性较强的税种，需要财务、环保、设备、生产和技术等部门形成一套合理的工作流程，才能更好地完成环境保护税的核算申报工作。尤其是像防腐工程、土石方作业等企业，有较多非正常生产情况下的排污行为，仍需要按次申报，这需要多部门联合协作才能保证环境保护税足额申报、足额纳税。

3.9.1.4 环境保护纳税申报表纸质表单填写

（1）环境保护税全部申报表概述

环境保护税申报报表如图 3-8 所示。

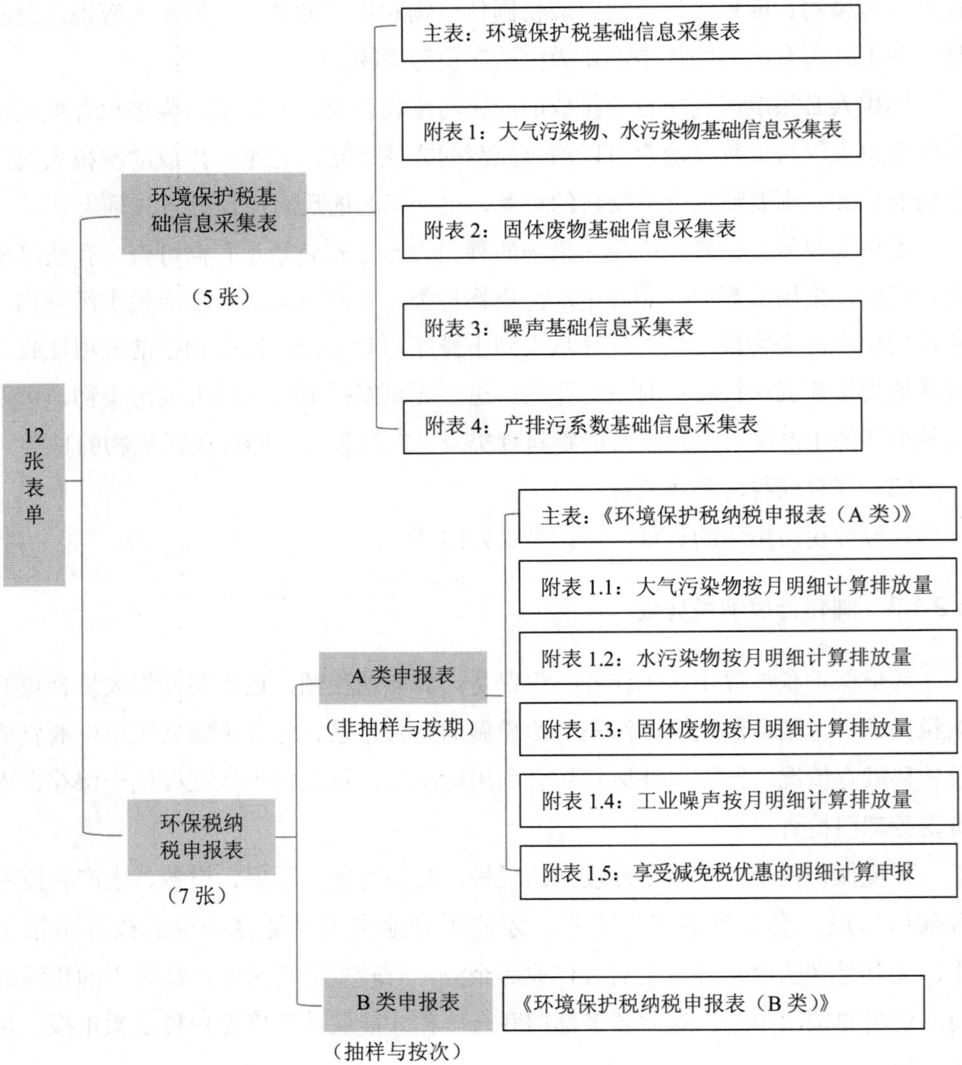

图 3-8 环境保护税纳税申报表一览图

主表：

环境保护税纳税申报表（A 类）

税款所属期：自　年　月　日至　年　月　日　　填表日期：　年　月　日　　金额单位：元至角分

纳税人名称	（公章）				*统一社会信用代码（纳税人识别号）				
税源编号	*排放口名称或噪声源名称	*税目	*污染物名称	*计税依据或超标噪声综合系数	*单位税额	*本期减免税额	本期减免税额	*本期已税额	本期应补（退）税额
（1）	（2）	（3）	（4）	（5）	（6）	（7）=（5）×（6）	（8）	（9）	（10）=（7）−（8）−（9）
合计	—	—	—						
授权声明	如果你已委托代理人申报，请填写下列资料：为代理一切税务事宜，现授权＿＿＿＿＿＿＿＿为本纳税人的代理申报人，任何与本申报表有关的往来文件，都可寄予此人。 授权人签字：				*申报人声明		本纳税申报表是根据国家税收法律法规及相关规定填写的，是真实的、可靠的、完整的。 声明人签字：		

经办人：　　主管税务机关：　　受理人：　　受理日期：　年　月　日

注：税源编号：系统生成。排放口名称或噪声源名称：自行命名。税目：四类。污染物名称：最低一级品目或子目。计税依据或超标噪声综合系数：1. 大气污染、水污染填当量数；2. 固体废物填排放量；3. 噪声填附表中的超标综合系数，合并填写。

附表 1.1：

环境保护税按月计算表（大气污染物适用）

税款所属期：自　　年　　月　　日至　　年　　月　　日

纳税人名称：　　　　　　　　统一社会信用代码（纳税人识别号）：

*月份	*税源编号	*排放口名称	*污染物名称	*污染物排放量计算方法	监测计算		排污系数计算				*污染物排放量（千克）	*污染当量值（千克）	*污染当量数
					废物排放量(万标立方米）	实测浓度值（毫克/标立方米）	计算基数	产污系数	排污系数	污染物单位			
（1）	（2）	（3）	（4）	（5）	（6）	（7）	（8）	（9）	（10）	（11）	（2）=（6）×（7）÷100 （12）=（8）×（9）×N （12）=（8）×（10）×N	（13）	（14）=（12）÷（13）

本表一式两份，一份纳税人留存，一份税务机关留存。

注：月份：一季分月填写。税源编号：只需填写几位。污染物排放量计算方法：自动监测、机构监测、排污系数或物料衡算。污染当量值：查询《环境保护税法》附表二；污染当量数=污染排放量÷当量值。污染物排放量：按监测数据填，按（6）×（7）÷100 或（8）×（9）×N 或（8）×（10）×N 计算填。

附表 1.2：

环境保护税按月计算表（水污染物适用）

税款所属期：自　　年　月　日至　　年　月　日

纳税人名称：　　　　　　　　　　统一社会信用代码（纳税人识别号）：

*月份	*税源编号	*排放口名称	*种类	*污染物名称	*污染物排放量计算方法	监测计算		排污系数计算				*污染物排放量（千克或吨）	*污染当量值（千克）	*污染当量数
						污水排放量（吨）	实测浓度值（毫克/升）	计算基数	产污系数	排污系数	污染物单位			
（1）	（2）	（3）	（4）	（5）	（6）	（7）	（8）	（9）	（10）	（11）		（13）=（7）×（8）÷1 000 （13）=（9）×（10）×*N* （13）=（9）×（11）×*N* （13）=（7）	（14）	（15）=（13）÷（14）

注：月份：一季分月填写。种类：第一类或其他类；污染物排放量计算方法：自动监测、机构监测、排污系数或物料衡算。污染物排放量：按监测数据填，按（6）×（7）÷100 或（8）×（9）×*N* 或（8）×（10）×*N* 计算填。污染当量值：查询《环境保护税法》附表二；污染当量数：污染当量数=污染排放量÷当量值。

附表 1.3：

环境保护税按月计算表（固体废物适用）

税款所属期：自　　年　月　日至　　年　月　日

纳税人名称：　　　　　　　统一社会信用代码（纳税人识别号）：

月份	污染物名称		本月固体废物的产生量（吨）	本月固体废物的贮存量（吨）	本月固体废物的处置量（吨）	本月应税固体废物的排放量（含综合利用量）（吨）
	固体废物类别	固体废物名称或危险废物代码				
（1）	（2）	（3）	（4）	（5）	（6）	（7）=（4）－（5）－（6）

注：固体废物排放量=当期产生量–当期综合利用量–当期储存量–当期处置量。

附表 1.4：

环境保护税按月计算表（噪声适用）

税款所属期：自　　年　月　日至　　年　月　日

纳税人名称：　　　　　　　　统一社会信用代码（纳税人识别号）：

月份	税源编号	噪声源名称	噪声时段	监测分贝数	标准限值	超标分贝数	污染物名称	超标不足15天	超标天数系数	两处以上噪声超标	边界超标系数	超标噪声综合系数
（1）	（2）	（3）	（4）	（5）	（6）	（7）	（8）	（9）	（10）	（11）	（12）	（13）=（10）×（12）

注：噪声时段：昼间或夜间。监测分贝数：分昼夜填本月监测最高分贝。标准分贝数：昼夜不同。污染物名称：工业噪声超标 1～3 分贝、4～6 分贝以此类推。超标不足 15 天：是或否。超标天数系数：0.5 或 1；两处以上噪声超标：是或否；边界超标系数：2 或 1；超标噪声综合系数：两个系数相乘。

工业企业厂界环境噪声排放限值

单位：dB（A）

功能区	昼间	夜间
0	50	40
1	55	45
2	60	50
3	65	55
4	70	55

附表 5：

环境保护税减免税明细计算报表

税款所属期：自　　年　月　日至　　年　月　日　　　填表日期：　　年　月　日　　　金额单位：元至角分

月份	税源编号	排放口名称	税目	污染物名称	污染物排放量计算方法	监测计算		执行标准	标准浓度值（毫克/升，毫克/标立方米）	污染物排放量（千克）	减免性质代码（减免项目名称）	污染当量数或综合利用量	单位税额	本期减免税额
						月均浓度（毫克/升，毫克/标立方米）	最高浓度（毫克/升，毫克/标立方米）							
（1）	（2）	（3）	（4）	（5）	（6）	（7）	（8）	（9）	（10）	（11）	（12）	（13）	（14）	（15）=（13）×（14） （15）=（13）×（14）×N

注：税目：四类。污染物名称：税目小类。污染物排放量计算方法：自动监测或机构监测。月均浓度：自动监测，大气污染物浓度值的小时平均值所得数值，水污染物浓度值的日平均再平均所得数值；监测机构，大气污染物、水污染物浓度值的平均值。最高浓度：监测仪读出/报告。执行标准：标准编号。标准浓度：执行标准对应的浓度限制。本期减免税额：公式一，固体废物；公式二：大气污染物、水污染物。

B 类附表的填报注意事项：

	类型	污染当量值	备注
禽畜养殖场	1 牛	0.1 头	仅对存栏规模大于 50 头牛、500 头猪、5 000 只鸡鸭等的禽畜养殖场征收
	2 猪	1 头	
	3 鸡、鸭家禽	30 只	
4 小型企业		1.8 t 污水	
5 餐饮娱乐服务业	消毒	0.5 t 污水	
		0.14 床	
6 医院	不消毒	2.8 t 污水	医院病床数大于 20 张的按照本表计算污染当量数
		0.07 床	
		1.4 t 污水	

B 类表——按次申报

环境保护税纳税申报表（B 类）

税款所属期：自　　年　月　日至　　年　月　日　　填表日期：　　年　月　日　　金额单位：元至角分

纳税人名称：　　　　（公章）　　统一社会信用代码（纳税人识别号）：

月份	税目	污染物名称	特征指标	单位	特征指标数量	特征系数	污染当量（特征值）	计税依据	单位税额	本期应纳税额	减免性质代码（减免项目名称）	本期减免税额	本期已缴税额	本期应补（退）税额
（1）	（2）	（3）	（4）	（5）	（6）	（7）	（8）	（9）	（10）	（11）=（9）×（10）	（12）	（13）	（14）	（15）=（11）－（13）－（14）
合计	—	—	—	—	—	—	—	—			—			

授权声明	如果你已委托代理人申报，请填写下列资料： 为代理一切税务事宜，现授权______ （地址）______ （统一社会信用代码）______为本纳税人的代理申报人，任何与本申报表有关的往来文件，都可寄予此人。 授权人签字：	申报人声明	本纳税申报表是根据国家税收法律法规及相关规定填写的，是真实的、可靠的、完整的。 声明人签字：

经办人：　　主管税务机关：　　受理人：　　受理日期：　　年　月　日

本表一式两份，一份纳税人留存，一份税务机关留存。

环境保护税纳税申报表（B 类）

税款所属期：自　　年　月　日至　　年　月　日　　填表日期：　　年　月　日　　金额单位：元至角分

纳税人名称：××公司　　统一社会信用代码（纳税人识别号）：

月份	税目	污染物名称	特征指标	单位	特征指标数量	特征系数	污染当量（特征值）	计税依据	单位税额	本期应纳税额	减免性质代码（减免项目名称）	本期减免税额	本期已缴税额	本期应补（退）税额
（1）	（2）	（3）	（4）	（5）	（6）	（7）	（8）	（9）	（10）	（11）=（9）×（10）	（12）	（13）	（14）	（15）=（11）−（13）−（14）
	大气污染物	二氧化硫						105.263 158	1.2	126.32		0	0	126.32
	水污染物	化学需氧量						100	1.4	140		0	0	140
	固体废物（炉渣）	炉渣						10	25	250		0	0	250
	噪声（工业噪声）	工业噪声超标4～6分贝						0.5	700	350		0	0	350
合计	—	—	—	—	—	—	—				—			

授权声明	如果你已委托代理人申报，请填写下列资料： 为代理一切税务事宜，现授权________ （地址）________ （统一社会信用代码）________为本纳税人代理申报人，任何与本申报表有关的往来文件，都可寄予此人。 授权人签字：	申报人声明	本纳税申报表是根据国家税收法律法规及相关规定填写的，是真实的、可靠的、完整的。 声明人签字：

经办人：　　主管税务机关：　　受理人：　　受理日期：　　年　月　日

注：本表一式两份，一份纳税人留存，一份税务机关留存。

B 类表——禽畜养殖等行业水污染物

环境保护税纳税申报表（B 类）

税款所属期：自　年　月　日至　年　月　日　　填表日期：　年　月　日　　金额单位：元至角分

纳税人名称：××公司　　统一社会信用代码（纳税人识别号）：

月份	税目	污染物名称	特征指标	单位	特征指标数量	特征系数	污染当量（特征值）	计税依据	单位税额	本期应纳税额	减免性质代码（减免项目名称）	本期减免税额	本期已缴税额	本期应补（退）税额
（1）	（2）	（3）	（4）	（5）	（6）	（7）	（8）	（9）	（10）	（11）=（9）×（10）	（12）	（13）	（14）	（15）=（11）-（13）-（14）
合计	—	—	—	—	—	—	—	—	—	—	—	—	—	—
授权声明		如果你已委托代理人申报，请填写下列资料： 为代理一切税务事宜，现授权______ （地址）______ （统一社会信用代码）______为本纳税人代理申报人，任何与本申报表有关的往来文件，都可寄予此人。 授权人签字：						申报人声明		本纳税申报表是根据国家税收法律法规及相关规定填写的，是真实的、可靠的、完整的。 声明人签字：				

注：税目：水污染物。污染物名称：禽畜养殖场（牛）。特征指标：牛、猪、鸡、床。单位：头、羽、张、吨。特征指标数量：实际数量。

环境保护税纳税申报表（B 类）

税款所属期：自　　年　月　日至　　年　月　日　　填表日期：　年　月　日　　金额单位：元至角分

纳税人名称：××　公司　　统一社会信用代码（纳税人识别号）：

月份	税目	污染物名称	特征指标	单位	特征指标数量	特征系数	污染当量（特征值）	计税依据	单位税额	本期应纳税额	减免性质代码（减免项目名称）	本期减免税额	本期已缴税额	本期应补（退）税额
（1）	（2）	（3）	（4）	（5）	（6）	（7）	（8）	（9）	（10）	（11）=（9）×（10）	（12）	（13）	（14）	（15）=（11）－（13）－（14）
	水污染	禽畜养殖场	猪	头	1 000		1	1 000	1.4	1 400	0	0	0	1 400
	水污染	禽畜养殖场	猪	头	900		1	900	1.4	1 260	0	0	0	1 260
	水污染	禽畜养殖场	猪	头	1 100		1	1 100	1.4	1 540	0	0	0	1 540
合计	—	—	—	—	—	—	—				—			

授权声明		申报人声明	
授权声明	如果你已委托代理人申报，请填写下列资料： 为代理一切税务事宜，现授权________ （地址）________ （统一社会信用代码）________为本纳税人代理申报人，任何与本申报表有关的往来文件，都可寄予此人。 授权人签字：	申报人声明	本纳税申报表是根据国家税收法律法规及相关规定填写的，是真实的、可靠的、完整的。 声明人签字：

经办人：　　主管税务机关：　　受理人：　　受理日期：　　年　月　日

注：本表一式两份，一份纳税人留存，一份税务机关留存。

B 类表——抽样测算

环境保护税纳税申报表（B 类）

税款所属期：自　　年　月　日至　　年　月　日　　　　填表日期：　年　月　日　　　　金额单位：元至角分

纳税人名称：××公司　　　　统一社会信用代码（纳税人识别号）：

月份	税目	污染物名称	特征指标	单位	特征指标数量	特征系数	污染当量（特征值）	计税依据	单位税额	本期应纳税额	减免性质代码（减免项目名称）	本期减免税额	本期已缴税额	本期应补（退）税额
（1）	（2）	（3）	（4）	（5）	（6）	（7）	（8）	（9）	（10）	（11）=（9）×（10）	（12）	（13）	（14）	（15）=（11）-（13）-（14）
	大气污染	一般性粉尘	月施工面积	平方米	10 000	1.2 kg/（平方米·月）	当量值：4	10 000×1.2÷4=3 000						
	水污染	污水	床位	床	100		2 特征值/（床·月）	100×3=300						
合计	—	—	—	—	—	—	—				—			

授权声明	如果你已委托代理人申报，请填写下列资料： 为代理一切税务事宜，现授权＿＿＿＿＿＿ （地址）＿＿＿＿＿＿ （统一社会信用代码）＿＿＿＿＿＿为本纳税人代理申报人，任何与本申报表有关的往来文件，都可寄予此人。 授权人签字：	申报人声明	本纳税申报表是根据国家税收法律法规及相关规定填写的，是真实的、可靠的、完整的。 声明人签字：

经办人：　　　　主管税务机关：　　　　受理人：　　　　受理日期：　　　　年　月　日

注：污染物名称、特征指标、单位，此三项按省级抽样测算办法规定填；

计税依据：1. 特征指标数量×特征值；

2. 特征指标数量×特征值÷污染当量值

（2）纳税申报表解析

纳税申报表 A 类主附表间的业务关联如图 3-9 所示。

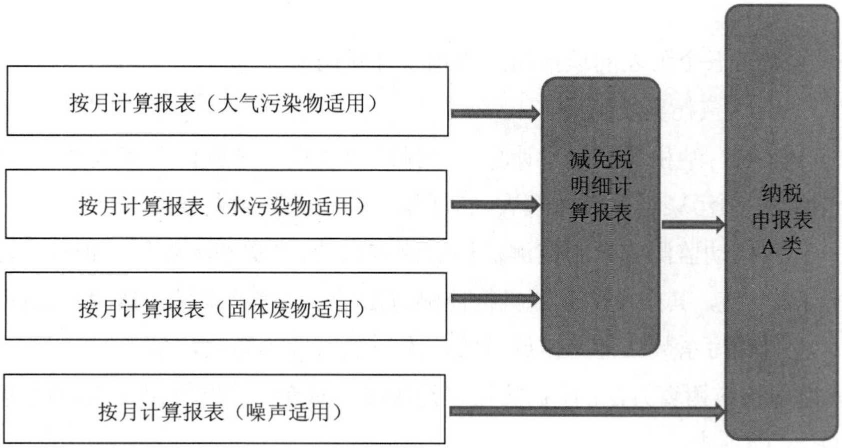

图 3-9　纳税申报表 A 类主附表间的业务关联

（注：大气污染物、水污染物、固体废物均有减免事项，仅噪声暂无减免事项。）

（3）纳税申报表填写指南

环境保护税纳税申报表：适用于纳税人汇总所有污染物的申报数据，得出本期应补（退）税额。

环境保护纳税申报计算表（附表 1）（大气污染物适用）：适用于污染物为大气污染的申报计算。

环境保护纳税申报计算表（附表 2）（水污染物适用）：适用于污染物为水污染的申报计算。

环境保护纳税申报计算表（附表 3）（固体废物适用）：适用于污染物为固体废物的申报计算。

环境保护纳税申报计算表（附表 4）（噪声适用）：适用于污染物为工业噪声的申报计算。

环境保护纳税申报计算表（附表 5）（减免税明细）：适用于环境保护税减免税的申报计算。

环境保护税纳税申报表（B 表）：适用于除 A 类申报之外的其他纳税人，包括按次申报纳税人、适用《环境保护税法》所附《禽畜养殖业、小型企业和第三产业水污染物当量值》表的纳税人和采用抽样测算方法计算污染物排放量的纳税人。

1）A 类表五个附表的填报注意事项（详见附表）

附表 1：大气污染物适用

a．申报前，纳税人需自行计算每一排放口或没有排放口的应税大气污染物，从大到小前三项污染当量数再填表（《环境保护税法》第九条）。

b．适用自动监测方法和监测机构监测方法的，“实测浓度值”根据实测数据填写月均浓度值，其中使用监测机构监测方法的，如多次监测，按孰高原则填写。

c．使用产污系数法计算排放量的，无须填写排污系数，反之亦同。

d. 使用物料衡算方法的，据实填写污染物排放量，并提供相关来源数据支撑，计算过程留档备查。

e．附表 1 污染物单位为千克时，*N* 为 1，计算公式中无论是除以 100 还是乘以 *N*，都需将污染物排放量换算成千克。

附表 3：固体废物适用

固体废物排放量=当期产生量–当期综合利用量–当期贮存量–当期处置量

附表 3 涉及上述公式中的第 1、3、4 项，不涉及第 2 项当期综合利用，因为综合利用是通过附表 5（减免税表）来体现（具体条款见《环境保护税法》第十二条第四款）。

附表 4：噪声适用

工业企业厂界环境噪声排放限值单位为分贝 dB（A）。噪声附表是唯一不关联减免税计算表的附表。

附表 5：减免税明细

《环境保护税法》有如下规定：

第十二条　下列情形，暂予免征环境保护税……（四）纳税人综合利用的固体废物，符合国家和地方环境保护标准的……”

“第十三条　纳税人排放应税大气污染物或者水污染物的浓度值低于国家和地方规定的污染物排放标准 30%的，减按 75%征收环境保护税。纳税人排放应税大气污染物或者水污染物的浓度值低于国家和地方规定的污染物排放标准 50%的，减按 50%征收环境保护税。

环境保护税减免税明细计算报表之减免税情形：

A 表和 B 表减免税计算填写的区别：A 表有专门的减免税计算表，需先填减免“污染当量数”或综合利用量，后填“本期减免税额”；B 表没有专门的减免税计算表，且直接填写“本期减免税额”即可。

2）B 类表附表的填报注意事项（详见附表）

B 类表：禽畜养殖业、小型企业和第三产业水污染物污染当量值（本表仅适用于计算无法进行实际检测或者物料衡算的禽畜养殖业、小型企业和第三产业等小型排污者的水污染当量数）。

污染物排放量的第四种计算方法：抽样测算。

不能按固定期限申报时：按次申报。

3.9.1.5　网上电子税务局申报

（1）操作步骤

登录所在地方税务局电子税务局网站后，进行基础信息采集，填报《环境保护税基础信息表》及各类污染物的基础信息采集表。

（2）A 类申报表填写

①采用自动监测、监测机构监测、排污系数和物料衡算法计算污染物排放量，并且按季申报的企业填报“A 表”。首先填报各类污染物按月计算表，其中，大气和水的按月计算报表点击“税源编号”弹出“税源明细信息”，勾选税源信息后，回到计算表中填报排放情况，系统自动计算每种污染物的污染当量数。

②按照《环境保护税法》的规定：“每一排放口或者没有排放口的应税大气污染物，对污染当量数排名第三的污染物征税；每一排放口的应税水污染物，按照《中华人民共和国环境保护税法》所附《应税污染物和当量值表》对第一类水污染物按照污染当量数排名前五的污染物征税，对其他类水污染物按照污染当量数排名前三的征税。在填报大气和水污染物的申报计算表时，保留每月每一排放口对应的应申报污染物即可，其他污染物可删除。”

③符合减免税条件的，应当按实际情况填报《环境保护税减免税明细表》，并

暂存。

④附表全部填报完成后，信息自动带入《环境保护税纳税申报表》（A 表），得到应纳税额，核对无误后点击“正式申报”即可缴纳税款。

（3）B 类申报表填写

按次申报的纳税人、适用《环境保护税法》所附《禽畜养殖业、小型企业和第三产业水污染物当量值表》的纳税人和采用抽样测算计算排污量的纳税人填报“B 表”进行申报。申报 B 表填报完成后点击“正式申报”即可缴纳税款。

3.9.2 环境税计算方法

3.9.2.1 污染物排放量计算方法

（1）计算应税污染物排放量的方法和顺序

①自动监测。纳税人安装使用符合国家规定和监测规范的污染物自动监测设备的，按照污染物自动监测数据计算。污染物自动监测设备，是指在污染源现场安装的用于监控、监测污染物排放的在线自动监测仪、流量（速）计、污染治理设施运行记录仪和数据采集传输仪器、仪表、传感器等设备。

②监测机构监测。纳税人未安装使用污染物自动监测设备的，按照监测机构出具的符合国家有关规定和监测规范的监测数据计算。《环境保护税法》第九条规定，属于第十条第二项规定情形的纳税人，自行对污染物进行监测所获取的监测数据，符合国家有关规定和监测规范的，视同第十条第二项规定的监测机构出具的监测数据。

③排污系数和物料衡算方法计算。因排放污染物种类多等原因不具备监测条件的，按照国务院环境保护主管部门规定的排污系数、物料衡算方法计算。

④抽样测算办法计算。不能按照《环境保护税法》第十条第一项至第三项规定的方法计算的，按照省、自治区、直辖市人民政府环境保护主管部门规定的抽样测算的方法核定计算。

（2）案例

①监测法

湖南某火力发电厂是环境保护税纳税人，该厂仅有 1 个废气排放口，该企业使用符合规范的在线监测仪器监测。监测数据显示，2020 年 10 月，该排放口共排放大气污染物 1 000 万 m^3，其中，应税污染物浓度：二氧化硫 120 mg/m^3（当月监测最高浓度为 140 mg/m^3）；氮氧化物 40 mg/m^3（当月监测最高浓度为 70 mg/m^3）。按照《火电厂大气污染物排放标准》（GB 13223—2011）的排放标准限值，二氧化硫为 200 mg/m^3，氮氧化物为 100 mg/m^3。

a．确定征收方式：在线监测。

b．确定排放的应税污染物：二氧化硫、氮氧化物。

c．确定计税依据：

排放量：二氧化硫=1 000×10^4×120÷100=1 200（kg）

　　　　氮氧化物=1 000×10^4×40÷100=400（kg）

污染当量数：二氧化硫=1 200÷0.95=1 263.157 895

　　　　　　氮氧化物=400÷0.95=421.052 631

同一排放口大气污染物污染当量数排序（取前三）：二氧化硫＞氮氧化物。

d．确定是否享受优惠：

二氧化硫：当月最高浓度值 140 mg/m^3＜排放标准 200 mg/m^3；

污染物浓度 120 mg/m^3＜排放标准 200 mg/m^3，能够享受优惠；

氮氧化物：当月监测最高浓度为 70 mg/m^3＜排放标准 100 mg/m^3；

污染物浓度 40 mg/m^3＜排放标准 100 mg/m^3，能够享受优惠。

e．确定享受优惠幅度（0 或 25%或 50%）：

二氧化硫：污染物浓度 120 mg/m^3 低于排放标准 200 mg/m^3 的 30%，减免 25%；

氮氧化物：污染物浓度 40 mg/m^3 低于排放标准 100 mg/m^3 的 50%，减免 50%。

f．计算税额：

二氧化硫：1 263.157 895×2.4×（1−25%）=2 273.68（元）；

氮氧化物：421.052 631×2.4×（1−50%）=505.26（元）。

②排污系数法

湖南某铅锌矿开采企业，2020 年度开采规模 1 000 t/d，该企业 2020 年 10 月开采铅锌矿 3.051 万 t，企业采用循环利用沉底分离末端处理技术，未安装自动监测设备，没有监测数据。

a．确定征收方式：无监测数据，采用排污系数法。

b．确定排污系数：

该企业为铅锌矿开采企业，查询《关于发布计算污染物排放量的排污系数和物料衡算方法的公告》（环境保护部公告　2017 年第 81 号）附件的铅锌矿采选行业排污系数表可知：

汞：0.128 mg/t 原矿；镉：0.003 g/t 原矿；铅：0.2 g/t 原矿；

砷：0.473 g/t 原矿；化学需氧量：219.9 g/t 原矿；氰化物：0.003 g/t 原矿。

工业废水量用于监测报告的浓度计算，不作为污染物因子计算。

c．确定应税污染物：

第一类水污染物（前 5）：汞、镉、铅、砷；

其他类水污染物（前 3）：化学需氧量、氰化物。

d．确定计税依据：

第一类水污染物：

汞排放量=30 510×0.128÷1 000 000=0.003 9（kg）；

汞污染物当量数=0.003 2 kg÷0.000 5=7.81；

镉排放量=30 510×0.003÷1 000=0.091 53（kg）；

镉污染物当量数=0.915 3÷0.005=183.06；

铅排放量=30 510×0.2÷1 000=6.102（kg）；

铅污染物当量数=6.102÷0.025=244.08；

砷排放量=30 510×0.473÷1 000=14.431 23（kg）；

砷污染物当量数=14.431 23÷0.02=721.562。

因此，第一类水污染物污染当量数合计=7.81+183.06+244.08+721.562= 1 156.512。

其他类水污染物：

化学需氧量排放量=30 510×219.9÷1 000=6 709.149（kg）；

汞污染物当量数=6 709.149÷1=6 709.149；

氰化物排放量=30 510×0.003÷1 000=0.091 53（kg）；

镉污染物当量数=0.091 53÷0.05=1.831。

因此，其他类水污染物污染当量数=6 709.149+1.831=6 710.98。

e．计算应纳税额：

当月应纳税额=（1 156.512+6 710.98）×3=23 602.48（元）。

③核定计算

湖南某小型企业直接向环境排放污水，某月污水排放量为 90 t，小型企业的污染当量值为 1.8 t 污水，水污染物适用税额为每污染当量 3 元，则其水污染物当月应纳税额为：

月应税污染当量数=月污水排放量÷污染当量值=90÷1.8=50；

月应纳税额=月应税污染当量数×适用税额 =50×3=150（元）。

3.9.2.2　税率和应纳税额的计算

（1）相关法律规定

《环境保护税法》：

“第十一条　环境保护税应纳税额按照下列方法计算：

（一）应税大气污染物的应纳税额为污染当量数乘以具体适用税额；

（二）应税水污染物的应纳税额为污染当量数乘以具体适用税额；

（三）应税固体废物的应纳税额为固体废物排放量乘以具体适用税额；

（四）应税噪声的应纳税额为超过国家规定标准的分贝数对应的具体适用税额。”

（2）环境保护税税目税额表

环境保护税税目税额见表 3-4。

表 3-4　环境保护税税目税额表

税目		计税单位	税额/元
大气污染物		每污染当量	1.2～12
水污染物		每污染当量	1.4～14
固体废物	煤矸石	每吨	5
	尾矿	每吨	15
	危险废物	每吨	1 000
	冶炼渣、粉煤灰、炉渣、其他固体废物（含半固态、液态废物）	每吨	25

税目		计税单位	税额/元
噪声	工业噪声	超标 1～3 dB	每月 350
		超标 4～6 dB	每月 700
		超标 7～9 dB	每月 1 400
		超标 10～12 dB	每月 2 800
		超标 13～15 dB	每月 5 600
		超标 16 dB 以上	每月 11 200

应税大气污染物和水污染物的具体适用税额的确定和调整，由省、自治区、直辖市人民政府统筹考虑本地区环境承载能力、污染物排放现状和经济社会生态发展目标要求，在《环境保护税法》所附《环境保护税税目税额表》规定的税额幅度内提出，“报同级人民代表大会常务委员会决定，并报全国人民代表大会常务委员会和国务院备案”。

（3）环境保护税举例计算

1）对应税污染物排放量进行列表计算

甲化工厂 1 月污染当量计算见表 3-5。

表 3-5 甲化工厂 1 月污染当量计算表

1 月排放总量	一类污染物					二类污染物				
	名称	浓度/（mg/L）	当量值/kg	污染当量	排序	名称	浓度/（mg/L）	当量值/kg	污染当量	排序
500 000 000	六价铬	0.5	0.02	12 500	5	总氰化物	0.5	0.05	5 000	3
	总砷	0.6	0.02	15 000	4	硫化物	0.025	0.125	100	4
	总铅	1	0.025	20 000	2	氨氮	25	0.8	15 625	1
	总镍	1.1	0.025	22 000	1	氟化物	10	0.5	10 000	2
	总镀	0.005	0.01	250	6					
	总铬	1.5	0.04	18 750	3					
	前 5 项合计			88 250		前 3 项合计			30 625	

2）计算应纳税额

①一类污染物=∑由大到小前 5 项应税污染物污染当量数×适用税额=88 250×

3 元/污染当量=264 750 元；

②二类污染物=∑由大到小前 3 项应税污染物污染当量数×适用税额=30 625×3 元/污染当量=91 875 元；

③化工厂 2018 年 1 月应纳环境保护税=264 750+91 875=356 625（元）。

3.9.2.3 污染当量数的计算

（1）大气污染物、水污染物的污染当量数确定方法

污染物的排放量除以污染当量值。省、自治区、直辖市人民政府根据本地区情况，可以增加同一排放口征收环境保护税的应税污染物项目数。

1）水污染物污染当量数计算

水污染物：每一排放口的应税水污染物，按照本法所附《应税污染物和当量值表》，对第一类水污染物按照前 5 项征收环境保护税，对其他类水污染物按照前 3 项征收环境保护税。

一般污染物的污染当量数：

$$\text{某污染物的污染当量数}=\frac{\text{该污染物的排放量（kg）}}{\text{该污染物的污染当量值（kg）}}$$

pH、大肠菌群数、余氯量的污染当量数计算：

$$\text{某污染物的污染当量数}=\frac{\text{污染排放量（t）}}{\text{该污染物的污染当量值（kg）}}$$

色度的污染当量数计算：

$$\text{色度的污染当量数}=\frac{\text{污染排放量（t）}\times\text{色度超标倍数}}{\text{色度的污染当量值（t、倍）}}$$

2）大气污染物污染当量数计算

大气污染物：每一排放口或者没有排放口的应税大气污染物，按照污染当量数从大到小排序，对前 3 项污染物征收。

$$\text{某污染物的污染当量数}=\frac{\text{该污染物的排放量（kg）}}{\text{该污染物的污染当量值（kg）}}$$

（2）固体废物排放量计算

①固体废物排放量=当期固体废物的产生量−当期固体废物的综合利用量−当

期固体废物的贮存量−当期固体废物的处置量；

②综合利用量，是指按照国务院发展改革、工业和信息化主管部门关于资源综合利用要求以及国家和地方生态环境标准进行综合利用的固体废物数量；

③贮存量、处置量，是在符合国家和地方生态环境标准的设施、场所贮存或者处置的固体废物数量；

④应当向税务机关报送应税固体废物的产生量、贮存量、处置量和综合利用量，同时报送证明材料，包括固体废物处置利用量；

⑤用委托合同、受委托方资质证明、固体废物转移联单、危险废物管理台账复印件等。

（3）噪声确定

噪声按照超过国家规定标准的分贝数确定：

①噪声超标分贝数不是整数值的，按四舍五入取整；

②一个单位的同一监测点当月有多个监测数据超标的，以最高一次超标声级计算应纳税额；

③一个单位有不同地点多个作业场所噪声超标的，应当分别计算应纳税额，合并计征；

④当沿边界长度超过 100 m 有两处以上噪声超标，按照两个单位计算应纳税额；

⑤同一噪声源昼、夜均超标的，昼、夜分别计算应纳税额，累计计征声源一个月内累计昼间超标不足 15 昼或者累计夜间超标不足 15 夜的，分别减半计算应纳税额。

（4）计算案例

计算应税污染物的数量比较复杂，可以通过以下四个案例说明。

案例一：A 省 B 企业 1 月向大气中排放二氧化硫 10 kg，氮氧化物 20 kg，一氧化碳 300 kg，汞及其化合物 1 kg。大气污染物适用税额为每污染当量 1.2 元。B 企业只有 1 个排放口，计算该企业 1 月大气污染物应缴纳的环境保护税（相应污染物的污染当量值分别为 0.95 kg、0.95 kg、16.7 kg 和 0.000 1 kg）。

第一步，计算各污染物的污染当量数。二氧化硫：10÷0.95＝10.53；氮氧化物：20÷0.95＝21.05；一氧化碳：300÷16.7＝17.96；汞及其化合物：1÷0.000 1＝10 000。

第二步，按污染当量数排序。汞及其化合物（10 000）＞氮氧化物（21.05）＞一氧化碳（17.96）＞二氧化硫（10.53）。

第三步，计算应纳税额。汞及其化合物：10 000×1.2＝12 000（元）；氮氧化物：21.05×1.2＝25.26（元）；一氧化碳：17.96×1.2＝21.55（元）。

案例二：A 省 B 企业 1 月向水体直接排放第一类水污染物总汞、总镉、总铬、六价铬、总砷、总铅各 1 kg。排放其他类水污染物悬浮物（SS）、生化需氧量、总有机碳、氨氮、挥发酚各 20 kg。水污染物适用税额为每污染当量 1.4 元；计算 B 企业 1 月水污染物应缴纳的环境保护税。第一类水污染物的污染当量值分别为：0.000 5、0.005、0.04、0.02、0.02、0.025；第二类水污染物的污染当量值分别为 4、0.5、0.49、0.8、0.08（单位：kg）。

第一步，计算第一类水污染物的污染当量数并排序。总汞：1÷0.000 5＝2 000；总镉：1÷0.005＝200；总铬：1÷0.04＝25；六价铬：1÷0.02＝50；总砷：1÷0.02＝50；总铅：1÷0.025＝40。因此，总汞（2 000）＞总镉（200）＞六价铬（50）＝总砷（50）＞总铅（40）＞总铬（25）。

第二步，计算第一类水污染物应纳税额。总汞：2 000×1.4＝2 800（元）；总镉：200×1.4＝280（元）；六价铬：50×1.4＝70（元）；总砷：50×1.4＝70（元）；总铅：40×1.4＝56（元）。

第三步，计算第二类水污染物的污染当量数并排序（单位：kg）。悬浮物（SS）：20÷4＝5；生化需氧量：20÷0.5＝40；总有机碳：20÷0.49＝40.82；氨氮：20÷0.8＝25；挥发酚：20÷0.08＝250。因此，挥发酚（250）＞总有机碳（40.82）＞生化需氧量（40）＞氨氮（25）＞悬浮物（SS）（5）。

根据《应税污染物和当量值表》，对同一排放口中的化学需氧量、生化需氧量和总有机碳，只征收一项，按三者中污染当量数最高的一项收取。因此，其他类水污染物按照挥发酚、总有机碳、氨氮征收环境保护税。

第四步，计算其他类水污染物应纳税额。挥发酚：250×1.4＝350（元）；总有机碳：40.82×1.4=57.15（元）；氨氮：25×1.4=35（元）。

案例三：C 企业 1 月产生煤矸石 100 t，其中综合利用的煤矸石 20 t（符合国家、地方生态环境标准和资源综合利用标准），在符合国家和地方生态环境标准的设施贮存 30 t，计算 C 企业 1 月煤矸石应缴纳的环境保护税。

计算方式：应纳税额＝（100–20–30）×5＝250（元）

案例四：D 企业 1 月在 A、B 两地作业均存在夜间噪声超标。A 作业场所一个单位边界上有两处噪声超标，分别为超标 1～3 dB、超标 7～9 dB，两处超标天数为 16 天；B 作业场所沿边界长度 110 m 有两处噪声超标，分别为超标 1～3 dB、超标 7～9 dB，两处超标天数为 14 天。计算 D 企业 1 月噪声污染应缴纳的环境保护税。

应税噪声的应纳税额为超过国家规定标准的分贝数对应的具体适用税额。计算方式：一个单位有不同地点作业场所的应分开计算，需要合并计征。

A 场所应纳税额＝1 400（元）（注：同一单位边界多噪声超标按最高处声级计算）；B 场所应纳税额＝（1 400＋1 400）÷2＝1 400（元）（注：沿边界长度超过 100 m 有两处以上噪声超标，按两个单位计算；声源一个月内超标不足 15 天，减半计算）。

第 4 章 排污单位典型违法违规案例分析

4.1 环境监管制度违法违规案例分析

4.1.1 环境影响评价违法违规案例

（1）案例一：项目环境影响报告书尚未依法报批，建设单位擅自开工建设

企业名称：江苏省××钢铁集团有限公司。

监管部门：江苏省连云港市生态环境保护局。

发生时间：2020 年 11 月 11 日

信息来源：《连云港市生态环境保护局行政处罚决定书》（连环行罚字〔2020〕23 号）。

存在问题：当事人江苏省××钢铁集团有限公司“新建 1 250 m^3 高炉建设工程项目”环境影响评价报告书已编制完成，尚未依法报批，于 2020 年 4 月 27 日开始建设，检查时，已建成风机房（即三层建筑）、中控楼（即二层建筑）、煤气布袋除尘装置本体、热风炉本体、高炉本体、出铁场除尘器本体及部分公辅设备。检查时，该项目正在建设中。根据该项目可行性研究报告核算，该项目总投资额为 36 153.12 万元。

处罚依据：《中华人民共和国环境影响评价法》第三十一条第一款：“建设单位未依法报批建设项目环境影响报告书、报告表，或者未依照本法第二十四条的规定重新报批或者报请重新审核环境影响报告书、报告表，擅自开工建设的，由县级以上生态环境主管部门责令停止建设，根据违法情节和危害后果，处建设项目总投资额 1%以上 5%以下的罚款，并可以责令恢复原状；对建设单位直接负责

的主管人员和其他直接责任人员，依法给予行政处分。”

处罚结果：根据上述规定和《江苏省生态环境行政处罚裁量基准规定》，对当事人“建设项目环境影响报告书尚未依法报批，建设单位擅自开工建设”的行为，给予罚款人民币玖佰柒拾陆万壹仟叁佰肆拾壹元整（9 761 341.00 元）的行政处罚。

（2）案例二：发生重大变动，未重新报批建设项目环境影响评价文件

企业名称：泰州××××塑料制品有限公司。

监管部门：江苏省泰州市生态环境局。

发生时间：2020 年 12 月 3 日。

信息来源：泰环罚字〔2020〕6–163 号。

存在问题：2020 年 10 月 12 日检查时，该公司喷涂 A 线正在生产，使用油性漆，根据公司提供的油性漆、稀释剂和固化剂的相关成分，调漆时油性漆∶固化剂∶稀释剂为 10∶1∶3，推算挥发性有机物有组织排放量为 0.475 t/年，无组织排放量为 0.5 t/年；环评中使用水性漆，挥发性有机物有组织排放量为 0.142 5 t/年，无组织排放量为 0.15 t/年；该公司该项目在未依法重新报批建设项目环境影响评价文件审批手续的情况下，于 2020 年 7 月 17 日擅自变更使用油性漆从事喷涂，导致污染物排放量增加，该项目投资为 21 535 208.59 元。当日检查时还发现该公司产生的废油漆桶临时存放在调漆间内，未设置危险废物标志。

处罚依据：《中华人民共和国环境影响评价法》第三十一条第一款：“建设单位未依法报批建设项目环境影响报告书、报告表，或者未依照本法第二十四条的规定重新报批或者报请重新审核环境影响报告书、报告表，擅自开工建设的，由县级以上生态环境主管部门责令停止建设，根据违法情节和危害后果，处建设项目总投资额百分之一以上百分之五以下的罚款，并可以责令恢复原状；对建设单位直接负责的主管人员和其他直接责任人员，依法给予行政处分。”《中华人民共和国固体废物污染环境防治法》第一百一十二条：“违反本法规定，有下列行为之一，由生态环境主管部门责令改正，处以罚款，没收违法所得；情节严重的，报经有批准权的人民政府批准，可以责令停业或者关闭：（一）未按照规定设置危险废物识别标志的”，“有前款第一项、第二项、第五项、第六项、第七项、第八项、第九项、第十二项、第十三项行为之一，处 10 万元以上 100 万元以下的罚款；有

前款第三项、第四项、第十项、第十一项行为之一，处所需处置费用三倍以上五倍以下的罚款，所需处置费用不足 20 万元的，按 20 万元计算。”

处罚结果：根据上述规定，对当事人处叁拾玖万零柒佰贰拾伍元（390 725 元）罚款，责令改正违法行为，停止使用油性漆，改用水性漆，按照规定设置危险废物识别标志。

典型环境影响评价违法违规案例汇总见表 4-1。

表 4-1　典型环境影响评价违法违规案例汇总

发生时间	企业名称	处罚原因和结果	监管部门	信息来源
2019 年 7 月 11 日	于都县×××果园	未办理环评登记备案手续；责令停止生产，罚款 3 万元	赣州市生态环境局于都分局	于环罚〔2019〕22 号
2019 年 8 月 28 日	灵宝××矿业股份有限公司	未批先建；责令停止建设，罚款 192.278 0 万元	三门峡市生态环境局	三环罚〔2019〕第 23 号
2020 年 4 月 23 日	重庆××××农业发展有限公司	擅自降低环境影响评价等级，填报环境影响登记表并办理备案手续；责令停止建设	重庆市生态环境局合川分局	合环（执）责改字〔2020〕19 号
2019 年 1 月 16 日	阳信县××不锈钢制品有限公司	项目建设地点发生重大变动后，未重新报批建设项目的环境影响评价文件；责令停止建设，处以罚款人民币 1 万元	滨州市生态环境局阳信分局	阳环罚字〔2018〕198 号
2020 年 3 月 17 日	新乡市×××科技有限公司	建设项目性质发生改变未重新报批；罚款 8.119 万元	新乡市生态环境局	新环罚决字〔2020〕第 36 号
2018 年 7 月 19 日	山东××食品有限公司	项目规模扩大未重新报批环境影响评价文件，擅自建成投产；责令立即停止生产，罚款人民币 5 万元	临沂市生态环境局河东分局	临环（东）罚字〔2015〕27 号
2020 年 9 月 22 日	东港市××水产有限公司	生产工艺发生重大改变未重新编制环境影响文件，改变工艺的生产线未批先建；责令立即停止建设，罚款人民币 3 万元	丹东市生态环境局	丹环东分罚决字〔2020〕13 号
2019 年 9 月 4 日	获嘉县照镜镇××冲压厂	擅自增加设备未依法重新报批环境影响评价文件，擅自开工建设；责令停止建设，罚款 1 万元	新乡市生态环境局获嘉分局	获环罚〔2019〕96 号
2020 年 4 月 8 日	沧州××××化工有限责任公司	未依法开展环境影响后评价；罚款人民币 7 万元	沧州市生态环境局	沧环罚〔2020〕3 号

4.1.2 竣工环境保护验收违法违规案例

（1）案例一：未完成竣工环保“三同时”验收工作，投入生产

企业名称：云南××木业有限公司。

监管部门：云南省昆明市生态环境保护局。

发生时间：2020 年 12 月 3 日。

信息来源：昆生环罚〔2020〕100 号。

存在问题：经昆明市环境监察支队 2020 年 9 月 22 日、28 日调查核实，云南××木业有限公司产量 30 万 m^3 林产品生产基地项目 2013 年建成正式投产至今，未完成竣工环保“三同时”验收工作。

处罚依据：《建设项目环境保护管理条例》第二十三条：“违反本条例规定，需要配套建设的环境保护设施未建成、未经验收或者验收不合格，建设项目即投入生产或者使用，或者在环境保护设施验收中弄虚作假的，由县级以上环境保护行政主管部门责令限期改正，处 20 万元以上 100 万元以下的罚款；逾期不改正的，处 100 万元以上 200 万元以下的罚款；对直接负责的主管人员和其他责任人员，处 5 万元以上 20 万元以下的罚款；造成重大环境污染或者生态破坏的，责令停止生产或者使用，或者报经有批准权的人民政府批准，责令关闭。”《昆明市环境保护局行政处罚自由裁量权规范标准》（2017 年版）第六项：“建设项目需要配套建设的环境保护设施未建成、未经验收或者验收不合格，建设项目即投入生产或者使用，或者在环境保护设施验收中弄虚作假的……（二）规范的具体处罚标准……4. 有下列严重违法行为之一的，责令限期改正，处 60 万元以上 80 万元以下的罚款：（1）列入环境影响报告书类的建设项目，环境保护设施已按照环评要求建成，但环境保护设施未正常使用或超标排放污染物的。”

处罚结果：对环境保护设施未经验收即投入生产或者使用的违法行为，责令限期 3 个月完成改正，处 60 万元（600 000.00 元）罚款。

（2）案例二：验收不合格，却投入生产

企业名称：包头×××高分子工业有限公司。

监管部门：内蒙古自治区包头市生态环境保护局。

发生时间：2020 年 8 月 31 日。

信息来源：包环罚〔2020〕4 号。

存在问题：该单位 36 万 t/a 烧碱工程项目因卫生防护距离不符合原内蒙古自治区环境保护厅《关于包头×××高分子工业有限公司 36 万 t/a 烧碱工程项目厂址变更环境影响报告书的批复》要求，导致验收不合格，现场检查时项目处于生产状态。

处罚依据：《建设项目环境保护管理条例》第二十三条："违反本条例规定，需要配套建设的环境保护设施未建成、未经验收或者验收不合格，建设项目即投入生产或者使用，或者在环境保护设施验收中弄虚作假的，由县级以上环境保护行政主管部门责令限期改正，处 20 万元以上 100 万元以下的罚款；逾期不改正的，处 100 万元以上 200 万元以下的罚款；对直接负责的主管人员和其他责任人员，处 5 万元以上 20 万元以下的罚款；造成重大环境污染或者生态破坏的，责令停止生产或者使用，或者报经有批准权的人民政府批准，责令关闭。"

处罚结果：罚款人民币玖拾万元整（900 000.00 元）；责令 2020 年 9 月 30 日前完成 36 万 t/a 烧碱工程项目自主验收工作。

4.1.3　应急预案违法违规案例

案例：未按照相关规定编制突发环境事件应急预案并备案

企业名称：浏阳××肉制品厂。

监管部门：湖南省长沙市生态环境保护局浏阳分局。

发生时间：2018 年 11 月 9 日。

信息来源：浏环罚字〔2018〕178 号。

存在问题：接群众投诉后，执法人员于 2018 年 9 月 17 日对浏阳××肉制品厂进行了现场检查，发现浏阳××肉制品厂因废水处理设施输送泵损坏，导致废水沉淀池溢流污水至厂区水泥地面，通过及时采取有效防治措施避免了溢流污水对外环境造成影响，但浏阳××肉制品厂未按照《突发环境污染事件应急管理办法》相关规定编制突发环境事件应急预案并备案。

处罚依据：《突发环境事件应急管理办法》第三十八条"企事业单位有下列情形之一的，由县级以上环境保护主管部门责令改正，可以处 1 万元以上 3 万元以下罚款：……（三）未按规定将突发环境事件应急预案备案的"。

处罚结果：罚款人民币 3 万元整（30 000.00 元）。

4.1.4 排污许可违法违规案例

（1）案例一：未持有排污许可证，排放污染物

企业名称：河北××焦化有限公司。

监管部门：河北省石家庄市生态环境保护局井陉矿区分局。

发生时间：2018 年 6 月。

信息来源："中国排污许可"官方微信公众号。

事件过程：2018 年 5 月 4 日，石家庄市生态环境保护局井陉矿区分局发现河北××焦化有限公司 280 m^2 烧结机生产正常，但是未依法取得排污许可证，擅自向大气排放污染物。于是发出〔2018〕20 号文责令改正违法行为决定书，要求停产。5 月 24 日，石家庄市生态环境保护局井陉矿区分局复查发现该企业并没有按照要求停产，仍然在违法生产和排放污染物。5 月 31 日，石家庄市生态环境保护局井陉矿区分局发出《按日连续处罚决定书》（〔2018〕24 号），对该企业实施按日连续计罚，罚款起止时间为 5 月 4 日至 5 月 24 日，共 21 天，罚款 210 万元。6 月 11 日，生态环境保护部强化督查发现企业仍然在生产。生态环境保护部通过督办问题清单交办相关市、县人民政府依法调查处理。

处罚结果：生态环境保护部通报发出后，河北省生态环境厅高度重视，立即责成河北省环境综合执法局组织石家庄市环境综合执法支队，联合石家庄市环安支队，派出执法人员连夜赶赴现场指导开展相关工作。石家庄市井陉矿区党委、政府连夜召开专题会议进行安排部署，组织协调当地公安机关采取紧急措施，对相关责任人员实施行政拘留。石家庄市生态环境保护局井陉矿区分局派驻专人盯守，确保其不再违法生产。随后，企业法定代表人被依法行政拘留，企业烧结项目停产。

（2）案例二：排污许可证申报情况与实际不符

企业名称：涟源市××煤气有限公司。

监管部门：湖南省娄底市生态环境保护局。

发生时间：2020 年 10 月 21 日。

信息来源：娄环罚决〔2020〕24 号。

存在问题：贮焦坪露天堆放 3 000 t 焦炭，焦炭的淋溶水和运煤车辆冲洗水经

水沟至含煤废水收集池，因暴雨含煤废水收集池和沉淀池有黑色废水外溢至白马渠，且没有任何应急措施。经查该公司已取得排污许可证，有效期到 2020 年 12 月 19 日，但排污许可证上登记为废水全部不外排，没有申请年排放量限值。

处罚依据：《中华人民共和国水污染防治法》第八十三条“违反本法规定，有下列行为之一的，由县级以上人民政府环境保护主管部门责令改正或者责令限制生产、停产整治，并处 10 万元以上 100 万元以下的罚款；情节严重的，报经有批准权的人民政府批准，责令停业、关闭……（二）超过水污染物排放标准或者超过重点水污染物排放总量控制指标排放水污染物的。”

处罚结果：处罚款人民币 80 万元（800 000.00 元）。

4.2　环境管理过程违法违规案例分析

4.2.1　涉及废水违法违规案例分析

（1）案例一：外排废水超标，擅自停运污染治理设施

企业名称：云南××农业科技有限公司。

监管部门：云南省曲靖市生态环境保护局。

发生时间：2020 年 9 月 24 日。

信息来源：宣环罚〔2020〕9 号。

存在问题：云南××农业科技有限公司外排废水超过环评批复要求的《污水综合排放标准》（GB 8978—1996）一级标准及《畜禽养殖业污染物排放标准》（GB 18596—2001），在生产运行期间擅自停运污染治理设施。

处罚依据：《水污染防治法》第八十三条“违反本法规定，有下列行为之一的，由县级以上人民政府环境保护主管部门责令改正或者责令限制生产、停产整治，并处 10 万元以上 100 万元以下的罚款；情节严重的，报经有批准权的人民政府批准，责令停业、关闭……（二）超过水污染物排放标准或者超过重点水污染物排放总量控制指标排放水污染物的”。

处罚结果：责令立即停止违法行为，确保污水处理设施正常运行，养殖废水全部进入污水处理站处理，外排污水需达到《污水综合排放标准》（GB 8978—1996）

一级标准。对超标排放废水的违法行为处罚款人民币 30 万元（300 000 元）。

（2）案例二：私设暗管偷排生产废水

企业名称：山东××清洗防腐公司。

信息来源：中华人民共和国最高人民检察院“山东省检察机关加强生态环境司法保护典型案例”。

基本案情：山东××清洗防腐公司位于济南市历城区郭店办事处，主要业务是对石油炼化换热器等设备进行化学清洗和防腐。2008—2015 年，山东××清洗防腐公司在法定代表人姬某某的安排下，由雷某、吴某、姬某某、张某某实际操作，长期将公司在进行设备酸洗和化学镍磷镀的过程中产生的含酸废水和含镍废水，通过铺设在车间底部的暗管向市政管网排放及公司厕所旁的废水池向地下渗漏，共计排放含酸废水和含镍废水 490 余 t。

诉讼过程和判决结果：2016 年 4 月 1 日，历城区人民法院作出一审判决，被告单位山东××清洗防腐公司犯污染环境罪，判处罚金 20 万元；被告人姬某某犯污染环境罪，判处有期徒刑 2 年，并处罚金 3 万元；被告人雷某、吴某、姬某某犯污染环境罪，判处有期徒刑 1 年 6 个月，缓刑 1 年 6 个月，并处罚金 2 万元；被告人张某某犯污染环境罪，判处有期徒刑 6 个月，缓刑 1 年，并处罚金 1 万元。2016 年 9 月 23 日，济南市法院立案审查，并经山东省检察院指定聊城市检察院提起民事公益诉讼。2017 年 12 月 19 日，济南市中级人民法院对该案进行公开开庭审理。调解书约定山东××清洗防腐公司于签收民事调解书之日起 30 日内委托有资质的单位修复被污染的土壤、地下水生态环境，期限一年，修复期满时向济南市中级人民法院提供经有资质的单位出具的评估验收合格报告。若不能按时完成修复义务，则于修复期满之日起 10 日内赔偿违法排污对生态环境造成影响的修复费用 98 万元。

典型涉及废水违法违规案例汇总见表 4-2。

表 4-2 典型涉及废水违法违规案例汇总

发生时间	企业名称	处罚原因和结果	监管部门	信息来源
2019 年 5 月 10 日	湖北××科技有限公司	配套废水预处理设施未建成，生产废水超标排放；罚款 75 万元	宜昌市生态环境局	宜市环罚〔2019〕1 号

发生时间	企业名称	处罚原因和结果	监管部门	信息来源
2020 年 6 月 28 日	乐清市××电子有限公司	未配套建设防治污染设施，振光机产生的废水未经处理，直接流入车间的渗坑，再经 PPC 管流向车间外通往雨水管道的渗坑内；罚款 13.6 万元	温州市生态环境保护局乐清市分局	温环乐罚〔2020〕33 号
2019 年 10 月 28 日	云南××陶瓷有限公司	生产废水处理系统闲置未正常使用，大量原料露天堆放，未采取密闭措施；责令停止建设，罚款 11 万元	曲靖市生态环境保护局	曲师环罚〔2019〕14 号
2019 年 5 月 11 日	泰州市××塑业有限公司	私自设置暗管偷排废水、废水超标排放；罚款 14 万元	泰州市生态环境保护局	泰环罚字〔2019〕6-50 号
2018 年 5 月 23 日	江西煤业集团有限责任公司××煤矿	不正常运行废水防治污染设施以逃避监管的方式违法排放污染物；将案件移送至萍乡市公安局青山公安分局处理	萍乡市生态环境保护局	萍环拘移〔2018〕1 号
2019 年 12 月 9 日	三门峡××化工有限公司	违法违规处置生产废水，生产废水大量聚集，溢流进入厂区雨水管网，以规避监管的方式排放水污染物；责令改正违法行为，罚款 100 万元，将案件移送公安机关	三门峡市生态环境保护局	三环罚〔2019〕第 57 号
2018 年 11 月 26 日	海盐县××印染有限公司	截至 2018 年 10 月 11 日，当事人污水入网排放总量超过 2018 年度允许排放总量控制指标；罚款 57.6 万元	嘉兴市生态环境保护局	盐环罚字〔2018〕164 号
2019 年 10 月 24 日	惠州××织造有限公司	染色车间废水收集池内的废水未经污水处理设施处理经收集池与雨水井的缺口排放至外环境；罚款人民币 100 万元	惠州市生态环境保护局	惠市环罚〔2019〕30 号
2018 年 12 月 29 日	瑞金×××商砼有限公司	水泥搅拌车废水未经处理直接从雨水沟外排；责令立即停产整顿，罚款 30 万元	赣州市生态环境局瑞金分局	瑞环罚〔2018〕6 号
2018 年 7 月 9 日	普洱×××建筑材料有限公司	生产废水通过沉淀池排口排入地埋式雨水管道；责令停产整治，罚款人民币 30 万元	普洱市人民政府	普环罚〔2018〕5 号
2019 年 4 月 24 日	吉林市××工业动植物油回收加工有限公司	生产废水私自利用槽车偷排到市政管网；罚款 150 万元	吉林市生态环境保护局	吉龙环罚字〔2019〕1001 号

4.2.2 涉及废气违法违规案例分析

（1）案例一：废气未经治理设施收集处理向外环境排放

企业名称：四会市××有色金属制品有限公司。

监管部门：广东省四会市环境保护局。

发生时间：2018 年 7 月 30 日。

信息来源：四环责改字〔2018〕40 号。

存在问题：2018 年 4 月 26 日，四会市环境保护局执法人员依法对四会市××有色金属制品有限公司进行现场检查，该公司主要从事铝锭生产加工，主要使用废旧金属为原材料，以焦炭为燃料，生产工艺为：废旧金属—反射炉熔炼—放铝水—定型冷却—铝锭；生产期间产生熔炼废气，配套建设有废气治理设施处理工艺流程为：废气—吸烟罩—布袋除尘—喷淋—静电除尘—烟囱排放。2018 年 4 月 26 日凌晨 2 时，执法人员在广佛肇高速公路四会市大沙镇岗美路段上拍摄到该公司有废气从厂房顶部排出。执法人员经进一步调查，是该公司反射炉产生的废气从反射炉炉口排出，废气未经治理设施收集处理向外环境呈无组织排放，对周边环境造成影响，存在不正常运行大气污染防治设施的环境违法行为。

处罚依据：《中华人民共和国大气污染防治法》第九十九条“违反本法规定，有下列行为之一的，由县级以上人民政府生态环境保护主管部门责令改正或者限制生产、停产整治，并处 10 万元以上 100 万元以下的罚款；情节严重的，报经有批准权的人民政府批准，责令停业、关闭……（三）通过逃避监管的方式排放大气污染物的”。

处罚结果：责令四会市××有色金属制品有限公司立即停止不正常运行大气污染防治设施的违法行为。

（2）案例二：废气超标排放

企业名称：杭州市××××喷涂有限公司。

信息来源：杭环罚〔2020〕36 号。

存在问题：2020 年 11 月 4 日，杭州市生态环境保护局执法人员对××××喷涂有限公司位于浙江省杭州市桐庐县分水镇百岁坊村金坞的生产场所、污染防治设施进行现场检查时发现，××××喷涂有限公司正在生产，废气处理设施正在运行，检测人员对企业车间废气排放口进行采样检测。根据杭州谱育检测有限公司 2020 年 11 月 10 日出具的编号为 EPT 201103042 号检测报告显示，××××喷涂有限公司车间废气排放口非甲烷总烃浓度均值为 300 mg/m^3。桐庐精通喷涂有限公司涉嫌超标排放大气污染物，杭州市生态环境保护局于 2020 年 11 月 13 日立案调查。经查明，××××喷涂有限公司主要从事笔杆喷涂加工。主要生产工艺为笔杆—喷漆—烘干—检验—包装，废气主要为喷涂烘干工序的挥发性有机物废气。检查当日正在生产，杭州市生态环境保护局委托第三方检测公司杭州谱育检测有限公司对企业车间废气排放口进行采样检测。根据杭州谱育检测有限公司于 2020 年 11 月 10 日出具的监测报告（EPT 201103042），××××喷涂有限公司该排口非甲烷总烃浓度为 300 mg/m^3，超过《工业涂装工序大气污染物排放标准》的表 1 标准（80 mg/m^3）。

处罚依据：《大气污染防治法》第九十九条“违反本法规定，有下列行为之一的，由县级以上人民政府生态环境保护主管部门责令改正或者限制生产、停产整治，并处 10 万元以上 100 万元以下的罚款；情节严重的，报经有批准权的人民政府批准，责令停业、关闭……（二）超过大气污染物排放标准或者超过重点大气污染物排放总量控制指标排放大气污染物的”。根据当事人的整改材料，当事人积极整改，符合《浙江省生态环境行政处罚裁量基准规定》第十一条第（四）项“积极采取整改措施，主动消除或者减轻环境危害后果的”，根据《浙江省生态环境行政处罚裁量基准规定》第十一条“符合从轻处罚情形的案件，在裁量时应当予以说明由并经集体讨论后，应当在裁量表裁定的罚款金额的基础上减少一定罚款金额，但一般不超过法定最高罚款数额的 20%，且从轻处罚后的罚款金额不得低于法定最低罚款数额”。

处罚结果：罚款人民币壹拾玖万陆仟元整（196 000 元）。

典型涉及废气违法违规案例汇总见表 4-3。

表 4-3　典型涉及废气违法违规案例汇总

发生时间	企业名称	处罚原因和结果	监管部门	信息来源
2020 年 11 月 6 日	江苏××包装有限公司	未采取措施减少挥发性有机物废气排放；责令立即改正违法行为，罚款 5 万元	苏州市生态环境保护局	苏环行罚字〔2020〕82 第 257 号

发生时间	企业名称	处罚原因和结果	监管部门	信息来源
2020年8月18日	××××水泥建材有限责任公司	主要排放口氮氧化物排放总量超标；罚款人民币50万元	昆明市生态环境保护局	昆生环罚〔2020〕35号
2020年10月12日	郑州××铝业有限公司	铸轧车间正在生产，铸轧车间大门未密闭，顶棚未完全密闭，造成熔化炉产生粉尘，燃烧产生二氧化硫和氮氧化物气态污染物无组织排放；责令立即停止环境违法行为，罚款人民币2万元	郑州市生态环境保护局	郑环罚决字〔2020〕39号
2020年7月1日	井陉县××塑料有限公司	有机废气生产车间密闭不严；责令停止违法行为，罚款2万元	石家庄市生态环境保护局	石环罚〔2020〕井陉-59号
2019年9月6日	武义××安防科技有限公司	熔铸废气水喷淋处理设施不运行，水喷淋设施的抽风电机和水泵电机均不运行，熔铸废气未经处理直接外排；罚款人民币10万元	金华市生态环境局武义县分局	金武环罚字〔2019〕第17号
2019年11月26日	湖南××金属制品有限公司	热风炉废气处理设施水浴除尘器未开启，热风炉废气直排外环境；罚款10万元整	常德市生态环境保护局	常环罚字〔2019〕23号
2020年12月24日	肇庆市高要区××色料厂	未按规范设置生产废气排放口；罚款人民币3万元	肇庆市生态环境局高要分局	肇环高罚字〔2020〕204号
2018年6月30日	盐城市××××建材有限公司	未能设置不低于堆放物高度的严密围挡，亦未采取有效覆盖措施防治扬尘污染，对周围环境造成影响；责令改正，罚款人民币5万元整	盐城市生态环境保护局	2018年6月行政处罚公示
2018年2月23日	宁乡市花明楼镇××砖厂	生产过程中脱硫除尘系统加碱装置未开启，回用池水样pH为2.87；烘干窑烟气收集不充分、经破损脱落部位溢散，无组织低空排放；责令该单位整改，将直接责任人移送公安机关	长沙市生态环境保护局	长沙市第三期蓝天保卫战全市环境执法典型案例
2019年7月18日	河南××纺织有限公司	粉尘和废棉收集设备未开启，电源指示灯不亮，电机未工作，车间粉尘较大；责令改正违法行为，罚款35万元，移送公安机关	三门峡市生态环境保护局	三环罚〔2019〕第16号

4.2.3　涉及噪声违法违规案例分析

（1）案例一：未建成有效的噪声污染防治设施，生产噪声直接排放

企业名称：温州××矿产品有限公司。

监管部门：浙江省温州市生态环境保护局鹿城分局。

发生时间：2020 年 9 月 10 日。

信息来源：温环鹿罚〔2020〕26-2 号。

存在问题：温州××矿产品有限公司在温州市鹿城区山福镇沙头村建成碎石项目（属《建设项目环境影响评价分类管理名录》“51、石灰和石膏制造、石材加工、人造石制造、砖瓦制造”中的报告表环评类别）于 2013 年 5 月投入生产，主要生产设备有石材粉碎机 2 台，振动筛 1 台，输送线数条，生产过程中会产生粉尘和噪声，已建成活动水管对粉尘进行喷淋处理，该污染防治设施未按国家规定的标准和程序进行验收，未建成有效的噪声污染防治设施，生产过程中产生噪声直接排放。

处罚依据：《建设项目环境保护管理条例》第二十三条第一款规定：“违反本条例规定，需要配套建设的环境保护设施未建成、未经验收或者验收不合格，建设项目即投入生产或者使用，或者在环境保护设施验收中弄虚作假的，由县级以上环境保护行政主管部门责令限期改正，处 20 万元以上 100 万元以下的罚款；逾期不改正的，处 100 万元以上 200 万元以下的罚款；对直接负责的主管人员和其他责任人员，处 5 万元以上 20 万元以下的罚款；造成重大环境污染或者生态破坏的，责令停止生产或者使用，或者报经有批准权的人民政府批准，责令关闭。”

处罚结果：罚款人民币捌万元（80 000 元）。

（2）案例二：夜间厂界噪声排放超标

企业名称：开县××建材厂。

监管部门：重庆市开州区环境行政执法支队。

发生时间：2020 年 9 月 29 日。

信息来源：开州环执按日计罚〔2020〕1 号。

存在问题：2020 年 7 月 1 日重庆市开州区生态环境保护综合行政执法支队对开县××建材厂进行了调查，发现厂界环境噪声夜间超标 12 dB，以上事实有重

庆市生态环境监测中心《监测报告》（渝环（监）字〔2020〕第 WZD7 号）证据为凭。

处罚依据：《中华人民共和国环境噪声污染防治法》第二十三条“在城市范围内向周围生活环境排放工业噪声的，应当符合国家规定的工业企业厂界环境噪声排放标准”。《重庆市环境保护条例》第一百零一条“违反本条例规定，有下列行为之一的，由环境保护主管部门予以处罚：生产、经营、施工中未保证其场界噪声值符合规定排放标准的，责令改正，处 5 000 元以上 5 万元以下罚款；高、中考期间擅自施工造成环境噪声扰民的从重处罚……”。

处罚结果：罚款人民币叁万伍仟元整（￥35 000 元）。

4.2.4 涉及固体废物违法违规案例分析

（1）案例一：一般工业固体废物未规范贮存

企业名称：安徽××保温科技有限公司。

监管部门：安徽省芜湖市生态环境局。

发生时间：2020 年 12 月 30 日。

信息来源：芜环罚字〔2020〕48 号。

存在问题：2020 年 12 月 7 日，芜湖市生态环境局执法检查发现安徽××保温科技有限公司厂区北侧空置土地上露天堆放工业固体废物废砂浆水泥，南侧空置土地上露天堆放工业固体废物废砂浆水泥和石墨聚苯板边角料，且均未采取防护措施。

处罚依据：《中华人民共和国固体废物污染环境防治法》第一百零二条“违反本法规定，有下列行为之一，由生态环境主管部门责令改正，处以罚款，没收违法所得；情节严重的，报经有批准权的人民政府批准，可以责令停业或者关闭……（十）贮存工业固体废物未采取符合国家环境保护标准的防护措施的”“有前款第二项、第三项、第四项、第五项、第六项、第九项、第十项、第十一项行为之一，处 10 万元以上 100 万元以下的罚款”。

处罚结果：处罚款人民币 10 万元整（100 000 元）。

（2）案例二：危险废物未规范贮存

企业名称：河南××新能源装备有限公司。

监管部门：河南省新乡市生态环境局。

发生时间：2020 年 12 月 28 日。

信息来源：新环罚决字〔2020〕第 344 号。

存在问题：2020 年 11 月 10 日，新乡市生态环境局执法人员对河南××新能源装备有限公司进行现场检查，发现喷漆车间内存放有约 15 个废油漆桶，未按照规定收集贮存在危险废物贮存间内，厂区建设的 30 m^2 危险废物贮存间未采取防渗漏措施。

处罚依据：同本节案例一。

处罚结果：责令改正环境违法行为，给予罚款 10 万元（100 000 元）的行政处罚。

（3）案例三：非法处置危险废物

企业名称：××精密螺丝（浙江）有限公司。

信息来源：最高人民检察院“环境污染刑事案件典型案例”。

基本案情：2002 年 7 月，被告单位××精密螺丝（浙江）有限公司（以下简称“××公司”）成立，经营范围包括生产销售建筑五金件、汽车高强度精密紧固件、精冲模具等，该公司生产中产生的废酸液及污泥为危险废物，必须分类收集后委托具有危险废物处置资质的单位处置。被告人黄某某自 2008 年起担任××公司副总经理，负责公司日常经营管理，被告人姜某某自 2016 年 4 月起直接负责××公司酸洗污泥的处置工作。

2016 年 7 月至 2017 年 5 月，被告单位××公司及被告人黄某某、姜某某违反国家关于危险废物管理的规定，在未开具危险废物转移联单的情况下，将酸洗污泥交给无危险废物处置资质的被告人李某某、涂某某、刘某某进行非法处置。被告人李某某、涂某某、刘某某通过伪造有关国家机关、公司印章，制作虚假公文、证件等方式，非法处置酸洗污泥。上述被告人通过汽车、船舶跨省运输危险废物，最终在江苏省淮安市、扬州市、苏州市，安徽省铜陵市非法倾倒、处置酸洗污泥共计 1 071 t。其中，2017 年 5 月 22 日，被告人姜某某、李某某、涂某某伙同被告人汪某某、吴某某、朱某某、查某某等在安徽省铜陵市经开区将 62.88 t 酸洗污泥倾倒在长江堤坝内，造成环境严重污染。案发后，经鉴定评估，上述被告人非法倾倒、处置酸洗污泥造成环境损害数额为 511 万余元，产生应急处置、生态环境修复、鉴定评估等费用共计 139 万余元。此外，2017 年 6 月至 11 月，被告人李某某、涂某某、刘某某、吴某某、朱某某、查某某等在无危险废物处置资质的情况下，非法收集 10 余家江苏、浙江企业的工业污泥、废胶木等有毒、有害物质，通过船舶跨省运输至安徽省铜陵市江滨村江滩边倾倒。其中，倾倒废胶木 313 t、工业污泥 2 525 余 t，另有 2 400 余 t 工业污泥倾倒未遂。

诉讼过程和判决结果：本案由安徽省芜湖市镜湖区人民检察院于 2018 年 7 月 16 日以被告单位××公司以及被告人黄某某、姜某某、李某某、涂某某等 12 人犯污染环境罪向安徽省芜湖市镜湖区人民法院提起公诉。2018 年 9 月 28 日，安徽省芜湖市镜湖区人民法院依法作出一审判决，认定被告单位××公司犯污染环境罪，判处罚金 1 000 万元；被告人黄某某犯污染环境罪，判处有期徒刑 6 年，并处罚金 20 万元；被告人姜某某犯污染环境罪，判处有期徒刑 5 年 9 个月，并处罚金 20 万元；判处被告人李某某等 10 人犯污染环境罪，判处有期徒刑 6 年至拘役 4 个月不等，并处罚金。一审宣判后，被告单位宝勋公司和被告人黄某某等提出上诉。2018 年 12 月 5 日，安徽省芜湖市中级人民法院二审裁定驳回上诉，维持原判。判决已生效。

典型涉及固体废物违法违规案例汇总见表 4-4。

表 4-4　典型涉及固体废物违法违规案例汇总

发生时间	企业名称	处罚原因和结果	监管部门	信息来源
2018 年 7 月 2 日	达州市××废旧汽车回收有限公司	在生产过程中产生废电瓶、废机油，但未进行危险废物申报；罚款 2 万元整	通川区人民政府	通区环罚〔2018〕30 号
2018 年 7 月 3 日	×××工程机械配件厂	危险废物申报登记不实（申报登记危险废物时弄虚作假）；立即改正违法行为，罚款人民币 2 万元整	临沂市生态环境局兰陵分局	兰陵环罚字〔2019〕9 号
2020 年 11 月 30 日	佛山市××模具有限公司	贮存危险废物的场所没有设置危险废物识别标志；罚款 3 万元	佛山市生态环境局三水分局	三环罚（西）字〔2020〕第 4 号
2019 年 8 月 29 日	浙江××金鼎铸造厂	对暂时不利用的工业固体废物未按规定建设贮存设施、场所，未采取无害化处置措施；罚款 7.192 万元	台州市生态环境局黄岩分局	台环黄罚字〔2019〕100 号
2018 年 9 月 25 日	××××物资有限责任公司	将危险废物混入非危险废物中贮存、未采取相应防范措施；责令停止违法行为，罚款人民币 10 万元	西双版纳州生态环境局	西环罚〔2018〕3 号

发生时间	企业名称	处罚原因和结果	监管部门	信息来源
2020 年 12 月 31 日	北海×××再生资源回收有限公司	未经批准擅自转移危险废物；罚款 10 万元整	北海市生态环境局	北综执专四罚〔2020〕75 号
2020 年 8 月 21 日	天津市×××环保科技发展有限公司	存放超过一年的危险废物（HW17 污泥）36 287.18 t 未进行处置，存在超期存放行为；罚款 13 万元	天津市生态环境局静海分局	津静环罚字〔2020〕116 号
2020 年 9 月 9 日	××××金属制品有限公司	在无危险废物经营许可证的情况下粉碎处置了废电路板共计 385 t，没收违法所得 19.25 万元	启东市生态环境局	通 05 环罚字〔2020〕60 号
2021 年 1 月 26 日	无锡市××齿轮冷挤有限公司	危险废物贮存场所未按照规定设置；责令改正，罚款 24.5 万元	无锡市生态环境局	锡环罚决〔2021〕24 号
2012 年 1 月至 2013 年 2 月	泰兴××化工有限公司等六家企业	将危险废物废盐酸、废硫酸总计 2.5 万余 t 交给无危险废物处理资质的相关公司偷排进泰运河等河中，导致水体严重污染；江苏省泰州市中级人民法院遂判决六家被告企业赔偿环境修复费用共计 1.6 亿余元，并承担鉴定评估费用 10 万元及诉讼费用	泰州市环保联合会、江苏省泰州市中级人民法院、江苏省高级人民法院	《人民法院报》2017 年 3 月 8 日“环境公益诉讼典型案例（上）”

4.2.5　涉及污染物监测违法违规案例分析

（1）案例一：未保证大气污染物排放自动监测设备正常运行

企业名称：秦皇岛××玻璃容器有限公司。

监管部门：河北省秦皇岛市生态环境局。

发生时间：2021 年 1 月 20 日。

信息来源：秦环罚〔2021〕5003 号。

存在问题：2020 年 10 月 20 日，秦皇岛市生态环境局执法人员会同第三方检测人员到位于昌黎县东部工业园区的秦皇岛××玻璃容器有限公司就 10 月 12 日秦皇岛市生态环境综合执法支队远程执法抽查该公司 3 号、4 号窑炉和 5 号窑炉大气自动监测设施数据异常一事进行现场核查，核查时正在生产，经第三方检测人员现场比对数据显示，3 号、4 号窑炉现场机在通入 2 号标气瓶的标气后数据：

二氧化硫浓度 221.02 mg/m^3，氮氧化物浓度 1 567.65 mg/m^3（2 号标气瓶二氧化硫浓度 409 mg/m^3，氮氧化物浓度 406 mg/m^3）。5 号窑炉现场机通入 2 号标气瓶标气后数据：二氧化硫浓度 78.49 mg/m^3，氮氧化物浓度 0 mg/m^3（标气瓶二氧化硫浓度 409 mg/m^3，氮氧化物浓度 405 mg/m^3），以上数据均已超过规定的允许误差范围（标气与现场机数据误差范围为±40%）。该公司存在以下环境违法行为：未保证大气污染物排放自动监测设备正常运行。

处罚依据：《大气污染防治法》第一百条“违反本法规定，有下列行为之一的，由县级以上人民政府环境保护主管部门责令改正，处 2 万元以上 20 万元以下的罚款；拒不改正的，责令停产整治……（三）未按照规定安装、使用大气污染物排放自动监测设备或者未按照规定与环境保护主管部门的监控设备联网，并保证监测设备正常运行的”。《河北省生态环境行政处罚裁量规则》第十五项“未按照规定安装、使用大气污染物排放自动监测设备或者未按照规定与环境保护主管部门的监控设备联网，并保证监测设备正常运行的”。

处罚结果：秦皇岛市生态环境局决定对秦皇岛××玻璃容器有限公司处罚款 9 万元（大写：玖万元整）。

（2）案例二：未按照《排污许可证》载明的要求开展自行监测

企业名称：天津市××化工有限责任公司。

监管部门：天津市生态环境局。

发生时间：2021 年 2 月 5 日。

信息来源：津市环罚字〔2021〕9 号。

存在问题：天津市生态环境局于 2020 年 12 月 2 日对天津市××化工有限责任公司进行调查，天津市××化工有限责任公司应按照《排污许可证》（证书编号：91120112752223282 E001P）的要求开展自行监测，包括按照 1 次/月的监测频次对废气排放口（DA 007、DA 008）排放废气的氮氧化物，对污水总排放口（DW 001）排放污水的 pH、悬浮物、总氮（以 N 计）、总磷（以 P 计）、硫化物、石油类、挥发酚开展自行监测。现场检查时，发现天津市××化工有限责任公司 2020 年 7 月、8 月未按照《排污许可证》开展自行监测，未能提供自行监测报告。

处罚依据：《大气污染防治法》第一百条“违反本法规定，有下列行为之一的，由县级以上人民政府生态环境主管部门责令改正，处 2 万元以上 20 万元以下的罚款；拒不改正的，责令停产整治……（二）未按照规定对所排放的工业废气和有毒有害大气污染物进行监测并保存原始监测记录的”。《水污染防治法》第八十二条“违反本法规定，有下列行为之一的，由县级以上人民政府环境保护主管部门责令限期改正，处 2 万元以上 20 万元以下的罚款；逾期不改正的，责令停产整治：（一）未按照规定对所排放的水污染物自行监测，或者未保存原始监测记录的”。《排污许可管理办法（试行）》第五十六条“违反本办法第三十四条，有下列行为之一的，由县级以上环境保护主管部门依据《中华人民共和国大气污染防治法》《中华人民共和国水污染防治法》的规定，责令改正，处 2 万元以上 20 万元以下的罚款；拒不改正的，依法责令停产整治：（一）未按照规定对所排放的工业废气和有毒有害大气污染物、水污染物进行监测，或者未保存原始监测记录的”。

处罚结果：责令立即改正违法行为；处罚款 4 万元（40 000 元）。

典型涉及污染物监测违法违规案例汇总见表 4-5。

表 4-5　典型涉及污染物监测违法违规案例汇总

发生时间	企业名称	处罚原因和结果	监管部门	信息来源
2020 年 12 月 23 日	连云港××纺织科技有限公司	未按照排污许可证要求对相关废气因子进行检测；罚款人民币 7.6 万元	连云港市生态环境局	连灌环行罚字〔2020〕34 号
2020 年 9 月 17 日	青岛××机械有限公司	未按照规定对所排放的工业废气进行监测并保存原始监测记录；罚款人民币 11.75 万元	青岛市生态环境局	青环西罚字〔2020〕60 号
2018 年 7 月 20 日	宝鸡××农业特种纸业有限公司	未按照规定安装总磷、总氮水污染物排放在线自动监测设备；责令停产，罚款 5 万元	宝鸡市生态环境局	宝环陈罚字〔2018〕第（24）号
2018 年 5 月 16 日	登封市×××建材有限公司	大气污染物排放自动监测设备未与环境保护主管部门的监控设备联网；罚款 8 万元整，责令停产	登封市环境局	登环罚决字〔2016〕28 号
2019 年 4 月 8 日	鄂尔多斯市东胜区××排水产业有限责任公司	总磷、总氮自动监测设备未与市生态环境局联网；罚款 10 万元	鄂尔多斯市生态环境局	鄂环罚〔2019〕147 号
2019 年 12 月 24 日	惠州市××实业有限公司	未保证监测设备正常运行；罚款人民币 8 万元	惠州市生态环境局	惠市环罚〔2020〕1 号

发生时间	企业名称	处罚原因和结果	监管部门	信息来源
2020 年 6 月 9 日	如皋市××漂染有限公司	污水监测设备未按规定使用；责令改正，罚款 16 万元	南通市生态环境局	通环罚字〔2020〕18 号
2019 年 11 月 20 日	延长油田股份有限公司××采油厂	没有建立土壤污染隐患排查制度，没有制定土壤自行监测方案，没有开展土壤环境监测；责令改正环境违法行为	榆林市生态环境局	榆环责改字〔2019〕147 号
2018 年 7 月 19 日	临沂市河东区××饲料用油有限公司	燃气锅炉排气筒未建设监测平台，未按照规定设置大气污染物排放口；罚款人民币 10 万元整	临沂市生态环境局河东分局	临环（东）罚字〔2015〕83 号
2018 年 9 月 21 日	××产业园亳州有限公司	锅炉废气脱硫塔无加碱记录，自动监测设施标气过期，烟尘采样探头损坏，自动监测设施烟尘数据失实；责令停产整改，罚款 10 万元	亳州市环境保护局	亳州市环境保护局 2018 年 6 月行政处罚情况

4.2.6　涉及企业环境管理台账等资料的违法违规案例分析

（1）案例一：未按照规定建立固体废物管理台账

企业名称：廊坊××合成纤维有限公司。

监管部门：河北省廊坊市生态环境局大城分局。

发生时间：2020 年 11 月 30 日。

信息来源：廊大环罚决字〔2020〕646 号。

存在问题：大城县生态环境局于 2020 年 10 月 30 日对廊坊××合成纤维有限公司进行现场检查，发现该公司未按照规定建立固体废物管理台账。

处罚依据：《固体废物污染环境防治法》第一百零二条“违反本法规定，有下列行为之一，由生态环境主管部门责令改正，处以罚款，没收违法所得；情节严重的，报经有批准权的人民政府批准，可以责令停业或者关闭……（八）产生工业固体废物的单位未建立固体废物管理台账并如实记录的。有前款第一项、第八项行为之一，处 5 万元以上 20 万元以下的罚款”。

处罚结果：罚款陆万元整（60 000 元）。

（2）案例二：未能提供自行监测方案、环境管理台账、执行报告

企业名称：柳州市××造纸厂。

监管部门：广西壮族自治区柳州市生态环境局。

发生时间：2018 年 2 月 28 日。

信息来源：柳环改决字〔2018〕42 号。

存在问题：2018 年 2 月 8 日，柳州市生态环境局环境执法人员对柳州市××造纸厂进行检查，柳州市××造纸厂未能提供自行监测方案、环境管理台账、执行报告，相关信息未在国家相关平台上公示。

处罚依据：《中华人民共和国大气污染防治法》第二十四条"企事业单位和其他生产经营者应当按照国家有关规定和监测规范，对其排放的工业废气和本法第七十八条规定名录中所列有毒有害大气污染物进行监测，并保存原始监测记录"。《排污许可管理办法（试行）》第三十四条"排污单位应当按照排污许可证规定，安装或者使用符合国家有关环境监测、计量认证规定的监测设备，按照规定维护监测设施，开展自行监测，保存原始监测记录"，第三十五条"排污单位应当按照排污许可证中关于台账记录的要求，根据生产特点和污染物排放特点，按照排污口或者无组织排放源进行记录"，第三十七条"排污单位应当按照排污许可证规定的关于执行报告内容和频次的要求，编制排污许可证执行报告"。

处罚结果：责令柳州市××造纸厂立即编制企业自行监测方案，记录管理台账、报送执行报告，并在指定平台公示相关信息。

典型涉及台账和执行报告违法违规案例汇总见表 4-6。

表 4-6　典型涉及台账和执行报告违法违规案例汇总

发生时间	企业名称	处罚原因和结果	监管部门	信息来源
2020 年 11 月 16 日	江苏××家具有限公司	未按照规定要求建立台账并登记涂料采购、使用、废弃量、去向以及挥发性有机物含量；罚款 2.9 万元整	连云港市生态环境局	连灌环行罚字〔2020〕17 号
2020 年 9 月 16 日	梧州××实业有限公司	红石膏等固体废物台账记录不完善；责令限期整改	梧州市生态环境局	藤环限改字〔2020〕36 号
2020 年 12 月 8 日	临沂××钢管有限公司	未完全建立危险废物的种类、产生量、流向、贮存、处置等有关台账；罚款人民币 74.68 万元	临沂市生态环境局河东分局	临环（河东）罚字〔2020〕106 号
2018 年 7 月 17 日	个旧市××冶炼厂	未开展手工监测上报数据，未开展运维工作，未建立运维台账；责令改正违法行为，罚款 20 万元	红河州生态环境局	红环罚字〔2018〕14 号

发生时间	企业名称	处罚原因和结果	监管部门	信息来源
2018年8月13日	山西煤炭运销集团××煤业有限公司	生活污水处理站正在运行，二氧化氯发生器长期未使用，无运行记录台账，生活污水处理站未按照环评要求建设污泥脱水机；责令改正，罚款200万元	晋城市生态环境局高平分局	高环罚字〔2018〕092号
2018年7月25日	上海××贵稀金属再生有限公司	未按规定建立环境管理台账，立即改正违法行为；罚款人民币6万元整	上海市生态环境局宝山分局	第2520180102号
2018年5月18日	安新县××羽绒厂	未建立污泥管理台账；罚款5万元	保定市生态环境局安新分局	安环罚〔2018〕014号
2018年4月25日	大同煤矿集团××煤电有限责任公司	存在渗排隐患，炉渣露天堆放，未采取相应防范措施，污染环境，扬尘污染，烟气直排，台账存在弄虚作假现象，未依法报批建设项目环境影响评价文件，擅自建设一台6t锅炉；责令立即停止违法行为，罚款97万元	忻州市生态环境局	忻环法〔2018〕008号
2020年9月15日	石家庄市××皮革工业有限公司	土壤污染重点监管单位未按规定制定、实施土壤自行监测方案；罚款5万元	石家庄市生态环境局	石环罚〔2020〕100号
2019年5月24日	江西宜春××铜业有限公司	已核发排污许可证，但未完善并且未公开自行监测方案	宜春市生态环境局万载分局	万环罚〔2019〕18号

4.2.7 其他违法违规案例分析

（1）案例一：发生突发环境事件后，未及时按照应急预案要求采取措施

企业名称：上海×××化工（集团）淮安元明粉有限公司。

监管部门：江苏省淮安市生态环境局。

发生时间：2020年12月29日。

信息来源：淮安市生态环境保护局2020年环保行政处罚公示。

存在问题：2020年10月16日，淮安市生态环境保护局接省厅通报上海×××化工（集团）淮安元明粉有限公司发生10-3号注井水管道破损泄漏事故，10月20日淮安市生态环境保护局对当事人现场检查，当事人在发现10-3号注井水

管道破损泄漏后，未及时采取围堰、封堵等应急措施，未按照应急预案要求将泄漏注井水收集进入事故收集池，且未及时向环保部门报告。

处罚依据：《水污染防治法》第九十三条“企事业单位有下列行为之一的，由县级以上人民政府环境保护主管部门责令改正；情节严重的，处 2 万元以上 10 万元以下的罚款……（二）水污染事故发生后，未及时启动水污染事故的应急方案，采取有关应急措施的”。

处罚结果：责令当事人立即采取应急措施，封堵泄漏点，对泄漏的废水收集处置到位；经核算对当事人作出罚款叁万肆仟肆佰元（34 400 元）的行政处罚决定。

（2）案例二：环保设施损坏停运后未报备、未及时停产

企业名称：常山县××新型墙体材料有限公司。

监管部门：浙江省衢州市生态环境局常山分局。

发生时间：2017 年 8 月 9 日。

信息来源：常环罚字〔2017〕26 号。

存在问题：2017 年 8 月 9 日 22 点左右，衢州市生态环境局常山分局执法人员对该公司进行执法检查。经现场检查，该公司烟气脱硫处理设施处于未运行状态。经进一步调查，该公司于 2017 年 7 月 23 日因两台水泵损坏送修后，脱硫设备一直处于不正常的运行状态，直至 2017 年 8 月 9 日晚，被执法人员当场查实。在此之前，该公司既未因环保设施损坏停运向生态环境保护局报备，也未因环保设施损坏，脱硫设施停运而进行停产。

处罚依据：《大气污染防治法》第九十九条“违反本法规定，有下列行为之一的，由县级以上人民政府生态环境主管部门责令改正或者限制生产、停产整治，并处 10 万元以上 100 万元以下的罚款；情节严重的，报经有批准权的人民政府批准，责令停业、关闭……（二）超过大气污染物排放标准或者超过重点大气污染物排放总量控制指标排放大气污染物的；（三）通过逃避监管的方式排放大气污染物的”。

处罚结果：责令停产整治，移送公安部门行政拘留，处罚款人民币壹拾贰万元（120 000 元）。

典型其他违法违规案例汇总见表 4-7。

表 4-7 典型其他违法违规案例汇总

发生时间	企业名称	处罚原因和结果	监管部门	信息来源
2018 年 2 月 11 日	青田县××表面处理有限公司	未按照应急预案一年一次的频次要求对员工开展突发环境事件应急培训；责令立即改正违法行为，罚款人民币 2 万元整	丽水市生态环境局青田分局	青环罚字〔2018〕3 号
2020 年 10 月 29 日	安阳市××水泥有限责任公司	以逃避现场检查为目的临时停产；罚款 10 万元	安阳市环境保护局	安环罚字〔2020〕53 号
2021 年 1 月 18 日	眉山市××机动车检测有限公司	出具虚假排放检验报告；罚款 10 万元	眉山市生态环境局	眉环法行处罚字〔2021〕3 号
2020 年 12 月 22 日	邯郸市××建筑安装工程有限公司	未落实重污染天气二级预警响应措施；罚款 6 万元	秦皇岛市生态环境局	秦环罚〔2020〕2 011 号
2021 年 2 月 1 日	青岛×××包装制品有限公司	在禁燃区内新建、扩建燃用高污染燃料的设施，或者未按照规定停止燃用高污染燃料；罚款 13.25 万元整	青岛市生态环境局	青环胶罚字〔2020〕214 号
2021 年 1 月 18 日	德州市公路工程总公司××分公司	环境管理不到位，厂区内道路上有较多散落的物料，路面积尘较多；罚款 3.25 万元	德州市生态环境局	德环罚字〔2021〕第 3-1 号
2020 年 7 月 7 日	宁波×××文具有限公司	未按照规定拆除应当限期淘汰的高污染燃料锅炉；罚款 5 万元	宁波市生态环境局鄞州分局	甬环鄞罚字〔2020〕10 号
2018 年 1 月 29 日	×××新型建材厂	2017 年 10 月 20 日，望城区环境保护局在日常监管检查中发现该厂空心砖生产线无污染防治设施、无排污许可证，随后下达《责令停止排污决定书》。该砖厂当时停止了生产及排污，但负责人心存侥幸于 2018 年 1 月 5 日擅自恢复生产。罚款人民币 20 万元，并将直接责任人移送公安机关处理	长沙市生态环境局	长沙市第一期蓝天保卫战全市环保系统执法典型案例

参考文献

[1] 环境保护部环境督察局．现代企业环境管理体制构建基础[M]．北京：中国环境科学出版社，2012.

[2] 张月义．影响我国企业推行 ISO 14000 标准的原因及对策研究[D]．西安：西安科技学院，2002.

[3] 张月义，钱敏．推行清洁生产贯彻 ISO 14000 标准[J]．企业标准化，2002（2）：22-23.

[4] 张剑青．我国企业建立环境管理体系的外部条件分析[J]．世界标准化与质量管理，2000（8）：30-32.

[5] 姚欣．绿色经济环境下企业提高自身市场竞争力的途径[J]．现代商业，2012（21）：147-148.

[6] 陈靓．浅论绿色贸易壁垒对我国对外贸易的影响[J]．黑龙江对外经贸，2004（12）：15-16.

[7] 陈占葵，陈华宏．绿色贸易壁垒对我国外贸出口的影响及对策[J]．中国创业投资与高科技，2004（7）：64-66.

[8] 龙梅．企业清洁生产面临的问题及优化策略剖析[J]．资源节约与保护，2021（8）：117-118.

[9] 李冬妮．关于企业清洁生产审核时相关问题研究[J]．区域治理，2020，12：233-234.

[10] 白艳英，朱凯．重点企业强制性清洁生产审核制度和实施效果分析[J]．华北电力大学学报（社会科学版），2013（3）：20-23.

[11] 郑丽银，龚雨平．企业清洁生产审核推进节能减排和产业能级提升[J]．环境与发展，2017，29（6）：237-237.

[12] 余振华．清洁生产审核技术对策论述[J]．环境与发展，2019，3：218-219.

[13] 王佳莹，沈艳．清洁生产审核中环保工作重点研究[J]．资源节约与环保，2017，5：97-98.

[14] 方初墩．清洁生产咨询服务体系建设的实践与思考[J]．环境与发展，2011（10）：22-24.

[15] 张天柱．从清洁生产到循环经济[J]．中国人口・资源与环境，2006，16（6）：169-174.

[16] 陈婷，凌虹，王惠中．企业绿色供应链管理与生态工业园区建设[J]．江苏环境科技，2006

（A01）：111-112.

[17] 但斌，刘飞．绿色供应链及其体系结构研究[J]．中国机械工程，2000，11（11）：1232-1234.

[18] 李海萍，向刚，付强，等．生态工业园模式与绿色供应链管理模式的比较研究[J]．技术与创新管理，2004（1X）：62-64.

[19] 马士华，林勇．供应链管理[M]．北京：机械工业出版社，2000：411.

[20] 刘飞，张华，岳红辉．绿色制造——现代制造业的可持续发展模式[J]．中国机械工程，1998，9（6）：76-78.

[21] 曹俊，王少平，黄蓓佳，等．绿色供应链与生态工业园区的比较研究[J]．四川环境，2008（3）：80-84.

[22] 赵晓英．我国绿色债券的发展现状制约因素及政策建议[J]．中国城市金融，2016，7：47-50.

[23] 李永坤，朱晋．我国绿色债券市场发展现状及对策研究[J]．现代管理科学，2017，9：58-60.

[24] 陈志峰．我国绿色债券环境信息披露的完善路径分析[J]．环境保护，2019，47：50-53.

[25] 金佳宇，韩立岩．国际绿色债券的发展趋势与风险特征[J]．国际金融研究，2016，11：36-44.

[26] 马骏，林勇．构建中国绿色金融体系[M]．北京：中国金融出版社，2015.

[27] 万志宏，曾刚．国际绿色债券市场：现状、经验与启示[J]．金融论坛，2016，21（2）：39-45.

[28] 葛新锋．我国绿色债券第三方认证情况及发展建议[J]．金融纵横，2017（8）：77-82.

[29] 谢轶凡．我国绿色企业债券发展存在的问题及对策探讨[J]．金融：经济下半月，2018（5）：3-5.

[30] 清华大学气候变化与可持续发展研究院．中国长期低碳发展战略与转型路径研究[J]．中国人口·资源与环境，2020，30（11）：1-25.

[31] 米丽娜．环境影响评价制度与排污许可制度深度衔接探讨[J]．环境与发展，2021（3）：220-223.

[32] 杨丹丹．我国环境影响评价制度中公众参与的完善[J]．广西质量督导报，2021（5）：193-194.

[33] 李卫波，侯可斌．新形势下环境影响评价制度改革思考[J]．环保科技，2021（2）：44-47.

[34] 王亚男．中国环评制度的发展历程及展望[J]．中国环境管理，2015，7（2）：12-16.

[35] 王灿发，于文轩．“圆明园铺膜事件”对环境影响评价法的拷问[J]．中州学刊，2005（5）：85-88.

[36] 曲格平．环境影响评价在经济建设中的地位与作用[J]．环境保护，1983（6）：5-7.

[37] 郭振仁，张剑鸣，李文禧．突发性环境污染事故防范与应急[M]．北京：中国环境科学出

版社，2009.

[38] 环境保护部环境应急指挥领导小组办公室．环境应急响应实用手册（修订版）[M]．北京：中国环境出版社，2013.

[39] 张立秋，伉沛崧，时圣刚，等．危险化学品环境污染事故应急处置实用技术[M]．北京：中国环境科学出版社，2011.

[40] 环境保护部环境应急指挥领导小组办公室．突发环境事件应急管理制度[M]．北京：中国环境出版社，2015.

[41] 冯宽利．工业废水处理技术与工程实践[M]．北京：化学工业出版社，2020.

[42] 陈吉宁．建立控制污染物排放许可制为改善生态环境质量提供新支撑[J]．中国有色建设，2016（4）：10-11.

[43] 范升彦，滕飞霞．应急预案与演练[M]．北京：应急管理出版社，2019.

[44] 李尧远，马胜利，郑胜利．应急预案管理[M]．北京：北京大学出版社，2013.

[45] 唐贵才．企业应急预案编制与实施[M]．北京：中国劳动社会保障出版社，2018.

[46] 程铁军．突发事件应急决策方法研究[M]．南京：东南大学出版社，2019.

[47] 朱文英，曹国志，王鲲鹏，等．我国环境应急管理制度体系发展建议[J]．环境保护科学，2019，45（1）：5-8.

[48] 毕军，马宗伟，刘苗苗，等．我国环境风险管理的现状与亘点[J]．环境保护，2017，45（5）：14-19.

[49] 刘雄，柯鹏振，刘珍，等．突发性环境事件应急管理体系完善的策略研究[J]．环境与发展，2019，31（9）：232-233.

[50] 赵柳依．企业突发环境事件应急预案的编制与实施[J]．资源节约与环保，2019（7）：109-110.

[51] 中国环境监测总站．建设项目竣工环境保护验收工作技术指南[M]．北京：中国环境出版集团，2019.

[52] 邱立莉，敬红．工业类建设项目竣工环境保护验收监测案例分析[M]．北京：中国环境出版集团，2019.

[53] 环境保护部环境影响评价司，中国环境监测总站．建设项目竣工环境保护验收监测实用手册[M]．北京：中国环境科学出版社，2010.

[54] 环境保护部环境工程评估中心．建设项目竣工环境保护验收调查（生态类）[M]．北京：中国环境出版社，2014.

[55] 马丽茹．建设项目环保竣工验收现场勘察内容的问题及对策[J]．节能与环保，2019（1）：42-43.
[56] 李阔．建设项目竣工环保验收监测工作中的问题初探[J]．中小企业管理与科技（中旬刊），2019（1）：115-116.
[57] 侯玭，施阳．浅谈建设项目自主竣工环保验收存在的问题[J]．广州化工，2018，46（24）：111-112.
[58] 马文飞．建设项目竣工环保自主验收常见问题与对策[J]．资源节约与环保，2018（10）：141.
[59] 高丽．建设项目竣工环保自主验收常见问题与对策[J]．资源节约与环保，2019（8）：125.
[60] 吴巧云．建设项目竣工环保自主验收现状及对策分析[J]．中国资源综合利用，2019，37（2）：169-172.
[61] 中国法制出版社．排污许可管理条例[M]．北京：中国法制出版社，2021.
[62] 朱圣洁．排污许可管理技术[M]．北京：机械工业出版社，2021.
[63] 蒋洪强．排污许可证管理政策与支撑技术研究[M]．北京：中国环境出版集团，2020.
[64] 生态环境部规划财务司．排污许可管理手册（2018 版）[M]．北京：中国环境出版集团，2018.
[65] 卢瑛莹，冯晓飞，陈佳．排污许可证制度实践与改革探索[M]．北京：中国环境出版社，2016.
[66] 王军霞．排污许可证实施的监督管理体系研究[M]．北京：中国环境出版集团，2019.
[67] 董战峰，连超，葛察忠．“十四五”固定污染源排污许可证管理制度改革研究[J]．中国环境管理，2020，12（2）：28-33.
[68] 邹世英，杜蕴慧，柴西龙，等．排污许可制度改革进展及展望[J]．环境影响评价，2020，42（2）：1-5.
[69] 张颖．环境影响评价与排污许可制度的衔接研究[J]．中小企业管理与科技（中旬刊），2020（5）：11.
[70] 顾中凤．浅谈环境影响评价与排污许可制的衔接路径[J]．建材与装饰，2020（11）：25-26.
[71] 高亮升．浅谈环境影响评价与排污许可制的衔接对策[J]．绿色环保建材，2020（1）：79.
[72] 刘瑞兵，王洪娟．在环评技术评估中环境影响评价制度与排污许可制有效衔接对策[J]．节能，2019（7）：97-98.

[73] 余超. 现行排污许可证申请与核发过程中存在的问题及建议[J]. 中国资源综合利用，2020，38（8）：154-156.

[74] 王金南，吴悦颖，雷宇，等. 中国排污许可制度改革框架研究[J]. 环境保护，2016，44（3）：10-16.

[75] 管蓓，周徐海，董騄睿，等. 新排污许可制度与现有环境管理制度衔接的探讨[J]. 中国资源综合利用，2019，7（1）：102-104.

[76] 冯婧，唐敏，邱立莉. 污染源监测制度与排污许可制度衔接探析[J]. 三峡环境与生态，2020，42（3）：39-43.

[77] 韩洪霞. 探讨排污许可证制度的有效实施[D]. 青岛：中国海洋大学，2009.

[78] 李艳萍，乔琦，扈学文，等. 我国排污许可制度：现状及建议[J]. 环境保护，2015，43（19）：51-53.

[79] 曾维华，邢捷，化国宇，等. 我国排污许可制度改革问题与建议[J]. 环境保护，2019，47（22）：26-31.

[80] 李涵. 我国排污许可证制度的主要问题及对策[D]. 海口：海南大学，2018.

[81] 邓秋婷，姚逸，邹荣灿. 论现行排污许可管理制度的变化及其对环境管理的推进作用[J]. 环境与发展，2020，32（7）：208-209.

[82] 黄润秋. 推进生态环境治理体系和治理能力现代化[J]. 环境保护，2021，49（9）：10-11.

[83] 张进财，曾子芙. 论我国排污权交易制度的不足与完善[J]. 环境保护，2020，48（7）：51-53.

[84] 李干杰. 持续推进排污许可制改革提升环境监管效[N]. 经济日报，2020-01-11（09）.

[85] 周欢，李玲，孙欣，等. 环境保护税征收对重庆市经济社会的影响分析[J]. 四川环境，2018（3）.

[86] 李庆琳. 以国际化视角论强化环境保护税征管[J]. 经济研究参考，2018（17）.

[87] 屈洋. 浅析环境保护税对企业的影响[J]. 纳税，2018（19）.

[88] 王佳宜，张芳芳. 我国环境保护税征管相关问题研究及对策[J]. 时代金融，2017（33）.

[89] 武辉，卢茂洲. 开征环境保护税的效应预测及政策建议——以山东省为例[J]. 山东财经大学学报，2017（6）.

[90] 侯艳丽. 环境保护税的经济效应及会计处理[J]. 山东理工大学学报（社会科学版），2017（6）.

[91] 施文泼. 环境保护税法的实施与未来展望[J]. 中国财政，2017（20）.

[92] 朱建华，逯元堂，吴舜泽，等．环境保护税实施对环保部门的影响及相关措施建议[J]．中国财政，2017（20）．
[93] 刘克文，林剑，梁栋．环境保护税的实施与环境会计的构建[J]．绿色财会，2017（10）．
[94] 刘佳奇．环境保护税收入用途的法治之辩[J]．法学评论，2018（1）．
[95] 肖岳．环境保护税开征在即[J]．法人，2018（1）．
[96] 周莉．浅谈我国环境保护税征收管理方面的问题及建议[J]．现代营销（下旬刊），2017（12）．
[97] 商颢薇．关于我国开征环境保护税的相关思考[J]．时代金融，2017（36）．
[98] 申焕婷．浅谈中国开征环境保护税的配套措施[J]．价值工程，2018（5）．
[99] 周莉．环境保护税改革现状与发展趋势[J]．纳税，2018（2）．